金沙江溪洛渡工程水库诱发地震危险性预测与验证研究

曾新翔 高建勇 许亮华 李敏 常廷改 编著

中国水利水电出版社
www.waterpub.com.cn
·北京·

内 容 提 要

本书较为系统地介绍了中国水利水电科学研究院工程抗震研究中心在金沙江溪洛渡工程水库诱发地震危险性研究方面完成的主要工作，全书共分上下两篇共13章。上篇包括第1～9章内容，论述了金沙江溪洛渡工程水库诱发地震危险性预测研究的成果。第1章为区域地质构造，第2章为溪洛渡库区断层活动性研究，第3章为溪洛渡地区地震活动性分析，第4章为溪洛渡水电站水库诱发地震工程类比分析，第5章为溪洛渡库区诱震环境分区，第6章为溪洛渡库区各区段水库诱发地震危险性评价，第7章为重点库段水库诱发地震危险性评价，第8章为溪洛渡水电站水库诱发地震统计预测，第9章为溪洛渡水库诱发地震综合评价。下篇包括第10～13章内容，介绍了溪洛渡水电站蓄水后的震情变化以及对永善两次地震发生的地震地质构造背景所进行的专题分析。第10章为溪洛渡水电站蓄水后震情变化，第11章为地震时序、频次与库水位的关系，第12章为地震成因分析，第13章为结论和今后工作建议。

本书可供水利水电工程设计施工运行管理、水库地震台网监测人员和抗震防护科研人员使用，也可供大专院校相关专业师生参考。

图书在版编目（CIP）数据

金沙江溪洛渡工程水库诱发地震危险性预测与验证研究 / 曾新翔等编著. -- 北京 : 中国水利水电出版社, 2020.12

ISBN 978-7-5170-9349-7

Ⅰ. ①金… Ⅱ. ①曾… Ⅲ. ①金沙江流域－水库地震－地震预测－研究 Ⅳ. ①P315.732.7

中国版本图书馆CIP数据核字(2020)第272797号

审图号：GS（2021）6870 号

书　　名	**金沙江溪洛渡工程水库诱发地震危险性预测与验证研究** JINSHA JIANG XILUODU GONGCHENG SHUIKU YOUFA DIZHEN WEIXIANXING YUCE YU YANZHENG YANJIU
作　　者	曾新翔　高建勇　许亮华　李敏　常廷改　编著
出版发行	中国水利水电出版社 （北京市海淀区玉渊潭南路1号D座　100038） 网址：www.waterpub.com.cn E-mail：sales@waterpub.com.cn 电话：(010) 68367658（营销中心）
经　　售	北京科水图书销售中心（零售） 电话：(010) 88383994、63202643、68545874 全国各地新华书店和相关出版物销售网点
排　　版	中国水利水电出版社微机排版中心
印　　刷	清淞永业（天津）印刷有限公司
规　　格	184mm×260mm　16开本　12.5印张　289千字
版　　次	2020年12月第1版　2020年12月第1次印刷
定　　价	**65.00**元

前言

在我国西部大开发的宏伟蓝图中，能源、水利等基础设施的建设具有十分重要的地位，正在或准备兴建一大批大型和特大型的水利水电工程。众所周知，由于受青藏高原快速隆升的影响，我国西部现代构造运动活跃，强震频繁。在这样的高烈度区建设300m量级的高拱坝，本身就是一个世界级的技术难题和挑战。

溪洛渡水电站位于四川省雷波县和云南省永善县之间的金沙江上，是我国首批300m量级高拱坝之一，也是世界上泄洪量最大的大坝；总装机容量1386万kW，年均发电571.2亿千瓦时。溪洛渡水电站是三峡工程的后续工程，不仅具有巨大的发电效益，而且兼有拦沙、防洪、漂木和航运等综合效益，建成后更将大大改善三峡工程的运行条件。溪洛渡等工程勘测设计工作的经验，以及施工建设的实践，必将为广袤西部高烈度区兴建超高坝和超大型水电项目开创成功之先河。

水库蓄水而引起库区以及库水影响所及的邻近地区新出现的地震现象、或原有地震活动性的明显改变（加剧或减弱），称为水库诱发地震。在国内外水工建设的实践中，已有若干工程发生的水库诱发地震超过了当地最大历史地震，造成大坝严重损坏和人员财产的损失。这些震例表明，一旦在坝区附近发生较强的水库诱发地震，确实有可能成为大坝抗震计算中的控制工况，同时也会成为库区环境评价的重要问题之一。溪洛渡工程所在的马边-雷波地区，地震地质条件十分复杂，历史上曾发生多次7.0级左右的强烈地震。根据野外初步考察的认识，库区存在有诱发不同类型水库诱发地震的条件，需要进行深入的研究。因此，溪洛渡工程水库诱发地震危险性的研究和预测受到了主管部门和工程设计单位的重视。

中国水利水电科学研究院工程抗震研究中心是国内最早开展水库诱发地震研究的科研单位之一。一直跟踪研究金沙江下游梯级水电站水库诱发地震情况，其中针对溪洛渡水电站展开一系列的专题研究：蓄水前，笔者除了完成库区诱震环境分区、水库诱发地震危险区划分以及最大可能水库诱发地震对大坝和库区环境影响评价外，还针对下列问题做了专门研究：①坝区玄武岩地层诱发地震的可能性；②豆沙溪沟岩溶发育程度和所处的发育阶段，是否有诱发岩溶塌陷型水库诱发地震的可能及其震级上限；③库首段马家河坝断层的空间展布特征及诱发构造型水库诱发地震的可能性。蓄水后，笔者根据金沙江下游梯级水电站水库诱发地震监测系统的实测数据，对溪洛渡水电站蓄水后的震情变化以及永善两次地震发生的地震地质构造背景进行专题分析。本书分为上下两篇：上篇是为“金沙江溪洛渡工程水库诱发地震危险性预测研究”，主要由曾新翔、高建勇、许亮华、李敏编写；下篇是为“金沙江溪洛渡工程水库诱发地震分析与验证”，主要由高建勇、曾新翔、许亮华、常廷改编写。

本书中：M_L 表示地方性震级，测量范围在 400km 内，震级为 2～6 级；Ms 表示面波震级，深度 20～180km，震级为 5～8 级。M_L 与 Ms 可通过经验公式转换，但由于适用范围略有区别，一般仍保留原有符号直接使用。

本书的出版得到了“300m 级特高坝抗震安全评价与控制关键技术（编号：2017YFC0404900）”项目的资助，得到了中国水利水电科学研究院、中国三峡建设管理有限公司、中国地震局、云南省地震局、四川省地震局和中国电建集团成都勘测设计研究院有限公司的大力支持和帮助，在此一并表示衷心感谢。

由于作者水平有限，书中难免存在错误和缺陷，恳请广大读者和专家学者不吝赐教。

编者

2020 年 9 月

目　录

上篇

金沙江溪洛渡工程水库诱发地震危险性预测研究

第 1 章
区域地质构造

1.1 工程概况

溪洛渡水电站是金沙江干流上仅次于三峡工程的重大水电工程。溪洛渡工程枢纽位于四川省雷波县和云南省永善县接壤的溪洛渡峡谷间，距两县城分别为 20km 和 7km，向西南沿江边公路可到白鹤滩坝址及宁南县、巧家县、西昌市，向东北至新市镇、宜宾市，向南至昭通市，也有公路相连，对外交通相对便利（图 1.1）。

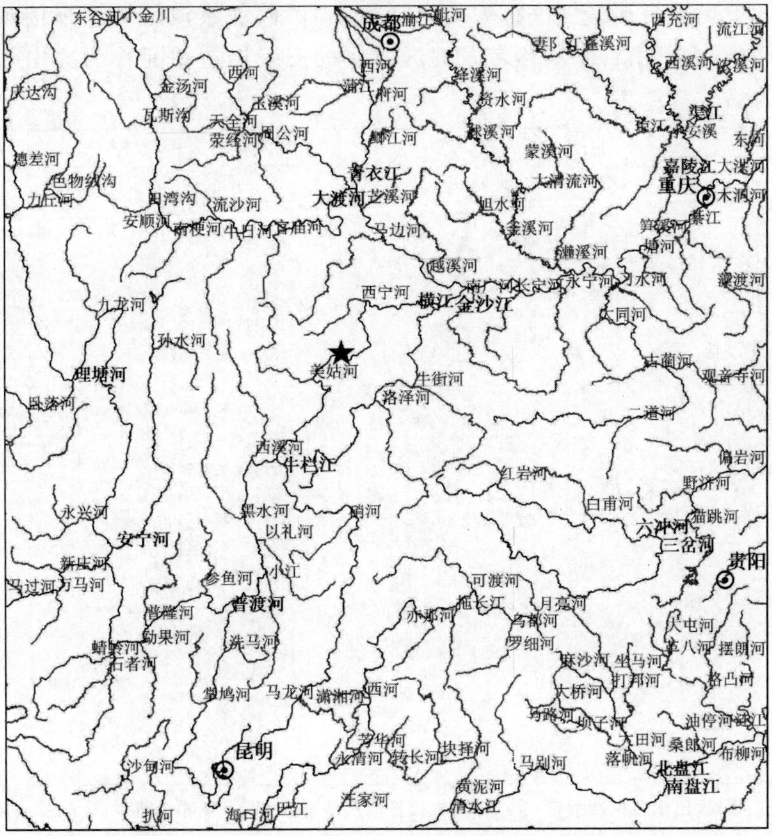

图例 —— 主要河流 ⊙ 省会 ★ 溪洛渡坝址

图 1.1 溪洛渡水电站交通位置图

水库正常蓄水位 600.00m，总库容 115.7 亿 m^3，最大坝高 273m，装机容量 12000MW，年平均发电量 573.5 亿 kWh。电站以发电为主，兼有拦沙、防洪、改善下游航运等综合利用效益。

库区地处亚热带气候区，属高原河谷气候类型。由于地处峡谷区，年温差较小，日温差较大，四季不分明。多年平均降雨量在 750mm 左右，而且多集中于 5—10 月，气候干热少雨，蒸发量大。受地貌形态及地形高差的影响，气候垂直分带特征明显。

1.2　大地构造部位

对于研究区的大地构造单元划分各学派说法不一。按地质力学观点，研究区处于川滇经向构造体系与新华夏系第三沉降带四川盆地的接壤部位，区内构造的形成与演化同时受两大构造体系的制约和影响；按板块构造观点，研究区属扬子大陆板块西南缘的一部分。在综合分析的基础上，本书采用《四川省区域地质志》和《云南省区域地质志》中的大地构造单元划分方案，虽然研究区所属构造单元的名称不一，但在两省交界处，Ⅰ、Ⅱ级构造单元的边界是完全一致的（图 1.2）。溪洛渡水库位于扬子准地台西部的二级构造单元上扬子台褶带（亦称为滇东台褶带），西邻康滇地轴，东接四川台坳，西北侧相邻龙门山-大巴山台缘断褶带。库区所在的三级构造单元称为凉山陷褶束，四级构造单元称为雷波穹褶束。

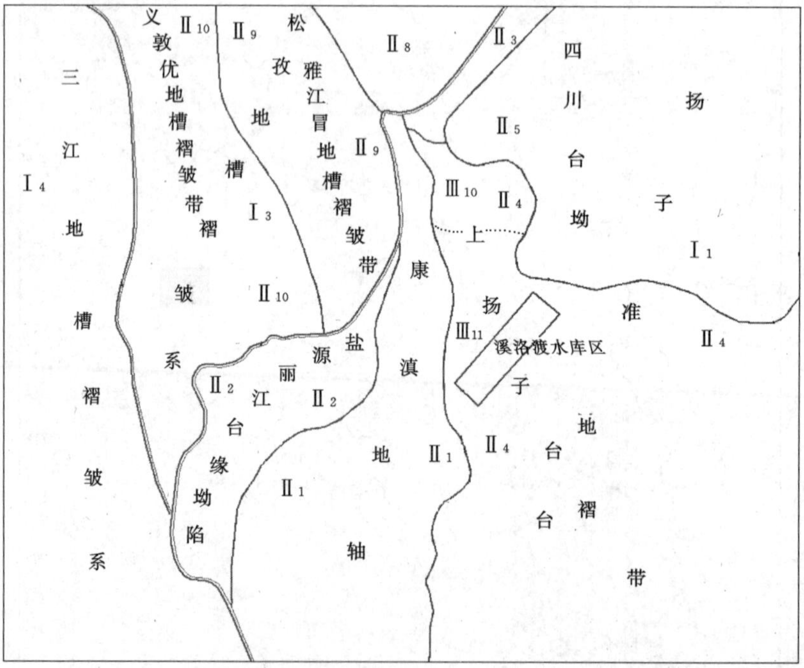

Ⅱ₃：龙门山-大巴山合缘断褶带；Ⅱ₈：巴颜喀拉冒地槽褶皱带；Ⅲ₁₀：峨嵋山断拱；Ⅲ₁₁：凉山陷褶束

图 1.2　溪洛渡水库所在地区大地构造单元划分图

溪洛渡库区构造组成相当复杂。区域外围控制性主干断裂有北东向的龙门山断裂带、北西向的鲜水河断裂带和则木河断裂带、近南北向的安宁河断裂带和小江断裂带，它们均距坝址 140km 以外。构成区域次一级断裂构造格架的是北东向的莲峰-华蓥山断裂组，南北向的凉山断裂束和北北西向的马边-盐津隐伏断裂带（图 1.3）。溪洛渡库区就位于上述三组断裂构造带的围限范围内。其中，由坝址西侧 20km 通过的凉山断裂束最东面的峨边-金阳断裂、南侧 25km 通过的莲峰断裂带和北东侧 20km 的马边-盐津隐伏断裂所围限的三角形块体，称为雷波-永善三角形块体，溪洛渡坝址就处在该块体中南部。

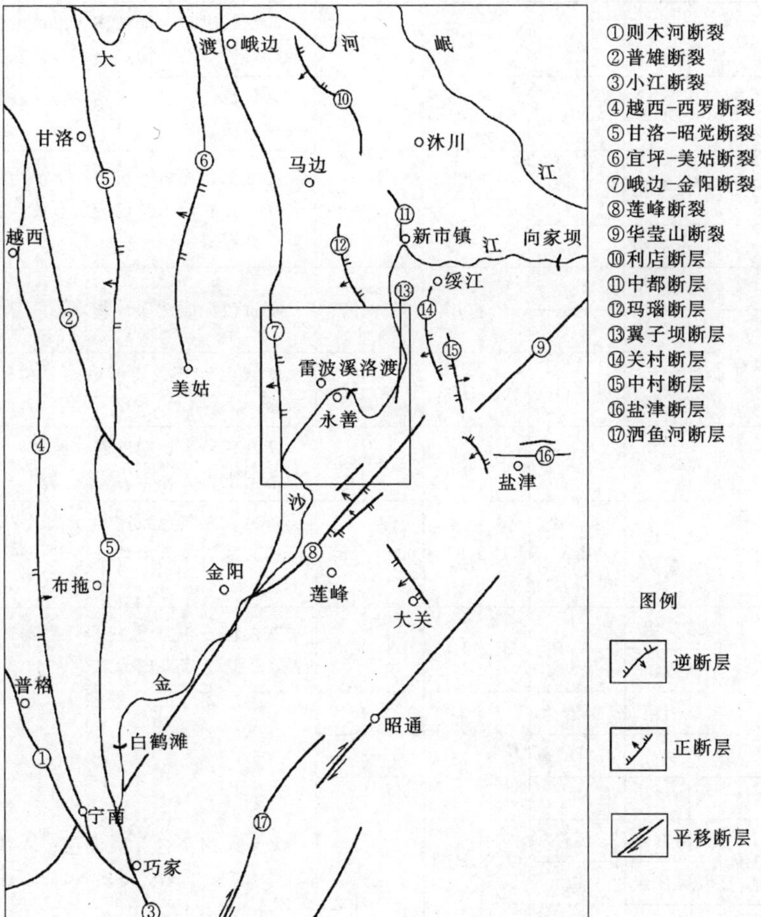

图 1.3　溪洛渡库区主要断裂（层）分布图

1.3　溪洛渡库区地层岩性特征

库区地层除缺失石炭系、侏罗系上统及第三系外，从元古界至第四系均有出露。地层岩性特征见表 1.1。

前震旦系（Pt）仅出露于对坪一带；震旦系（Z）多在区域性大断裂一侧出露，呈带状分布；古生界寒武系、奥陶系、志留系和二叠系在库区广泛分布，是组成库盆的主要地层，而泥盆系仅见于库尾一带，向下游逐渐尖灭；中生界三叠系主要分布在溪洛渡坝肩以上及库区两岸山岭地带；第四纪松散堆积零星分布于沿江两岸坡脚及谷底。

表 1.1　　溪洛渡库区地层岩性特征

界	系	统	1/20 万地层划分 组	地层代号	综合岩组（岩性）	厚度/m	岩性描述
新生界	第四系			Q	Q	0～160	冲积、洪积、崩坡积、滑坡堆积、冰川和冰水堆积，砂砾石、漂卵石、砂质黏土和块碎石土
中生界	白垩系	下统	小坝组	K_{1x}	K_1(S)	410～685	紫红色、砖红色含钙泥岩夹砂质泥灰岩、含钙细粒石英砂岩
	侏罗系	下统	自流井组	J_{1-2z}	T_3+J_1(S)	280～630	上部钙质泥岩夹灰岩；下部为粉砂岩、砂质泥岩互层；底部为灰色岩屑石英砂岩、粉砂岩、泥页岩夹煤层
	三叠系	上统	须家河组	T_{3xj}			
		中统	雷口坡组	T_{2l}	T_{1-2}(L)	352～575	灰黄色泥质灰岩、灰岩、白云质灰岩夹砂页岩
		下统	嘉陵江组	T_{1j}			
			铜街子、飞仙关组	$T_{1t}T_{1f}$	T_{1f+t}(S)	174～580	紫红色砂岩、岩屑砂岩、粉砂岩、泥岩夹泥灰岩
古生界	二叠系	上统	宣威组	P_{2x}	P_{2x}(S)	17～100	紫红色砂岩、粉砂岩、泥岩夹灰岩，底部为灰白色铝土岩、黏土岩
			峨眉山玄武岩	$P_2\beta$	$P_2\beta(\beta)$	270～834	灰色、深灰色致密块状玄武岩、含斑玄武岩、斑状玄武岩及火山角砾熔岩，底部为砂页岩、铝土岩
		下统	茅口组	P_{1m}　P_{1y}	P_{1y}(L)	108～1000	灰白色～深灰色灰岩、生物碎屑灰岩夹泥灰岩，生物灰岩夹白云岩
			栖霞组	P_{1q}			
			梁山组	P_{1l}	O_3+S(S)	2～6	灰色、深灰色、灰黄色、黄绿色砂岩、粉砂岩、泥岩、页岩、砂质页岩夹泥灰岩、泥质灰岩
	泥盆系			D		0～218	
	志留系	上统	菜地湾组	S_{3c}		466～932	
		中统	大路寨组	S_{2d}			
			嘶风崖组	S_{2s}			
		下统	黄葛溪组	S_{1h}			
			龙马溪组	S_{1l}			
	奥陶系	上统		O_3			
		中统	大箐组	O_{2d}	O_2(L)	116～730	灰色、深灰色生物碎屑灰岩、灰岩、白云岩、浅肉红色含铁泥质灰岩
			宝塔组	O_{2b}			
		下统	巧家组	O_{1q}	O_1(S)	295～504	上部为杂色薄至中厚层状泥质粉砂岩、页岩，下部为中厚、厚层状石英砂岩，下部岩层向下游变薄
			湄潭组	O_{1m}			
			红石崖组	O_{1h}			

续表

界	系	统	1/20万地层划分		综合岩组（岩性）	厚度/m	岩性描述
			组	地层代号			
古生界	寒武系	上统	二道水组	$\in_{3e}$	$\in_{3e}$(D)	150～464	灰、深灰色微晶、细晶白云岩、白云质灰岩夹少量砂岩、粉砂岩
		中统	西王庙组	$\in_{2x}$	$\in_{2x}$(S)	100～255	紫红色、砖红色粉砂岩、砂岩、泥岩、灰白色白云岩夹石膏
			陡坡寺组	$\in_{2d}$	$\in_{1+d}$(D)	142～368	灰色灰岩、白云岩，灰黑色白云质灰岩、灰岩、泥质白云岩夹灰绿色页岩
		下统	龙王庙组	$\in_{1l}$			
			筇竹寺、沧浪铺组	$\in_{1q}$、$\in_{1c}$	$\in_{1q+c}$(S)	394～642	灰绿色、灰黑色泥质石英粉砂岩、细砂岩、砂岩、页岩夹泥灰岩
			梅树村组	$\in_{1m}$	$Z_b+\in_{1m}$(D)	581～1200	灰至深灰色块状白云岩、白云质灰岩、泥质白云岩、含藻礁白云岩，灰黑色燧石条带或团块白云岩、白云质磷块岩
元古界	震旦系	上统	灯影组	Z_{bdn}			
			观音崖组	Z_{bg}			
			陡山沱组	Z_{bd}	Z_{a+b}(S)	249～1053	紫灰、暗紫色、灰白色砾岩、砂砾岩、含砾砂岩、石英砂岩、长石石英砂岩、凝灰质砂岩及紫红色页岩
			南沱组	Z_{bn}			
		下统	澄江组	Z_{ac}			
	前震旦系		会理组	P_t	P_t(M)	3350～4500	灰绿色、灰黑色石英绢云母千枚岩、变质粉砂岩

注 岩性类别——(S) 碎屑岩，(L) 石灰岩，(D) 白云岩，(M) 变质岩，(β) 玄武岩。

1.4 区域性断裂

对溪洛渡库区影响较大的区域性断裂有三组：近南北向的峨边-金阳断裂带；北东向的莲峰-华蓥山断裂带；北西向的马边-盐津断裂带。现分述如下。

1.4.1 峨边-金阳断裂带

该断裂北起峨边西北，经马边烟峰西、山棱角、抓抓岩，抵金沙江边，南截止于莲峰断裂，总长达180km。断裂总体走向近南北向，倾向西，倾角一般在50°～80°之间。由数条断层组合而成，在库区内包括有主断裂及上田坝断层、硝滩断层等。峨边-金阳断裂是重要的区域构造边界线，西侧以南北向构造为主；东侧构造复杂，以北东向、北北西向为主。

峨边-金阳断裂规模宏大、断层破碎带与影响带宽可达数十米，显示强烈的挤压特征，一般西盘向东逆冲。抓抓岩剖面上两侧地层陡立，上盘地层局部倒转。由断层岩显微组构分析说明，断裂经过多期活动，以脆性破坏为主，差异应力值在100MPa左右。

从航空照片判读，峨边-金阳断裂除马边西北有部分段落显示出断裂线状地貌外，主体部分未有强烈新活动反映。山棱岗一段断裂从近山顶处通过，地貌上无第四纪晚期活动表现。断层泥中石英碎砾的显微形貌分析结果，断层最晚期活动时代为中更新世。

从卫片上（图 1.4）同样可以看出，该断裂在研究区范围内线性特征表现明显。马劲子断层从山棱岗至溜筒河口段，地表表现为一连串的负地形，溜筒河口往南，该断层的线性特征不明显。另外，硝滩断层、上田坝断层和金阳断层在卫片上也有明显的线性特征。

1.4.2　莲峰-华蓥山断裂带

该断裂南西起自会理、宁南，向北东经莲峰至川东华蓥山，全长达 500km 以上。断裂带在宁南至巧家附近被北北西向则木河断裂及近南北向小江断裂所切穿，在盐津附近被北北西向马边-盐津断裂所穿切，从而分割成为宁南-会理断裂、莲峰断裂和华蓥山断裂。

对工程有一定影响的是莲峰断裂。该断裂于坝址南侧 25km 处通过，南起巧家、大寨，向北东方向经莲峰，延至木杆河一带，止于盐津附近的北西向构造带，长达 150km。该断裂沿莲峰背斜轴部发育，主要由莲峰断裂及虹口、头坪、赵家坪、老店子、新田等数条北东向断层组成，切割了从震旦系至中生界的所有地层，总体走向 N50°～60°E，倾向北西，倾角 60°～80°，总断距可达数百米，破碎带宽 30～40m，主要由片状构造岩、碎裂岩和断层泥组成。根据地球物理场资料，推测莲峰断裂带为一条切割较深的基底断裂。该断裂在区域上担当了重要的构造界线，其西北侧是南北向构造占主导地位，南东侧以北东向构造为主。

莲峰断裂带在研究区内卫片上也有明显表现（图 1.4）。尤其是莲峰至大兴段，卫片上表现为断崖、断层三角面等地貌特征。大兴往南沿金沙江展布，在金阳河口一带与金阳断层交汇在一起。

有关峨边-金阳断裂带和莲峰断裂带的测年结果及地震活动性详见第 2 章、第 3 章。

1.4.3　马边-盐津断裂带

据研究区地球物理综合勘探资料分析表明，在马边-盐津一带隐伏着一条北北西向的深断裂，其展布同上扬子台褶带与四川台坳分界线大体一致。在区域重力异常中，马边—盐津隐伏断裂带一线恰好是重力梯度带，它对应于莫霍面陡变带；在布格异常图上表现为北北西向低缓梯度带。这些特征在各种高度向上延拓的异常上都有明显反映，据此可以推断马边-盐津隐伏断裂带可能是一条切割莫霍面的岩石圈断裂。

隐伏断裂带与马边强震带在空间分布上有较好的对应关系，其活动性主要通过地震和地表断层的活动反映出来。一系列强震和群集的弱震活动都发生在这一带上。统计表明，该断裂带自 1900 年至 1994 年共记录到 5 级以上地震 23 次，其中，地震主要发生在近南北向断层与北东向断裂（层）的交汇部位。

与隐伏断裂对应的地壳表层发育有数条规模较小的次级断层，自北向南分别为利店断层、中都断层、玛瑙断层、翼子坝断层、关村断层和中村断层，它们组成一个北北西向排列的断层组，可能是该隐伏断裂在表层作用的产物，两者具有一定的成生联系。这些表层断层多数走向近南北至北北西，倾西，倾角 40°～70°，单条断层的长度一般小于 35km，破碎带宽小于 10m，均显示逆冲性质。现分述如下。

图 1.4 溪洛渡库区断裂卫片解译示意图

1.4.3.1 利店断层

该断层位于工程区以北，向北北西延伸至峨边五渡，总长度 50km。断面向西倾，倾角为 40°～70°。断层在中北段切过晚元古代及古生代地层。南段错断中生代地层。断层显示挤压性质，南西盘向北东逆冲。沿断层发育数米至数十米的破碎带，在利店南见晚三叠至早侏罗世砂页岩向东逆冲至中侏罗世粉砂岩、砂质泥岩之上。破碎带宽十几米，其中有方解石脉充填。显微镜下对断层岩的观察表明，断层以脆性破裂为主，断层上有纤维状矿物生长，反映了低应力稳态剪切滑动的性质。方解石脉可见两期，均受到变形。由热释光法测得的方解石脉的年龄为 16.87 万年。

利店断层在航片上显示清楚的线性影像。断层附近曾经发生过 5～5.9 级地震。

在敏家岩附近，马边河支流河谷中发现湖沼相粉砂夹泥炭层，出露厚度约 5m，作为Ⅰ级阶地的基座。层理细薄，含丰富的植物化石和古树干，其分布范围局限，仅见于老鹰岩至敏家岩之间约 1km 河谷中，其上不整合地覆盖着阶地砾石层。在它出露范围的北端，河谷中有古滑坡体残留，推测该套地层是滑坡体堵塞河床后的堰塞湖的沉积。其沉积年代应是晚更新世晚期。值得注意的是，在离利店断层不足 200m 的河谷中，见到湖相地层的变形，形成了和缓的向斜，地层倾角达 8°～10°，并发育小规模的正断层，垂直断距2～3cm。对该沉积层的变形，虽然尚不能完全排除沉积固结变形的可能性，但断层活动影响所致的可能性也是存在的。

在利店西，利店断层通过马边河Ⅱ级阶地和Ⅲ级阶地。断层在Ⅱ级阶地上无任何显示，但是Ⅲ级阶地上出现与断层线相一致的陡坎和凹槽，陡坎高2～4m，现在已被人工改造为梯田坎。在马边河上游所测得的Ⅲ级阶地年龄为14.11万年，Ⅱ级阶地为6.18万年。

以上几方面资料说明，利店断层在第四纪晚期仍然有一定的活动性。其中在中更新世末有一次较强的运动，使晚期方解石脉变形，在马边河Ⅲ级阶地上造成陡崖与断裂洼槽。在晚更新世末期或全新世可能仍有活动，使晚更新世晚期沉积的湖泊沉积物发生弱的变动。

1.4.3.2 中都断层

该断层位于利店断层向南东方向的伸延线上，与同走向的中和庄宽缓向斜相伴生，处于向斜的北东翼上，断层与向斜轴走向300°～320°，断层面倾向西，倾角60°左右，长约15km，是一条同生走向正断层。断层两端断在同一层位中，中段断在白垩系和侏罗系顶部地层之间，断距不大，变动也较弱。

中都镇西石山沟出露较好的断层剖面，南西盘白垩纪地层倾向南西，倾角55°～60°，北东盘侏罗系地层倾向北东，近断层处陡倾角，可达80°。该剖面处及整个南半段断层在山坡上通过，而上盘地形高，下盘低，受岩性抗风化侵蚀因素制约，不显示断层的新活动形迹。取断层带中薄层断层泥作石英碎砾显微形貌扫描电镜分析，结果说明最晚期活动年代为上新世至中更新世。断层岩的偏光微镜下组构分析结果认为，断裂在不足5km深度的浅层内生成，以脆性破裂为主要形式，贯入断层破碎带的晚期方解石脉没有变形现象，说明自方解石贯入后，断层未发生过运动。

中都断层与工程区其他断层相比，规模小，晚期活动弱，现今地震活动也较少。

1.4.3.3 玛瑙断层

该断层是库区内的重要活动断层之一。北起马边县玛瑙（民主乡）北，向南经老营盘、土地坳，过双河口后尖灭。北段与南段呈南北走向，中段为北西向，总长34km。南端距坝址约22km。

断层主要分布在产状平缓、褶皱形态不明显的中生代地层中。但断裂本身挤压破碎较强烈。在土地坳和老营盘，破碎带宽达百米至数十米。断面倾西，倾角40°～50°，为挤压逆冲并有走滑成分的断层。

在山太坪南豹子沟附近，西南盘香溪群青灰色岩屑砂岩逆冲到东北盘自流井组紫红色砂页岩之上，破碎带宽达几十米，在断面附近有40cm厚的断层泥带。断层泥中的石英颗粒用热释光法测定，说明断层在19.68万年前曾有过活动，而其上覆盖的残坡积层未受变动。

在玛瑙断层的北段，太平村南曾经发现断层延伸至第四纪砂砾石层中。对马边河河床纵剖面的分析表明，在玛瑙断层穿过马边河的流中塘村附近，河床纵剖面形成一个向上凸的异常段，可能反映了该断层在第四纪晚期的活动。

在航空照片上，玛瑙断层反映出明显的断层地貌，在太平、垭口、庄家湾、太坳脚、山太坪一带，构成明显的负地形及线状沟谷，并错断一系列山脊。在玛瑙断层南北两端，都曾发生过6¾级强震，弱震活动也较密集。1935—1936年的马边震群活动就发生在它的附近。由此可见，玛瑙断层是一条第四纪晚期有过活动的断层。

1.4.3.4 翼子坝断层

它是离坝址最近的一条重要活动断层。南起长坪以北，向北经糖房、翼子坝，止于莲花山南，呈南北走向，长30km，南段距溪洛渡坝址区16km。

翼子坝断层南端切入长坪穹隆核部，向北切过黄毛坝短轴背斜、马湖向斜和芭蕉滩穹隆的东翼，主要段落分布在二叠纪至三叠纪地层中。断层两侧构造变形程度不同，断层下盘地层平缓，倾角一般不超过20°。

断层性质为挤压逆冲，西盘向东仰冲。在翼子坝北为峨眉山玄武岩层逆冲至三叠纪雷口坡组之上。大毛滩南长坪河右岸公路旁发现一砂脉。砂脉走向也近南北，向西陡倾。脉体宽20～27cm，由黄褐色的中、细砂组成，出露高度2m多，未见底。为了确认砂脉是否由于砂土液化所致，笔者取样咨询了我国多年从事砂土液化研究的专家，他们的意见是：砂脉的级配在饱水的状态下有液化的可能，但其中含黏土的成分偏大，砂脉是由于液化形成的可能性较小。另外，在砂脉旁还可见与砂脉成分一样、呈透镜状充填于近水平粉砂层中的另一砂脉，从该砂脉中的斜层理判断，在其形成过程中，水流是自上而下的。这说明大毛滩处砂脉的形成很可能是由于边坡中的张性裂隙被后期的中、细砂充填所致，而与地震液化作用没有直接的关系。

翼子坝断层是北北西向构造带中的重要次级成分。在它的南端发生过7.1级地震（1974年），北段附近曾发生过7级地震（1216年）。由于历史记录过少，不能确切地判断其震中位置。但从震后金沙江堵江80里[1]的记载来看，震中在翼子坝一带是完全可能的。

1.4.3.5 关村断层和中村断层

这两条断层是北北西向构造带的南段，翼子坝断层之东。它们相互平行，以北北西走向延伸，长度分别为25km和37km。断层主要分布于三叠纪及侏罗纪地层中，周围地层平缓，褶皱不明显。

总结马边-盐津北北西向地表断层组，除中都断层之外，普遍有较强的第四纪晚期活动的表现。加之又是前述提到的北北西向隐伏断裂带通过之处，使其成为工程区内最重要活动构造带。一系列强震和群集的弱震活动发生在该构造带上并不是偶然的。

1.5 现今区域构造应力场特征

对于一个特定地区现今区域构造应力场特征的研究，主要从三个方面来着手：一是通过最近该地区的发震构造背景分析，间接推测主压应力方向。二是通过对研究区内历史强震震源机制的统计，找出主破裂面的优势方向，从而求得主压应力方向。这种方法，具有一定的代表性。三是通过超深钻孔，直接测量当地的主压应力方向。这种方法

[1] 1厘≈0.33mm。

虽然有效，但由于成本太高，往往不采用。现就前两种方法，对溪洛渡地区的区域构造应力场作简要分析。

1.5.1　近期强震构造背景

1.5.1.1　1971 年马边地震序列

1971 年 8 月 16 日、17 日先后在马边县的新华乡附近发生两次强烈地震，地震震级均为 6.1 级。自 1970 年 7 月 31 日至 1971 年 11 月 24 日，该地区共发生 4 级以上地震 20 次，其中 4.0～4.9 级 6 次、5.0～5.9 级 12 次、大于 6.0 级 2 次，其空间分布特征如图 1.5 所示。

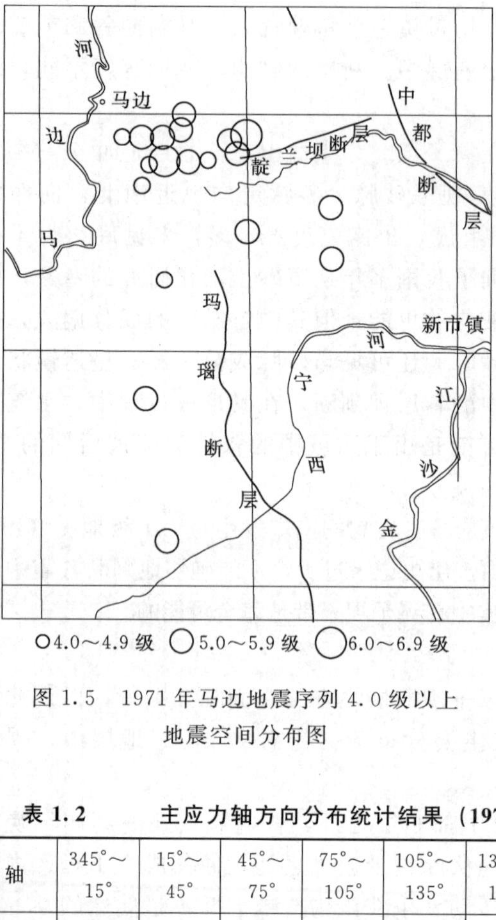

图 1.5　1971 年马边地震序列 4.0 级以上地震空间分布图

从该地震序列的空间展布特征可以看出，主震之前的两次 5.0 级、5.4 级地震，震中位于近南北走向的玛瑙断层的上盘。主震发生以后，其余震的分布大体沿北西向及北东东向展布。发震构造初步认为是马边-盐津隐伏断裂带内玛瑙断层与靛兰坝断层共同作用的结果。该次地震序列的震源机制分析结果见表 1.2。

从表中可以看出，主压应力优势区间为 SEE（75°～135°）～NWW（255°～315°），共有 10 个数据在此区间内，占 91%；主张应力优势方向区间为 NNE（345°～45°）～SSW（165°～225°），也有 10 个数据在上述区间内，占总数的 91%。

表 1.2　　主应力轴方向分布统计结果（1971 年马边地震序列震源机制分析）

轴	345°～15°	15°～45°	45°～75°	75°～105°	105°～135°	135°～165°	165°～195°	195°～225°	225°～255°	255°～285°	285°～315°	315°～345°
P 轴	0	0	0	1	3	0	0	0	0	1	5	1
T 轴	3	2	0	0	0	0	0	5	1	0	0	0

根据上述资料得到平均主应力方向和仰角：主压应力方向 NW297°，仰角 11.6°；主张应力方向为 SW207°，仰角为－0.3°。由此可计算出两个节面的产状，节面 1：走向 NW341°，倾向 SW，倾角 82°；节面 2：走向 NE73°，倾向 NW，倾角 82°。

从震源机制解得到的一组节面的走向与图 1.5 所示的地震空间分布情况基本吻合。

1.5.1.2　1974 年大关地震序列

1974 年 5 月 11 日在云南省大关北发生强烈地震，震级为 7.1 级。该次地震属主震-余震型。4 级以上余震共 39 次，其中 4.0～4.9 级 29 次、5.0～5.9 级 8 次、6.0～6.9 级 1

次、主震震级为7.1级，其空间分布特征见图1.6。从图上可以看出，余震的分布主要沿北东、近东西和北西方向。

本次地震序列的震源机制分析结果见表1.3。

从表中可以看出，主压应力优势区间为SEE（75°～135°）～NWW（255°～315°），一共有5个数据，全部落在这个区间内；主张应力优势方向区间为NNE（345°～45°）～SSW（165°～225°），所在数据均落在这个区间内。

由此可计算出平均主应力方向和仰角：主压应力方向为NW279°，仰角为8.6°；主张应力方向为SW183°，仰角为28.6°。两个节面的产状分别为：走向NW325°，倾向SW，倾角63.5°；走向NE48°，倾向SE，倾角77°。

从震源机制解得到的一组节面的方向与图1.6所展示的这次地震主震、余震的空间分布特征基本一致。

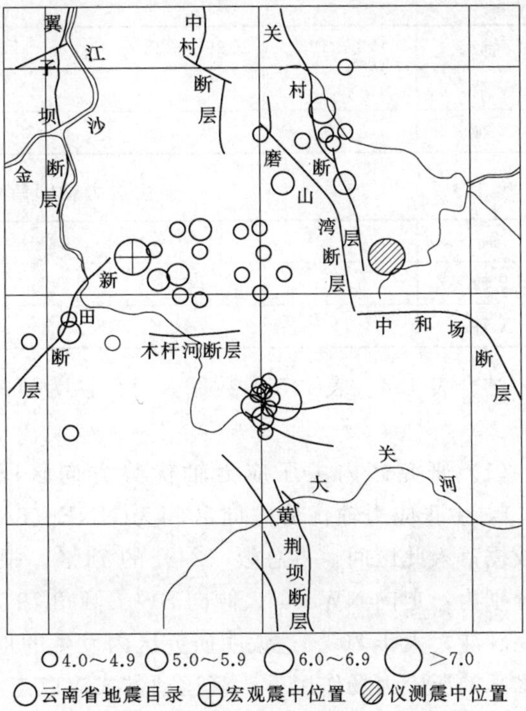

图1.6 1974年大关地震序列4.0级以上地震空间分布图

表1.3 主应力轴方向分布统计结果（1974年大关地震序列震源机制分析）

轴	345°～15°	15°～45°	45°～75°	75°～105°	105°～135°	135°～165°	165°～195°	195°～225°	225°～255°	255°～285°	285°～315°	315°～345°
P轴	0	0	0	1	0	0	0	0	0	3	1	0
T轴	0	0	0	0	0	0	4	1	0	0	0	0

1.5.2 震源机制分析

为了说明溪洛渡库区及附近地区的现今构造主应力方向，笔者重点统计分析了范围北纬27°30′～29°00′，东经103°00′～104°30′内的4.0级以上地震震源机制。统计结果见表1.4。外围地区，笔者借用前人的研究成果，在图1.7中给出由强震震源机制的主压应力方位和区域应力场方向。

表1.4 主应力轴方向分布统计结果

轴	345°～15°	15°～45°	45°～75°	75°～105°	105°～135°	135°～165°
P轴	1	0	1	3	4	1
T轴	3	2	1	0	0	1

续表

轴	165°～195°	195°～225°	225°～255°	255°～285°	285°～315°	315°～345°
P 轴	1	1	0	4	6	2
T 轴	5	7	3	1	1	0

表 1.5　　**主应力轴仰角统计结果**

轴	0°～10°	11°～20°	21°～30°	31°～40°	>40°	平均
P 轴	9	6	7	2	0	15°
T 轴	11	3	5	3	2	18°

结合表 1.4、表 1.5 的数据，可以认为研究区内现今构造应力场具有以下两方面的特征：

（1）研究区内主压应力轴优势方向区间为 SEE（75°～105°）～NWW（255°～315°），主张应力轴优势方向区间为 NNE（345°～45°）～SSW（165°～225°）。各有 17 个数据落入此区间，占总数（24）的 71%。根据主应力的方向和倾角可求得的两节面解分别为：走向 NW334°、倾向 SW、倾角 79°，走向 NE64°、倾向 SE、倾角 87°。倾角都比较陡，大于 70°。这说明研究区内发生的地震破裂面近于直立，陡立的破裂面在近于水平的压应力场作用下，其运动方式应以走滑型为主。

（2）区域应力场的空间分布特征是：研究区的北部，即龙门山断裂带以西，鲜水河断裂带以北，主压应力方向以北西-南东占优；西部，即鲜水河断裂以南，安宁河、小江断裂以西，主压应力方向近南北；龙门山断裂以南，安宁河、小江断裂以东（包括研究区在内）的广大地区，主压应力方向以北西西—南东东占优。这与上一节中对溪洛渡近场地震的震源机制分析所得到的结果基本上是一致的。

1.6　地球物理场与深部构造特征

地表构造通常受深部构造控制，断裂带及发震构造与深部构造有着更为密切的关系，因此，有必要对区域地球物理场与深部构造予以探讨。对于研究区的地球物理场与深部构造，本书主要参考四川省地质矿产局物探队《四川省重力航磁异常综合研究报告》，国家地震局、四川省地震局《金沙江溪洛渡水电站工程地震综合研究报告》，引用其重要研究成果，简述如下。

1.6.1　深部重力场特征

区域深部重力场反映了莫霍面的起伏形态。梯度带对应于莫霍面陡变带，重力高与重力低分别反映了莫霍面上隆和拗陷。研究区布格重力异常图见图 1.7，研究区莫霍面三维展示图见图 1.8。

从图 1.7、图 1.8 中可以看出，研究区莫霍面是东高西低，区域重力异常的总体轮廓是北东向的龙门山重力梯度带延伸至宝兴、雅安一带分为两支，一支沿石棉、木里向

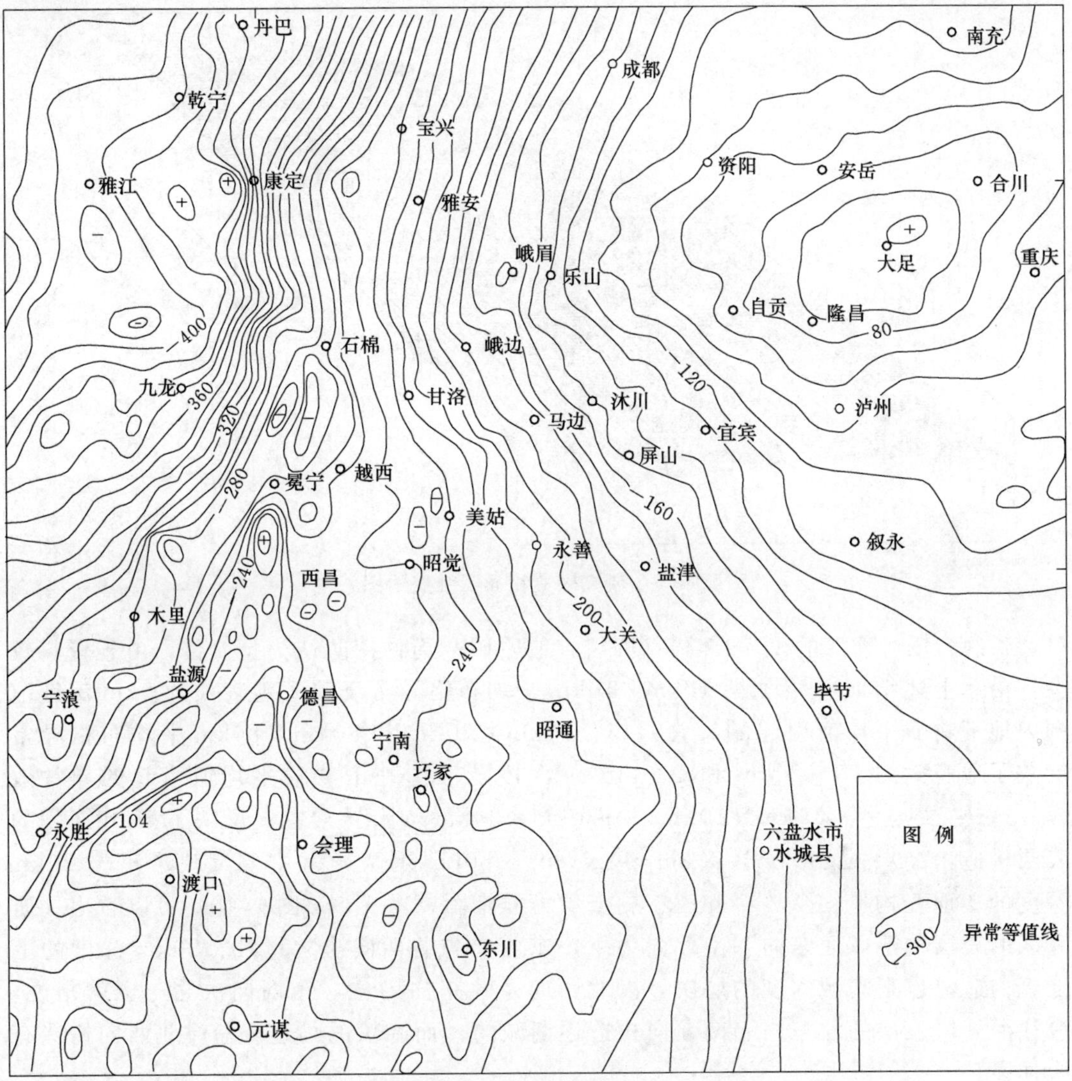

图 1.7 研究区布格重力异常图（单位：mGal）

西南伸入滇西北；另一支向南南东经马边、盐津进入滇、黔，溪洛渡库区就处于该梯度带的西部边缘。在这两支梯度带之间的三角形地区为重力异常变化平缓区。

1.6.2 浅部重力场特征

深部重力异常不能反映地壳内部密度界面的起伏和地壳上部密度的变化。为了研究地壳内部不同深度地质体性质，必须进行异常分离。应用相关分析和滑动窗口平均场法相配合，是目前常用的分离重力异常的方法。其基本原理是利用埋深浅、体积小的地质体所引起的异常场随窗口的增大衰减快，而埋深大、体积大的地质体所引起的异常随窗口的增大衰减慢。由滑动平均重力异常的物理意义可知，某一窗口的平均场反映了从地表直到某一深度范围内剩余密度的平均值的异常效应。根据前人的研究成果，平均场窗

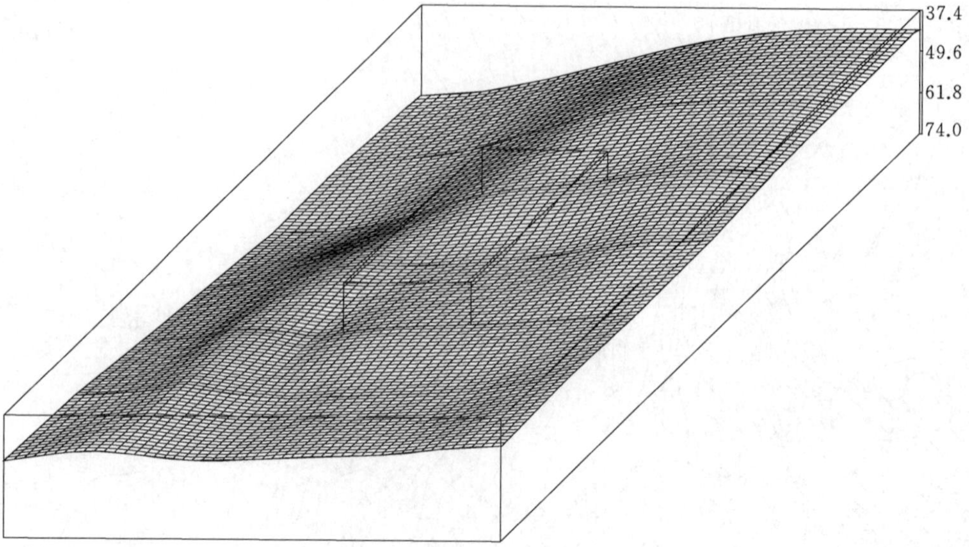

图 1.8　研究区莫霍面三维展示图

口边长约为场源埋深的 1.5～2 倍（四川省地质矿产局物探队认为是 4 倍，由于资料较少，沿用上述结果）。因此，10km×10km 平均布格异常反映了地表大约 5km 深度范围内地下物质平均值引起的异常效应，30km×30km 和 80km×80km 平均布格异常反映了地表大约 15～20km 和 40～45km 深度范围内地下物质平均值引起的异常效应。这样，$\Delta g_1=\Delta g$10km×10km$-\Delta g$30km×30km 剩余异常主要反映了 5km 深度的表层构造，$\Delta g_2=\Delta g$30km×30km$-\Delta g$80km×80km 剩余异常主要反映了 15～20km 深度的上地壳构造。从 Δg_1 和 Δg_2 剩余重力异常图（图 1.9、图 1.10）可以看出，研究区的表层构造以北东向和南北向为主，东西向与北西向次之；15～20km 深度的上地壳构造，也是震源深度的层次，以北西向及北东向为主，东西向次之，也就是说，愈往深处，表层的北东向、南北向构造逐渐减弱，而隐伏的马边—盐津北西向构造有所加强。

1.6.3　磁场特征

研究区磁性岩石及磁性岩层主要是岩浆岩、基性火山岩以及深变质的结晶基底。但单纯的磁异常绝对值，只能粗略了解引起异常的磁源体的平面位置，而不能对磁源体的空间位置有深入了解。而笔者所关心的正是磁源体的空间展布特征。

为了达到上述目的，就必须采用向上解析延拓的方法，分析磁异常的变化及衰减特征。四川省地矿局“七五”期间的重点科研项目中，计算了 7 个高度的上延场，即 5km、10km、20km、30km、40km、60km、80km。从不同高度的异常特征看，上延 10km，滤掉了一批表层磁性体引起的局部异常。上延 20km 后，深部磁异常面貌更趋清楚明显。上延 30km、40km 深部磁场总体形态与 20km 变化不大。因此认为上延 20km 的磁场应反映深部（上地壳）磁性体的异常。研究区上延 20km 航磁异常见

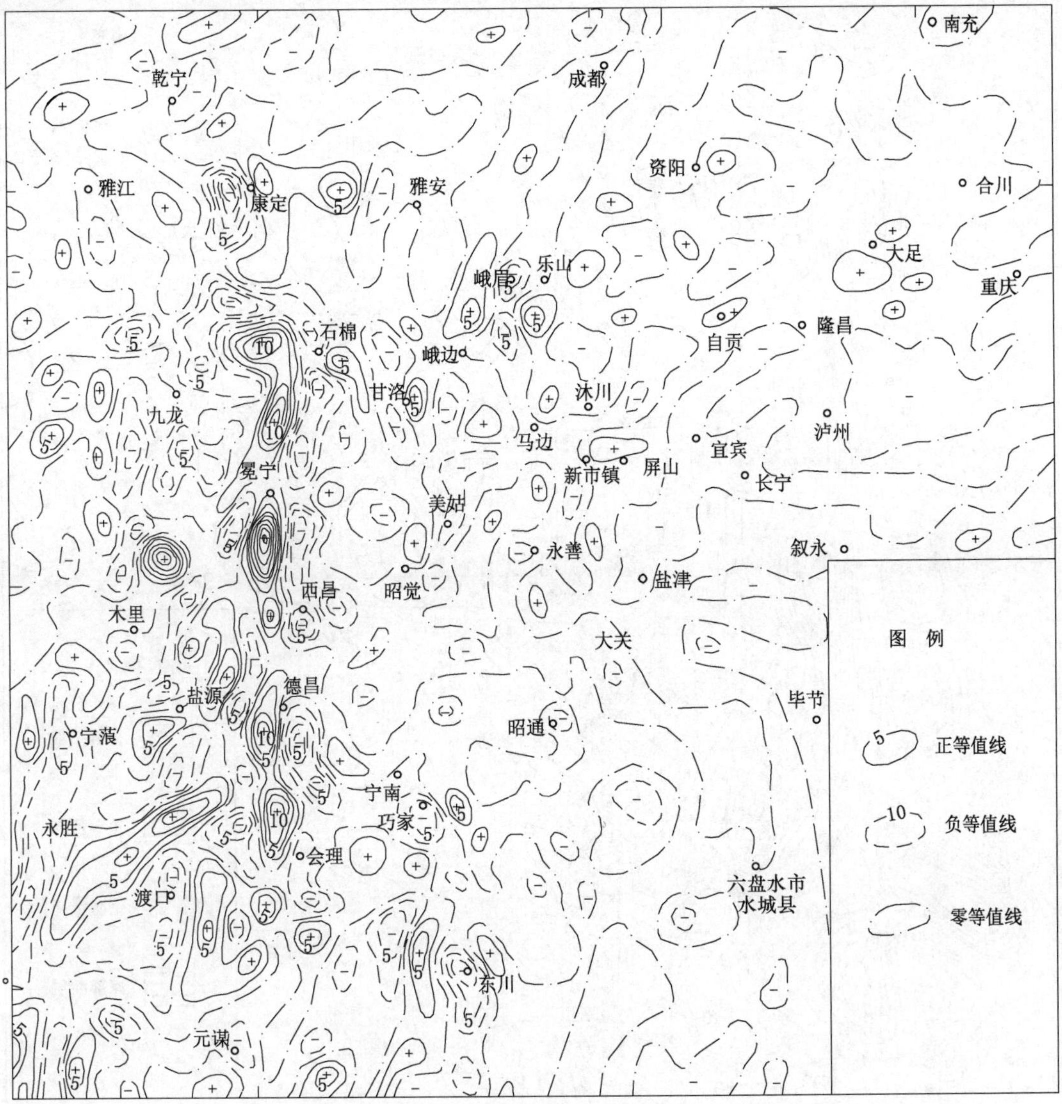

图 1.9 研究区 Δg_1 剩余重力异常图（单位：mGal）

图 1.11。

从图上可以看出，强磁异常大体可以明显分为三个区：宝兴、康定、冕宁一线以西，为低缓负磁异常区；宝兴、康定、冕宁一线以东，木里、马边、隆昌一线以北为四川盆地正磁异常区；木里、马边、隆昌一线以南为中幅度变化的磁异常区，该区中有一条明显的界线，即马边-盐津-水城一线，东北侧是负磁异常区，异常变化不规则，磁场强度自北向西南增大；界线西南侧磁场具有明显的线性正负磁异常伴生的特征，走向有北东、南北、北西和东西，磁场强度也自东北向西南增大。溪洛渡坝址就位于该重要界线的西南侧。

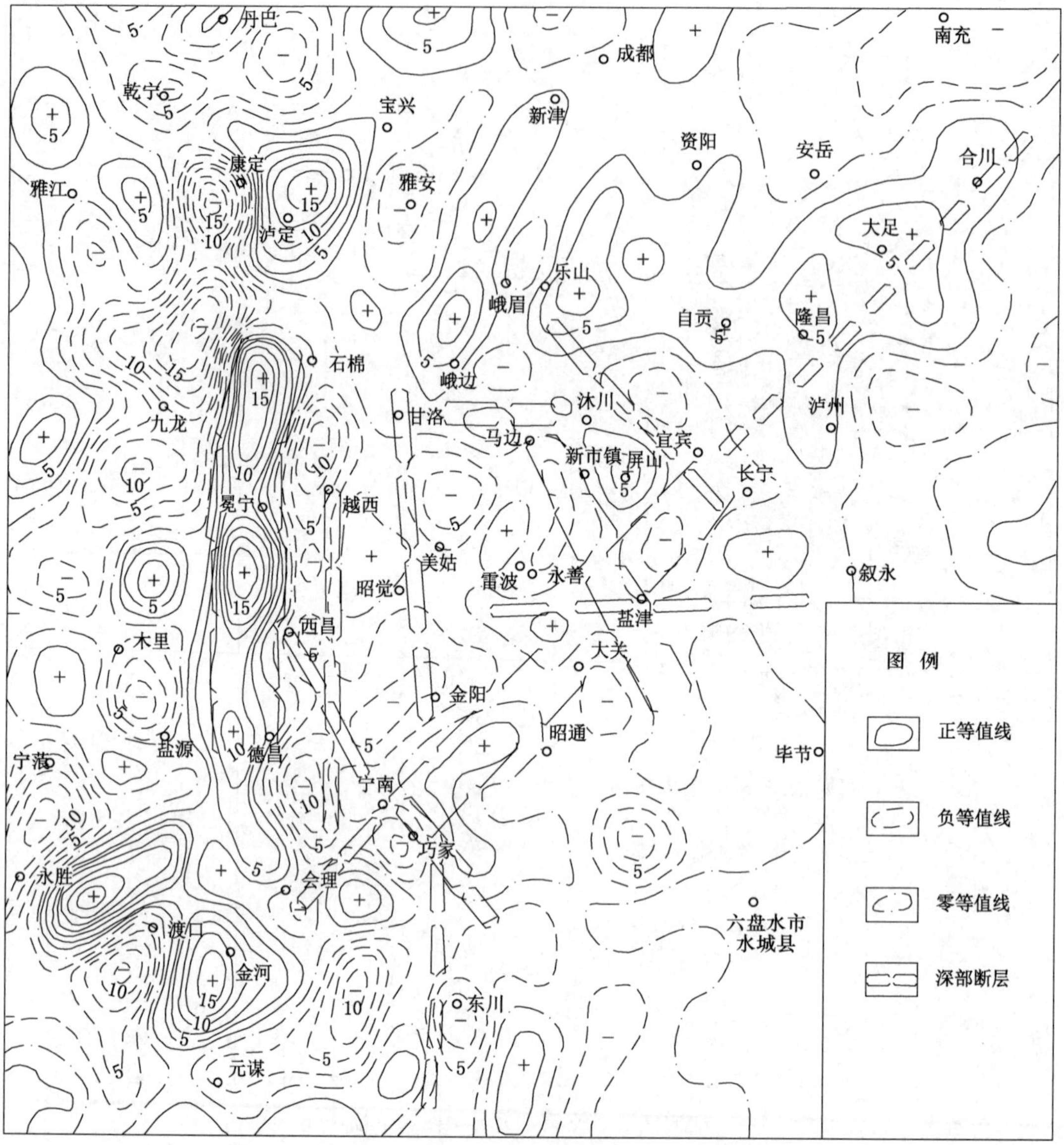

图 1.10　研究区 Δg_2 剩余重力异常图（单位：mGal）

1.6.4　磁性基底埋深特征

图 1.12 是研究区磁性基底最小埋深等值线图，图 1.13 是研究区磁性基底顶面三维展示图。从图中可以发现，研究区内发育有三条明显的磁性基底埋深陡变带，即东部峨眉-沐川-盐津东侧 NW 向陡变带、南部昭通-盐津南侧 NE 向陡变带及西部越西-宁南近 SN 向陡变带。这三条陡变带将区域地壳磁性基底切分为四个埋深不同的地块。其中峨眉-沐川-盐津陡变带 NE 侧是区内磁性基底埋深最大的地区，一般在 7km 以下，并表现为 NE 向排列的相对隆起与拗陷；昭通-盐津陡变带 SE 侧是区内磁性基底埋深最浅的

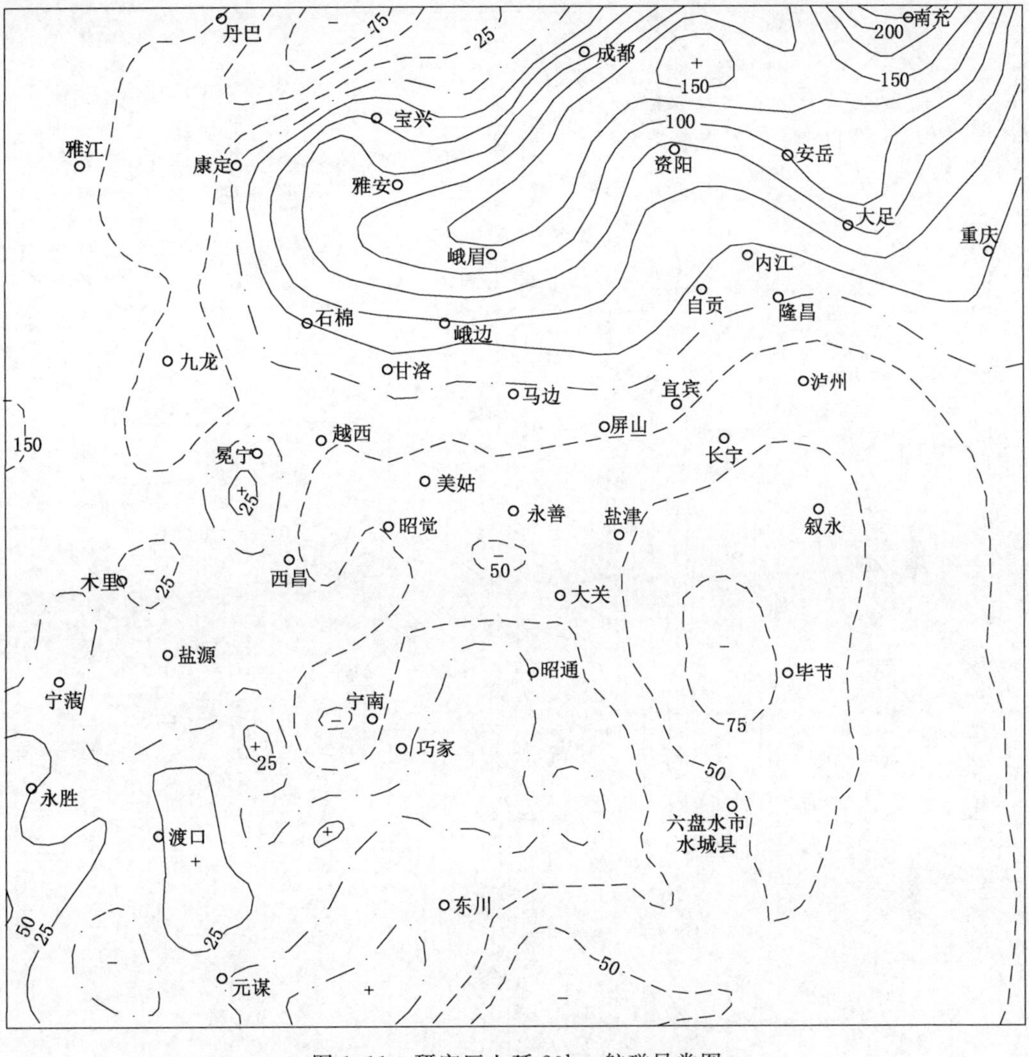

图 1.11 研究区上延 20km 航磁异常图

地区，界面深度为 0.5～1km 且起伏较小而不具明显的方向性；越西-宁南陡变带西侧磁性基底以近南北向展布的相对隆起与拗陷为主，界面深度变化大体为 1～3km；介于上述三者之间的永善-美姑广大三角形地区（包括永善、美姑、金阳等），磁性基底埋深相当平稳，即使是峨边-金阳断裂及莲峰断裂等规模较大的断裂构造两侧也无明显差异，其界面深度均在 1km 左右。溪洛渡水电站则位于该区的东部。界面深度或者反映了有玄武岩层发育的古生界的埋深，或者反映了玄武岩层缺失地区的前古生代结晶基底的埋深。永善-美姑-金阳三角形块体中磁性基底埋深特征及表面起伏特征均反映了溪洛渡库、坝区地壳结构平整、稳定性好。

1.6.5 断裂带深部构造信息

研究区的地球物理场与深部构造为断裂带的深入研究，尤其是深部特点研究提供了

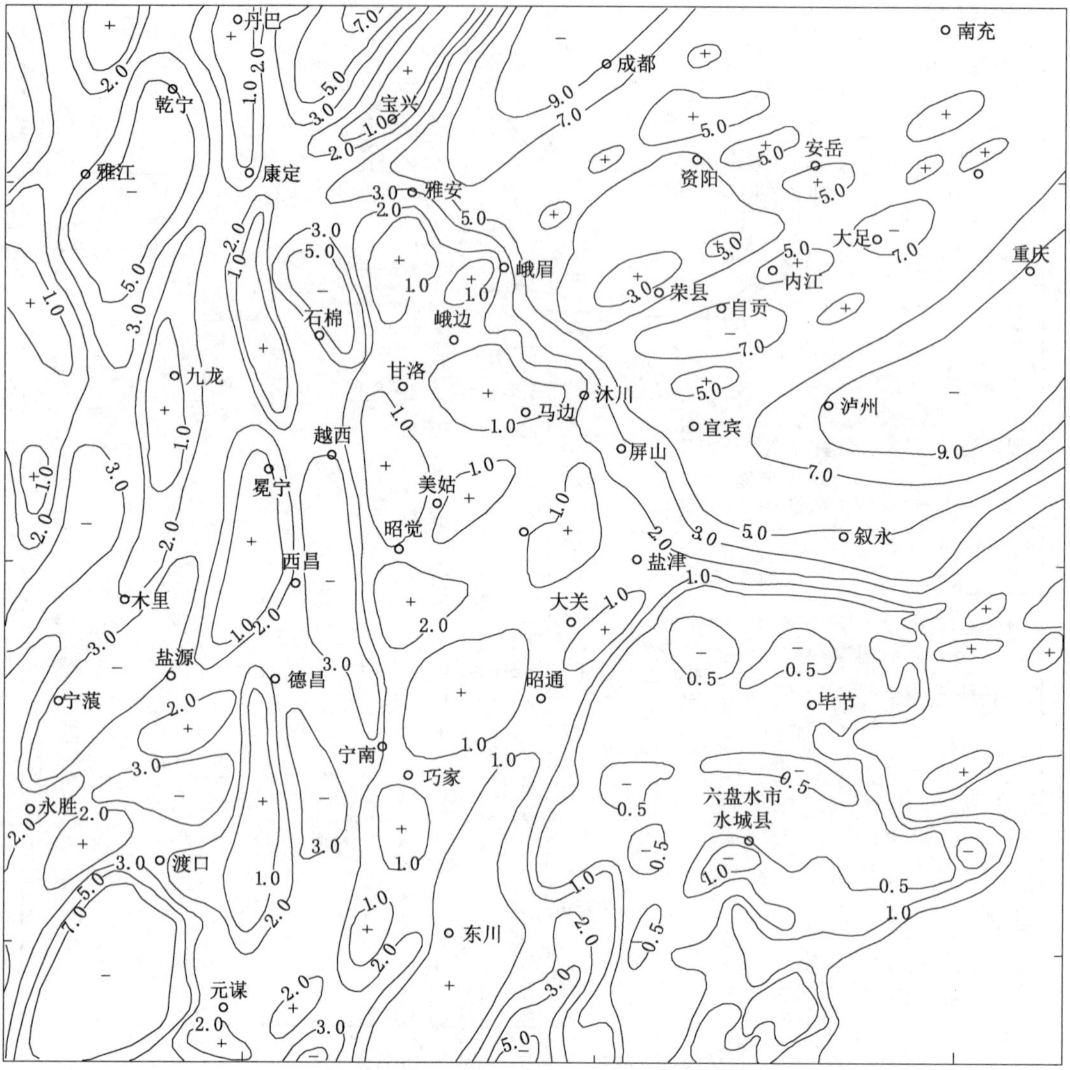

图 1.12　研究区磁性基底最小埋深等值线图

十分重要的信息。

研究区马边-雷波-永善三角形块体边界断裂带地球物理及深部构造特点是：马边-盐津断裂带在布格重力异常图上位于 NW 向重力异常梯度带上，并且是莫霍面深度的变化带。在剩余布格重力异常图上，它是区域性重力异常的明显分界线。该断裂以西，重力场以局部小异常为主，呈南北向分布；断裂带以东重力场变为近东西向分布。在航磁异常图上表现为区域磁性异常的分界线，其东西两侧地壳磁场特性差异极大，在上延 20km 的航磁异常图上及磁性基底埋探变化图上均显示为明显的 NW 向异常梯度带。据此不难判断，马边-盐津断裂带切割深度已达莫霍面，但在剩余重力异常图上却无明显反映，说明这一深断裂未完全切穿至地表，在地表仅表现为一系列 NW 向较小规模断

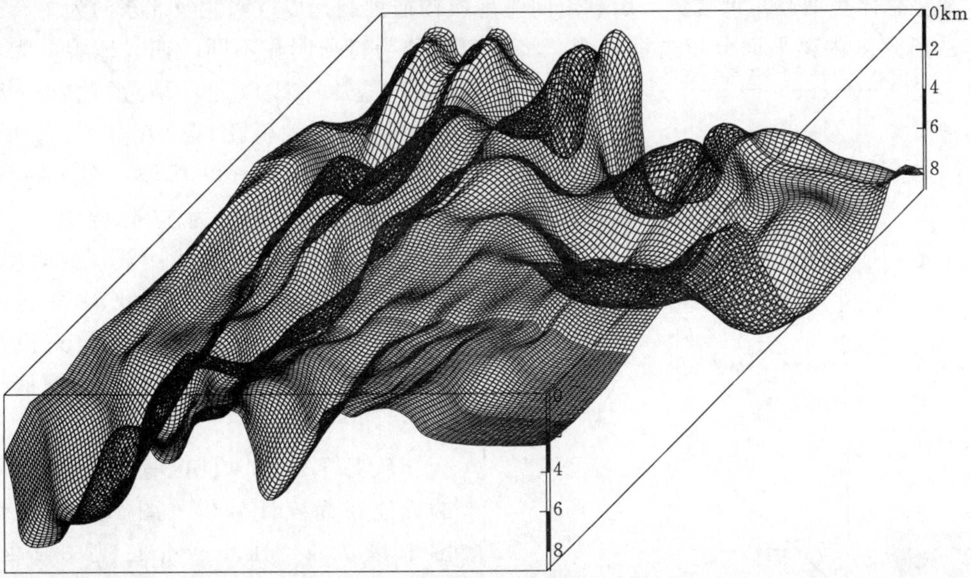

图 1.13 研究区磁性基底顶面三维展示图

裂呈斜列分布。

莲峰断裂带：在布格重力异常图上表现为异常值与两侧地块有较大差异的等值线扭曲线带；在剩余重力异常图上由表现为 NE 向正负异常线性展布；航磁异常图上显示为不同磁场区的分界带，在上延 5～20km 航磁异常图上亦有所反映，但其两侧磁性基底埋深却无明显差异。上述特征表明，莲峰断裂带切割深度虽然较大，但并未切穿上地壳，应属发育规模较大的基底断裂。

峨边-金阳断裂带：该南北向断裂带虽然延伸长大，但在布格重力异常图及航磁异常图上均无明显反映，仅在剩余重力异常图上有微弱的显示。极有可能是在地表近南北向褶皱基础上发展起来的表层构造，其两盘地壳磁性基底埋深完全一致。

1.7 新构造运动特征

川西高原是青藏高原的一部分，具有整体快速隆升、沿区域性大断裂带差异错动的特点。早第三纪晚期，海水全部退出喜马拉雅地区，这时作为一个统一的青藏地块才拼合完成。受喜马拉雅地槽褶皱的影响，并作为统一地块的标志，这一时期包括川西在内的青藏广大地区都发育了一套山间盆地的红色或灰色沉积。这标志着青藏地块统一的夷平过程的开始。到晚第三纪晚期，这一夷平面即后来的高原面最后完成，并开始了大幅度的隆升。由于向东滑移的高原地壳受到具有刚硬结晶基底的扬子地块的阻抗，使印支晚期以来沿四川槽、台分界线附近发生的逆冲推覆作用得到加强，从而加速了川西高原的抬升，特别是在边缘的构造交叉和变异部位，因走滑断层的推挤和逆掩断层的叠积作用加剧，形成许多高入云霄的断块山。溪洛渡工程就位于川西高原向四川盆地过渡的斜坡地带，地势总体呈西高东低之势，山脉走向受地质构造控制，以近南北及北东向为主。

从研究区内夷平面分布高程来看，将研究区分为特征明显不同的四大地貌单元，即莲峰-盐津一线以北，马边-盐津一线以东为构造侵蚀低山区（Ⅳ区）；莲峰-盐津一线以北，马边-盐津一线以西，峨边-金阳断裂以东为构造侵蚀中低山区（Ⅲ区）；莲峰-盐津一线以北，峨边-金阳断裂以西为构造侵蚀深切割高山区（Ⅰ区）；莲峰-盐津一线南东侧的广大地区为构造侵蚀中等切割山原区（Ⅱ区）（图 1.14）。

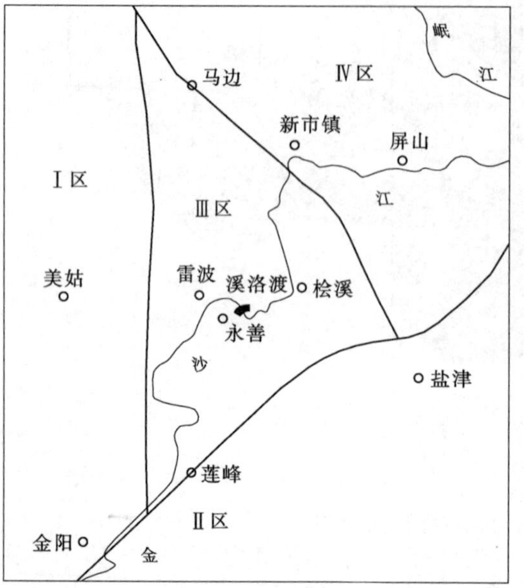

图 1.14　研究区地貌单元划分示意图

从对Ⅰ、Ⅱ、Ⅲ区这三个地貌单元的峰顶高程统计分析（图 1.15，统计范围Ⅰ区为 4400km²、Ⅱ区为 3520km²、Ⅲ区为 1680km²）可以看出，研究区具有明显的两级夷平面。Ⅰ区一级夷平面的高程在 4000m 左右，二级在 3400m 左右；Ⅱ区一级夷平面的高程在 3200m，二级在 2400m；Ⅲ区一级夷平面高程大约 3000m，二级夷平面 2000m。其中Ⅰ区一级夷平面与Ⅱ区、Ⅲ区一级夷平面的高差分别达 800m、1000m 左右，Ⅱ区、Ⅲ区相差不大。在这三个统计区中，只有Ⅱ区一级夷平面保存相对完好。从这一事实说明，峨边-金阳断裂控制着古夷平面的展布。分布于该断裂带两侧的海拔高程不同的夷平面最初为统一的夷平面，由于断裂活动使统一的夷平面解体，造成不同区域一级夷平面之间高差的存在。

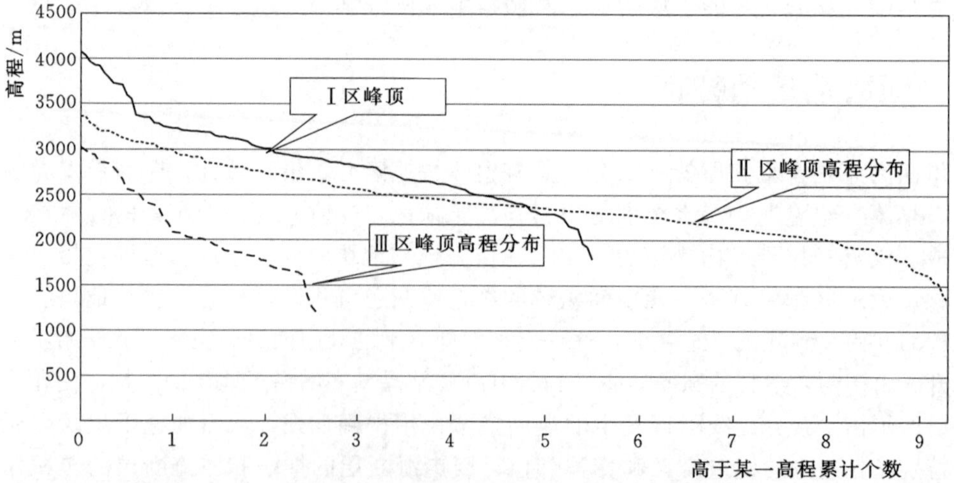

图 1.15　溪洛渡地区不同区域峰顶高程分布区间

溪洛渡库区由于金沙江自中更新世以来强烈下切，阶地及水平溶洞不发育。在近100km长的库区内，只有在青龙咀、上田坝、黄华、大兴、小牛栏江口、对坪等地发育Ⅳ～Ⅴ级阶地；在豆沙溪、油房沟等金沙江的支沟内可见为数不多的水平溶洞。溪洛渡库区阶地发育特征见表1.6。

表1.6　　溪洛渡库区阶地发育特征

级别	类型	拔河高度/m	组成物质	形态特征	时代
Ⅰ	堆积	15～20	砂卵砾石组成，局部胶结或半胶结	小平台状，宽10～1000m	Q_4
Ⅱ	一般为堆积	40～75	黏质砂土和砂黏土及砾卵石组成	较完整平坦，呈条带状，宽200m左右	Q_3
Ⅲ	堆积	90～150	黏质砂土和砂黏土及砾石组成	冲沟发育，完整性差的小台地，宽60～160m	Q_2^3
Ⅳ	主要为堆积	150～240	黏质砂土及砾石组成	阶面破坏成15°～20°。斜坡，面积小，宽20～25m	Q_2^3
Ⅴ	基座	300～400	由漂卵石、砂砾石及黏质砂土组成，半胶结	阶面呈宽缓平台，宽度大于800m	Q_2^2

溪洛渡库区的水平溶洞在库首段的豆沙溪较为发育，出露高程在500m左右，相当于库区内的Ⅱ级阶地。其他层位对应关系不明显。

第2章 溪洛渡库区断层活动性研究

2.1 溪洛渡库区已有测年结果及可靠性分析

由于工程规模宏大，溪洛渡库区又是我国强烈地震的多发区，因而对溪洛渡库区及其外围的断层活动性评价引起有关部门的高度重视。20世纪80年代以来，我国不少科研机构已对该区的断层活动性做了专题研究，其中断层测年是重要的手段之一，有关该区的测年结果见表2.1。

表2.1　　溪洛渡库区测年结果

断裂带	断层名称	取样部位及条件	测年目的	样品种类	测年方法	年龄/万年	资料来源
马边-盐津断裂带	利店断层	马边河上游Ⅱ级阶地，未见变形	阶地形成年代	断层泥	TL	6.18±1.30	①
		马边河Ⅲ级阶地，轻微构造变形	阶地形成年代	钟乳石	TL	14.11±1.11	
		可能取自老鹰岩剖面	断层活动年龄	断层泥	TL	11.97±2.39	②
				断层泥	SEM	N_2～Q_1	
				断层泥	SEM	Q_1前	
		敏家岩剖面	断层活动年龄	断层泥	SEM	Q_2	③
		断层破碎带中有两期方解石脉，均有变形	方解石脉受构造变形的年龄	方解石脉	TL	16.87±1.30	①
	中都断层	断层带中有薄层断层泥	断层活动年龄	断层泥	SEM	N_2～Q_2	①
		取样情况不详	断层活动年龄		SEM	Q_1前	②
	玛瑙断层	断面附近有40cm厚的断层泥，上覆残坡积层未受变动	断层活动年龄	断层泥	TL	19.68±1.50	①
		可能取自流中塘剖面	断层活动年龄	断层泥	TL	255.6±51.1	②
				断层泥	SEM	Q_1前	
		搅动上覆Q砂砾石层	断层活动年龄	不详	TL	1.9	⑤

续表

断裂带	断层名称	取样部位及条件	测年目的	样品种类	测年方法	年龄/万年	资料来源
马边-盐津断裂带	翼子坝断层	Ⅱ级阶地沉积物中有两组小断层，断层旁细砾层中含分散炭屑	翼子坝断层上覆阶地形成年代	碳化物	^{14}C	2.45±0.08	①
		大毛滩冲洪积台地炭化木	台地形成年代	碳化物	^{14}C	2.8	④
		取样情况不详	断层活动年龄	断层泥	TL	8.09±1.53	②
				断层泥	SEM	Q_2	
				断层泥	SEM	Q_3	
		永善骡马场剖面破碎带宽15m，断层泥砾带弱固结，有方解石脉	断层活动年龄	方解石脉	TL	26.5±2.7	③
		大毛滩地裂缝中砂脉	砂脉形成年代	砂	ESR	26.0	③
		雷波县城麻柳湾滑坡体底部石灰质泥砾	滑坡体形成年代	灰泥（断层泥）	ESR	43.3	③
					TL	71.0±7.2	
		唐家湾外来古滑体底部滑面物质	古滑体形成年代	灰泥（断层泥）	TL	43.6±5.2	③
					ESR	11.3	
		唐家湾外来古滑体底部滑面物质	古滑体形成年代	方解石脉	TL	40.6±4.1	③
					ESR	11.3	
		璜琅地区干池塘崩滑堆积物，灰质角砾岩中的微小错动带内破碎物质	崩滑堆积物形成年代	破碎物质	TL	37.2±3.8	③
		璜琅地区下河坝一带与崩塌冲击有关的角砾状（泡）灰岩，有方解石脉及小型正断层	崩塌发生年代	方解石脉	TL	11.5±1.4	③
					ESR	5.6	
	关村断层	距主断层500m灰岩与玄武岩间的层间错动带，夹有38cm厚的断层泥，呈黄褐与青灰两色条带	层间错动带中不同颜色条带的断层泥活动年龄	断层泥1	TL	2.92±0.22	①
				断层泥2	TL	7.52±0.59	
		可能取自老厂坡剖面	断层活动年龄	断层泥	SEM	Q_1前	②
	中村断层	可能取自煤炭沟剖面	断层活动年龄	断层泥	TL	55.0±11.0	②
		取样情况不详	不详	不详	TL	5.50	④
莲峰断裂带	头坪断层	断层出露清楚，破碎带中夹有30cm厚的青灰色断层泥	断层活动年龄	断层泥	TL	17.47±1.49	①
					ESR	14.16±4.24	①
		断层上覆洪积层未变动，取其下部所含古树木样	洪积层形成时代	碳化物	^{14}C	0.33±0.011	①
	新田断层	破碎带灰岩呈碎粒岩状夹断层泥	断层活动年龄	断层泥	ESR	10.62±3.18	①
		取样情况不详	断层活动年龄	断层泥	SEM	Q_2前	②
莲峰断裂带	莲峰断层	取样情况不详	断层活动年龄	不详	TL	6.37±1.34	⑤
		取样情况不详	断层活动年龄	不详	TL	20.15±0.71	⑤
		取样情况不详	断层活动年龄	不详	TL	2.0±0.08	⑤
		取样情况不详	断层活动年龄	不详	TL	17.49±1.29	⑤

续表

断裂带	断层名称	取样部位及条件	测年目的	样品种类	测年方法	年龄/万年	资料来源
峨边-金阳断裂带	马颈子断层	山棱岗一带断层从近山顶处通过，地貌上无显示	断层活动年龄	断层泥	SEM	N_2～Q_2	①
		取样情况不详	断层活动年龄	断层泥	SEM	Q_3	②
				断层泥	SEM	Q_3 初	
		山棱岗剖面	断层活动年龄	断层泥	TL	37.20±3.80	③

注　①国家地震局地质研究所，1990 年；②国家地震局地壳应力研究所，1990 年；③成都理工学院，1997 年；④成都勘测设计研究院，1996 年；⑤严明等，1996 年。

在断层带上或与其有关的围岩中采取的测年样品，不论是断层泥、方解石脉，还是碳化物（次生碳酸钙等），其主要目的就是为了证明这些物质生成的年代，从而间接说明断层曾经有过活动的年代。有时一个样品的测年结果并不能说明问题，但在同一个断裂带上、不同的地点、采用不同的测试方法，再加上又是不同单位分别进行的，若这些分散的测年资料具有统计意义，那么其结果具有一定的可信度是无可置疑的。

马边-盐津北西向断裂带主要包括利店断层、中都断层、玛瑙断层、翼子坝断层、中村断层以及关村断层。在对马边-盐津断裂带 32 个测年结果统计后发现，其中 18 个样品测年结果位于 Q_2 时段内、7 个在 Q_3、5 个在 Q_1 之前，2 个在 Q_1 时段内，没有 1.2 万年以来的样品（图 2.1）。这说明马边-盐津断裂带在 Q_2 中、晚期至 Q_3 早期这段时间内，曾经有过强烈活动。

莲峰断裂带在研究区内包括了头坪断层、新田断层、蚂蝗沟断层及莲峰断层等，所得测年样品有 9 个，其中有 5 个样品的年龄位于 Q_2 时段、有 2 个落在 Q_3 时段、1 个在 Q_1 时段，还有一个在 Q_4 时段（属于未错动的上覆洪积扇年龄），见图 2.2。测年数据主要集中在 Q_2 晚期至 Q_3 早期，同样说明了该断裂带在 Q_2 晚期至 Q_3 早期曾有过强烈活动。

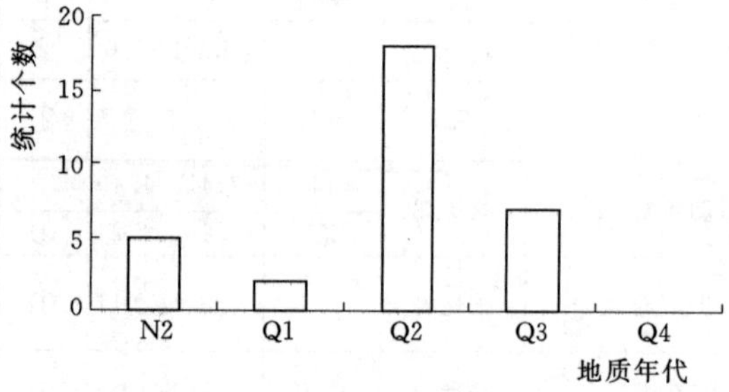

图 2.1　马边-盐津断裂带测年结果

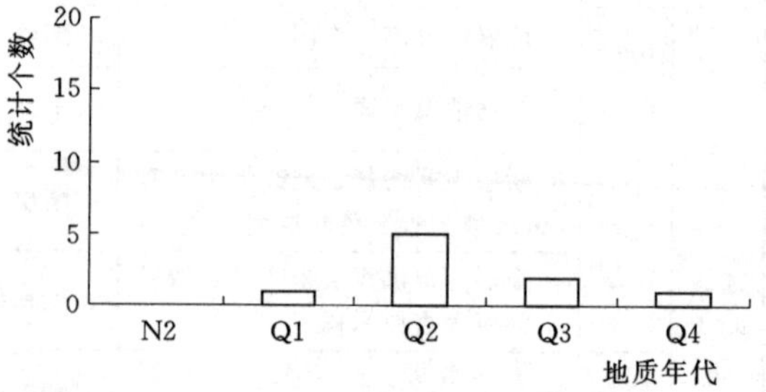

图 2.2　莲峰断裂带测年结果统计

从上面的比较可以看出，马边-盐津断裂带与莲峰断裂带虽然不属同一的构造体系，但其活动年代和期次有可比性。

由于峨边-金阳断裂带的测年数据样本太少，而且比较离散，因而其活动性有待进一步专门研究。这是本次工作的重点所在。

2.2 测年结果及测试方法简介

2.2.1 溪洛渡库区测年结果及样品种类

通过上面的分析，发现关于峨边-金阳断裂带的测年资料较少，其本身的活动性不能与马边-盐津断裂带以及莲峰断裂带的活动性作横向比较。因此，笔者第一次野外工作重点调查了溪洛渡库区峨边—金阳断裂带的空间展布特征、断层性质及地貌显示，并在相应地点采样进行断层活动年龄测试。同时也兼顾了莲峰断裂带和马边-盐津断裂带。共采集了 25 组样品（采样地点分布如图 2.3 所示，其中有两组样品 S_1、S_2，不在图

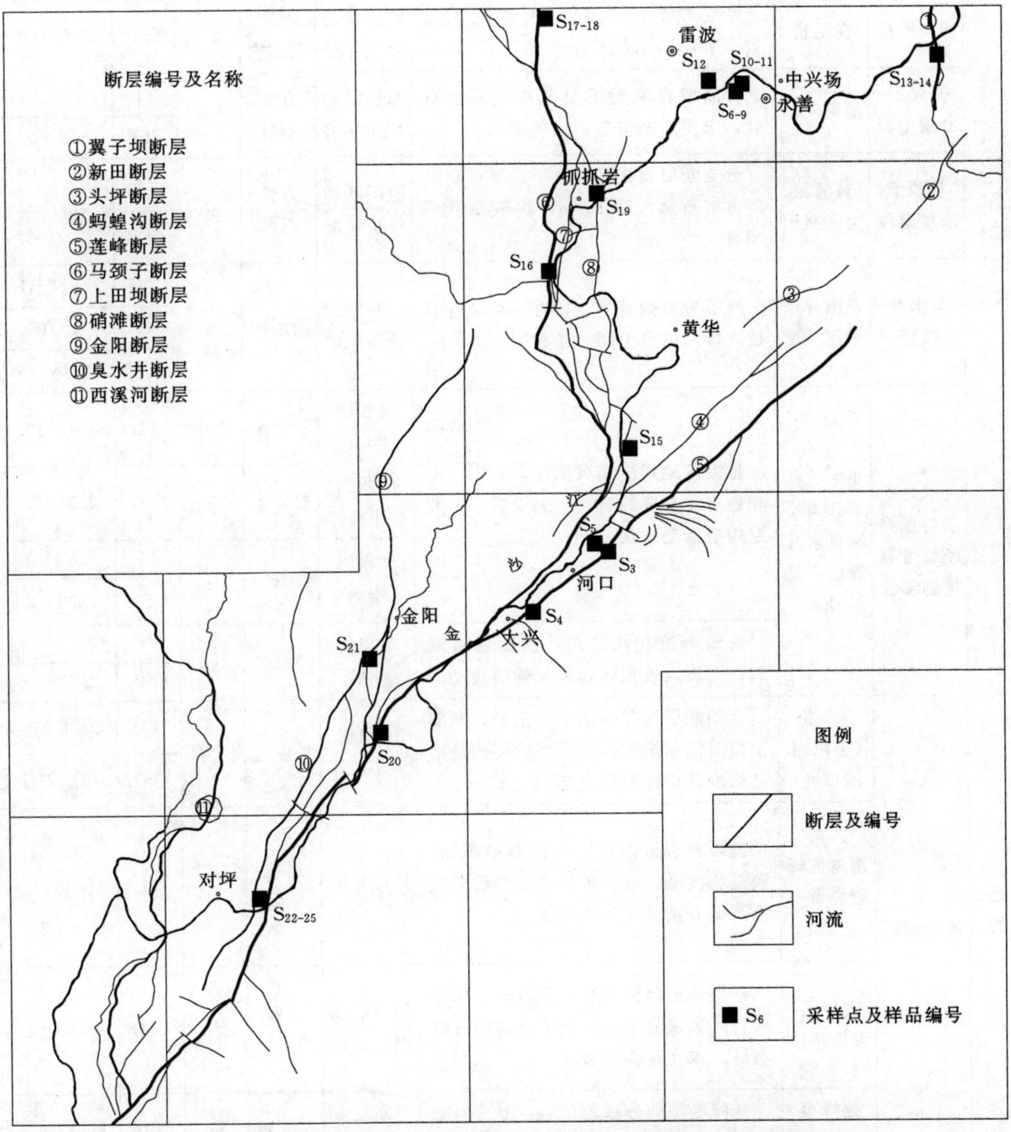

图 2.3 溪洛渡库区采样点分布图

2.3 范围内），送测样品 24 组，采用不同的测试方法，测年结果列于表 2.2 中。

表 2.2　　溪洛渡库坝区断层活动性研究采样及测年结果

构造部位		采样地点	样品地质环境		测年目的	样品种类	样品编号	测年方法	测年结果/万年
断裂带	相关断层								
峨边-金阳断裂带	马颈子断层北段	山棱岗	上盘次生小断层，围岩为 S_2 泥质灰岩，样品干燥		断层活动年龄	断层泥	S_{17}	TL	21.83±1.79
								SEM	Q_2 中、晚期
			马颈子断层主断面，断层泥厚 20cm，受地表水影响，处于可塑状态		断层活动年龄	断层泥	S_{18}	TL	12.70±0.99
								ESR	>100*
								SEM	Q_2 末期
	硝滩断层	龙毛桥	断层产状 105°∠80°，上盘 Z_b 白云岩，下盘 O_1 灰岩		断层活动停止年龄	钙质胶结物	S_{19}	ESR	样品未接受
	马颈子断层中段	溜筒河口	样品取自断层下盘节理中方解石脉，未受后期构造运动的影响		断层活动停止年龄	方解石脉	S_{16}	TL	31.96±2.59
								ESR	4.3±0.39
	马颈子断层南段	黄坪至大兴路边	分支断层，样品取自下盘平行断层的方解石脉，厚 10cm，构造变形不明显		断层活动停止年龄	方解石脉	S_{15}	TL	48.25±3.62
								ESR	>100*
	臭水井断层	金阳县金阳河右岸	断层带宽约百米，发育一组平行断层，样品取自中间一条断层		断层活动年龄	断层泥	S_{21}	TL	22.24±1.74
								ESR	>100*
								SEM	Q_2 早、中期
	臭水井断层与莲峰断裂带靠拢的部位	小牛栏江口对岸，距臭水井断层不足 1km	Ⅲ级阶地河流相沉积物，岩相稳定，总厚约 50m，未受后期构造活动干扰	底部	沉积物年龄	粉砂土	S_{22}	TL	4.12±0.33
				中部	沉积物年龄	粉砂土	S_{23}	TL	2.56±0.20
				上部	沉积物年龄	细砂	S_{24}	TL	1.61±0.13
								OSL	1.92±0.02
			阶地河流相粗砂层，顶面轻微倾斜，上覆洪坡积物，未见构造扰动		沉积物年龄	粗砂	S_{25}	TL	2.29±0.18
								OSL	2.72±0.49
莲峰断裂带	莲峰断层	金口桥（金阳河河口处）	金阳断层与莲峰断层交汇处，断层上覆河流相沉积，未发现后期构造活动影响，样品取自底部		沉积物年龄	粉砂土	S_{20}	TL	9.96±0.76
								OSL	样品未接受
		大兴距离莲峰断裂带不足 1km	莲峰断裂带附近一套巨厚崩积物，胶结程度低，成分单一，未经后期改造，部分被冲洪积物覆盖		形成年龄	崩坡积物	S_4	TL	17.35±1.47
		莲峰至大兴路边	断层通过部位岩石十分破碎，样品取自碎裂灰岩中一组上下贯通的方解石脉，未发现其遭破坏		断层活动停止年龄	方解石脉	S_3	ESR	38.00±9.00
		莲峰至大兴路边	莲峰断层的分枝断层，产状 285°∠65°，围岩为志留系砂页岩		断层活动年龄	充填物	S_5	TL	17.13±1.32

续表

构造部位		采样地点	样品地质环境	测年目的	样品种类	样品编号	测年方法	测年结果/万年
断裂带	相关断层							
莲峰断裂带	马家河坝断层	MPD♯2	$P_2\beta$ 层间滑动带，滑动面产状近水平	层间滑动年龄	断层泥	S_6	TL ESR SEM	15.77±1.25 >100* Q_2 末至 Q_3 早期
			前缘分支断层，断于 $P_2\beta$ 中，产状95°∠78°，带宽9m，样品取自其中部的断层泥带	断层活动年龄	断层泥	S_7	TL ESR SEM	53.46±4.12 >100* Q_2 早期
			同上，样品取自断层带的下镜面	断层活动年龄	断层泥	S_8	TL ESR SEM	19.23±1.50 >100* Q_2 末期
			主断层，上盘为 P_1，下盘 $P_2\beta$，采样点产状330°∠33°	断层活动年龄	断层泥	S_9	TL ESR SEM	32.04±2.56 >100* Q_2 中期
		MPD♯1	主断层（F_3），采样点产状310°∠60°，$P_1/P_2\beta$	断层活动年龄	断层泥	S_{10}	TL ESR SEM	15.64±1.28 >100* Q_2 末期
			前缘分支断层 F_1，取自断层带内未遭后期错动的小溶洞，较干燥	断层活动停止年龄	钟乳石	S_{11}	TL ESR 铀系法	样品未接受 134.9±116.4 45.7±3.7
		大絮厂	断层上盘 P_1 泡灰岩中的次生雁列脉体，产状95°∠7°，被后期重力成因的正断层错开	主断层活动停止年龄	方解石脉	S_{12}	ESR	34.0±11.4
马边-盐津隐伏断裂带	翼子坝断层	大毛滩	翼子坝断层附近第四系河流相沉积，样品所在层位为砂脉所切穿	沉积物年龄	粉砂土	S_{13}	TL OSL	4.33±0.33 4.47±0.05
			翼子坝断层附近，样品取自贯穿河流相沉积物的砂脉	请专家判断成因，未送测年样	砂脉	S_{14}		
扬子台褶带与康滇地轴两个二级大地构造单元边界，昭觉-布拖断裂带和则木河断裂带之间		葫芦口镇，采样点在图2.3范围以西，距两断裂带各约3km	第四系河流相沉积，样品所在层位被一组小断层所切穿	沉积物年龄，用以与大毛滩沉积物对比	粉砂土	S_1	TL	7.01±0.55
			与上一样品同一地点，样品层位覆盖于上述小断层之上，未被其切入		粉砂土	S_2	TL	6.10±0.48

注 1. TL—热释光法；ESR—电子自旋共振法；SEM—石英碎砾扫描电镜形貌分析法；OSL—光释光法。
2. 带 * 号的ESR数据为没有获得有效测年结果而估计的数据。

在采取的 25 组样品中沉积样品 10 组（包括河湖相沉积和崩坡积物），断层泥样品 8 组，方解石脉样品 4 组，其他样品 3 组［一组为断裂带充填物（S_5）、一组为钟乳石（S_{11}）、另外一组为断层破碎带钙质胶结物（S_{19}）］。与峨边-金阳断裂带有关的样品共 11 组。

2.2.2　测年方法简介

常用的年轻地质体系测年方法有^{14}C、K/Ar、铀系不平衡法、热释光法（TL）、光释光法（OSL）、电子自旋共振法（ESR）、裂变径迹法（FT）以及断层泥中石英碎砾扫描电镜形貌分析法（SEM）等。其中 K/Ar 和裂变径迹法用于断层泥测年结果，更趋近于样品生成时的年龄，而不是样品遭受构造活动影响时的年龄，并且，K/Ar 法对于 10 万年以来的样品，测年精度不高，可信度较低；而本次测年工作没有获得^{14}C 测年样品，根据样品种类的具体情况，本次测年工作采用了 TL、OSL、ESR、SEM 及铀系不平衡法等五种方法。

2.2.2.1　TL 法

由于岩石中放射性元素的衰变辐射，使得一些矿物晶体中的电子被激发并被晶体中一些缺陷所俘获而积累下来。这些被积累的电子一旦被高温加热，则会从被俘获状态解放出来并回到基态，同时释放光子，这就是热释光信号。如果样品中被俘获电子数远没有达到饱和状态，同时测年时段又远小于被俘获电子在常温状态下的平均寿命，则可认为被俘获电子或热释光信号增加的速度是不变的，由此如果能够测量热释光的积累量和其积累速度，则可以确定其积累时间，这是热释光法测年的基本原理。在实际操作中，是在上述假设条件下，通过测量样品所遭受的累积辐射剂量（ED）和根据样品及围岩中的放射性元素含量来计算样品的辐射剂量率（D），依据式 $t=ED/D$ 来求出样品遭受辐射的时间。

热释光法的适用样品较多，对于断层活动性研究来说，常用的样品为断层泥、具有构造意义的方解石脉、能够反映活动年代意义的细粒松散沉积物（风成或河湖相沉积）和钟乳石等。

2.2.2.2　OSL 法

光释光法是在热释光法基础上形成的一种测年方法，其信号形成机理与热释光信号相同，不过光释光信号具有光敏感性，光释光信号在强光下，就能全部释放出来。因此，在自然风化搬运沉积过程中，其已有的 OSL 信号较 TL 信号更易回零。在实际操作上，光释光法也是通过测量累积辐射剂量（ED）和计算样品的辐射剂量率（D）依据式 $t=ED/D$ 来得到样品遭受辐射的时间。对于不同测试矿物（主要是石英和长石），其对光敏感的频率不同，长石在红外波段，石英在绿光波段。由此，光释光法又分为红外释光（IRSL）法和绿光释光（GLSL）法。

光释光法所测样品主要是风成沉积物（黄土）和细粒的河湖相、冰水相沉积（如粉砂和黏土）等第四纪沉积物。由于在同等沉积条件下，光释光信号比热释光信号更易于回零，因此，对于松散沉积物测年而言，光释光法得到的结果可能更为可靠。

2.2.2.3 ESR 法

ESR 信号的形成机理与热释光信号相同，但测试信号的机理有所不同。位于正常轨道上的成对电子的自旋方向相反，其自旋所产生的磁性被中和。在外部磁场作用下，由于辐射原因形成的不成对电子表现为两种能级状态：自旋磁矩与外加磁场方向相反的处于低能态；自旋磁矩与外部磁场方向相同的处于高能态。在微波辐射下，低能态的不成对电子会吸收一定波长的微波而跃迁至高能态并转变为顺磁性。微波能量随磁场强度的吸收，强度曲线经微分调制后的信号为 ESR 信号，其强度与不成对电子的数目成正比，这样可通过测量 ESR 信号的强度来测量不成对电子的数目。在实际操作中，ESR 法也是通过测量累积辐射量（ED）和计算样品的辐射剂量率（D）依据式 $t=ED/D$ 来得到样品遭受辐射的时间。

ESR 法所测样品种类很多，对于断层活动性研究来说，一般常用的样品有断层泥、具有构造意义的方解石脉、能够反映活动年代意义的细粒松散沉积物（风成或河湖相沉积）和钟乳石等。

2.2.2.4 铀系不平衡法

在自然界岩石中存在^{238}U、^{235}U 和^{232}Th 三大放射性元素系列，^{238}U、^{235}U 和^{232}Th 这三个母体元素的半衰期很长而各子体元素的半衰期相对很短。可通过两种途径来应用这些放射性衰变系列中的元素进行测年。一是如果可以认为样品形成时某一子体元素含量为零，则可根据此子体的增长速率来测年，即

$$\frac{N_2\lambda_2}{N_1\lambda_1}=\frac{\lambda_2}{\lambda_2-\lambda_1}\left[1-e^{-(\lambda_2-\lambda_1)t}\right] \tag{2.1}$$

式中：N_1 和 N_2 分别为母体和子体的含量；λ_1 和 λ_2 分别是它们的衰变常数；t 为待测对象形成的年龄。

二是如果能够确定子体元素的初始含量，则可根据子体元素的放射性衰变来测年。后者可根据下式来计算年龄，即：

$$N=N_0e^{-\lambda t} \tag{2.2}$$

式中：N_0 为子体元素初始含量；N 为子体元素现测含量；λ 为子体衰变常数；t 意义与式（2.1）相同。

实际上，各衰变系列的母体和子体元素在衰变一定时间后，它们的放射性会达到动态平衡状态。但是由于各元素的化学性质的不同以及同位素分馏作用的影响，使得衰变系列中各元素间的放射性比值偏离平衡值。铀系不平衡法就是在根据上述两条途径进行测年时要考虑这种放射性平衡的偏离的测年方法。

用于断层活动性测年的铀系不平衡法有十几种，使用最广泛的是^{230}Th—^{234}U—^{238}U 体系测年方法。假设 Th 在初始状态为 0，则样品的形成年龄 t 可根据下式计算：

$$\frac{^{230}\mathrm{Th}}{^{234}\mathrm{U}}=\frac{(1-e^{-\lambda_0 t})}{^{234}\mathrm{U}/^{238}\mathrm{U}}+\left(1+\frac{1}{^{234}\mathrm{U}/^{238}\mathrm{U}}\right)\left(\frac{\lambda_0}{\lambda_0-\lambda_4}\right)\left[1-e^{(\lambda_4-\lambda_0)t}\right] \tag{2.3}$$

式中：λ_0 为^{230}Th 的衰变常数；λ_4 为^{234}U 的衰变常数；^{230}Th/^{234}U 和^{234}U/^{238}U 为被测样品中相应元素的放射性比。

上式中右边的第二项就考虑了放射性的不平衡。

本方法所测样品主要是陆地和海洋中沉积形成的各类碳酸盐、磷酸岩等沉积样品以及火山岩等，在断层活动测年研究中常使用的样品为钟乳石和纯度高的钙结核等。

2.2.2.5 SEM 法

SEM 法属于相对测年方法，所测样品为断层泥中的石英碎砾。

断层泥中的主要成分为碎砾和黏土矿物，碎砾主要是石英和其他矿物及原岩碎屑，其中石英是稳定的矿物，形成后不会风化变质为其他矿物，而因溶蚀程度的不同表现出不同的溶蚀类型，而石英碎砾的溶蚀程度与时间是相关的，可在经验上和统计上得到不同时期形成的石英碎砾的溶蚀特征分布。这样，对比所测样品中石英碎砾的溶蚀类型和所占的比例就可以得到样品形成的地质时期。

2.3 溪洛渡库区主要断层测年数据分析

2.3.1 峨边-金阳断裂带

峨边-金阳断裂带在库区范围内主要由马颈子断层、上田坝断层、硝滩断层以及与之相伴的一系列小断层组成。该断裂带在雷波县上田坝镇以北基本为南北走向，往南渐变为北东走向。这次野外工作本书自南向北重点实地调查了该断裂带的地貌特征、断面力学性质以及断裂带及其影响带内优势节理面的发育情况等，并在断面出露比较清晰的三个不同地点采取了四组断层测年样品。

2.3.1.1 黄坪采样点

该点位于峨边-金阳断裂带的南段，金沙江的右岸，具体见图 2.3 中编号为 S_{15}的地点。该地点断面清晰，断层上盘二叠系下统阳新灰岩，下盘为志留系上统碎屑岩，具体剖面见图 2.4。断面走向北东，倾向南东，倾角 80°左右。在断层的下盘志留系地层中发育一组与断面基本平行的方解石脉，厚度在 10cm 左右，现场观察构造变形不明显。初步判断其形成时代应晚于该断层最后一次的活动年代，测试结果为 (48.25±3.62) 万年，说明该断层自 Q_2 中期以来活动性不强。

2.3.1.2 溜筒河口采样点

该点位于马颈子断层的中段，具体位置见图 2.3 中的 S_{16}。断面总体走向近南北，倾向西，倾角 75°左右。断层糜棱岩带宽约 7m，两侧影响带均在百米以上，岩层层面混乱。在该断层的下盘下寒武统地层中发育一组节理（图 2.5），被后期的方解石充填，方解石脉厚度不均一，但比较完整，没有受后期构造运动的影响，对其采样测年，结果为（31.96±2.59）万年。说明该断层自 Q_2 中、晚期以来活动性不强。

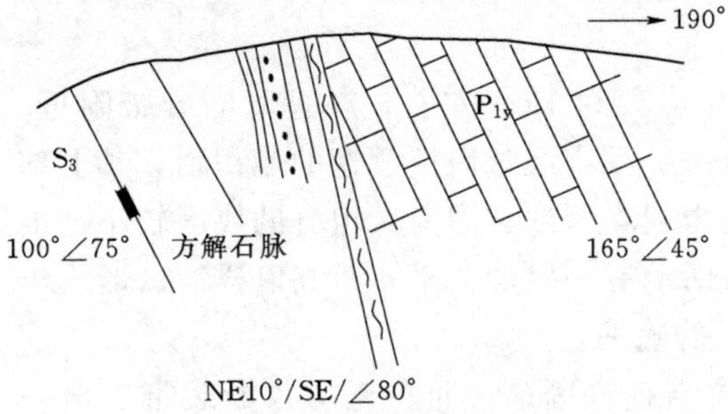

图 2.4　峨边-金阳断裂带黄坪采样剖面图

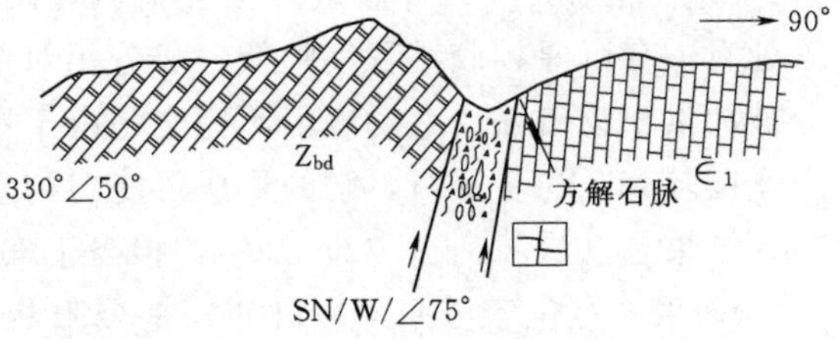

图 2.5　溜筒河口马颈子断层剖面及采样点位置

2.3.1.3　山棱岗采样点

该点的具体位置见图 2.3 中的 S_{17}，出露高程在 3000m 左右。断层总体走向近南北，倾向西，倾角在 60°以上。上盘地层为志留系中统的泥质灰岩，下盘为二叠系下统的阳新灰岩。断层影响带在 300m 以上，断层两侧岩层产状十分混乱（图 2.6）。在断层的上盘发育一组倾角稍缓的、切断了前期构造裂隙的小断层，该断层面上有厚约 2mm 的断层泥，比较坚硬干燥，对其取样进行年龄测试，结果为（21.83±1.79）万年。主断面上断层泥厚约 20cm，但由于受地表水的影响，处于可塑状态，也对其取样进行年龄测试，结果为（12.70±0.99）万年。从这两组测年数据说明了该断层在 Q_2 晚期以来的活动性不强。

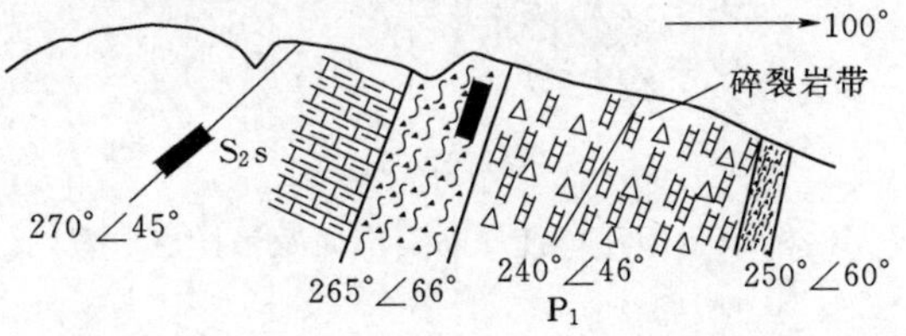

图 2.6　山棱岗马颈子断层剖面及采样点位置

结合前人关于马边-盐津断裂带及莲峰断裂带测年资料综合分析，溪洛渡地区在 Q_2 中、晚期曾经有过较强的活动。

2.3.2　莲峰断裂带

该断裂在永善县大兴乡一带与金沙江斜交，向上游大体沿河谷展布，经热水河乡、金阳河河口、芦稿乡到牛栏江口，多处与库水交切，因而其本身的活动性与该段是否可能诱发构造型水库诱发地震关系密切。虽然前人对其活动性也有一定程度的研究，得出了比较一致的观点，但由于其与库水关系甚密，仍作为野外工作的重点。

野外工作期间，不仅对该断裂带进行追踪，调查其地貌表现、断裂带的力学性质，而且还先后五次穿越横跨该断裂带的地质剖面，并在断裂带上三个不同地点，选取能间接说明其本身活动性的三种不同物质取样进行形成年龄测试。这三个地点对应于图 2.3 中的 S_3、S_4、S_{20}。

S_3 点位于河口背后的山脊上，是莲峰断裂通过的地方。该处岩石十分破碎，层面不清，但在灰黑色的碎裂灰岩中发育一组上下贯通的方解石脉，其倾向 145°，倾角 67°，没有发现遭受破坏、切断的痕迹。经测试，其形成年代为（38.0±9.0）万年，相当于 Q_2 中期。

S_4 点位于大兴乡背后金沙江支流内，距江边大约 1km 左右，在莲峰断裂带附近。该处有一套巨厚、胶结程度较低、成分相对单一、没有经过后期改造的崩积物，其上部分被冲洪积物覆盖。它的成因不完全是由于重力崩塌所致，因为其组分的块度较小，出露宽度较大。初步分析，它的形成可能与构造活动有一定的关系。对其取样测试形成年代，结果是（17.13±1.32）万年，相当于 Q_2 的晚期。

S_{20} 采样点位于金阳河河口处，是金阳断层与莲峰断裂交汇的地方。断裂带上覆一套河流相沉积，其剖面见图 2.7。该套河流相沉积物岩相稳定，沉积韵律清晰，粉细砂、粗砂以及具有一定磨圆度的卵砾石相间排列。层面微倾向金沙江，这与原始沉积地形有关，不能说明其是受后期的构造活动影响所致。经现场调查，其间没有发现构造节理，更没有被后期构造活动错动的痕迹。本书在其下部与基岩接触面附近，如图中所示，采取其中的粉细砂，进行形成年代测试，所得结果为（9.96±0.76）万年。这间接说明了，位于其下的莲峰断裂带，至少 Q_3 早期以来，没有明显活动。

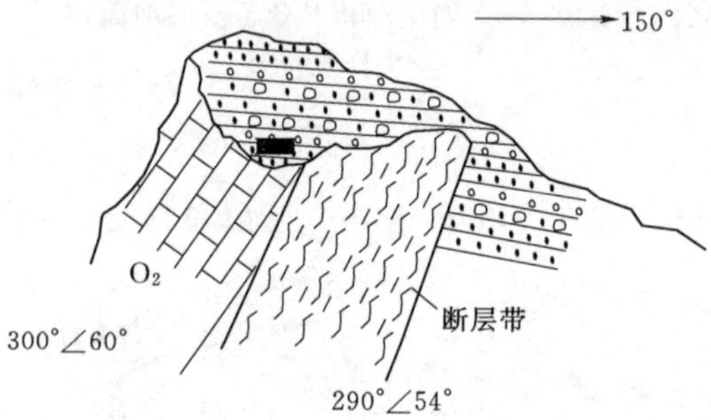

图 2.7　金阳河口莲峰断裂剖面及采样点位置

通过上面的分析，结合对前人有关该断裂的测年资料进行的统计分析，可以认为，莲峰断裂带的主体自 Q_2 中、晚期以来活动性就比较微弱。本章引述前人对该断裂带的测年资料，多偏重于头坪断层和新田断层，而且没有注明具体的采样地点。莲峰断裂带不同地段的活动性是否有差异，其北东端的雁列小断层是否受马边-盐津地震带的影响而活动性更强，还有待进一步综合分析。

2.3.3　金阳断层及臭水井断层

金阳断层和臭水井断层分别于金阳河河口、对坪东约 2km 处于库水交接，是库区的主要断层，也是影响水库诱发地震的重要因素，其活动水平同样引起高度重视。笔者对金阳断层进行了断层追踪，但由于金阳河沿其走向展布，断层面不清晰，没有取得有关测年样品。对臭水井断层，我们横跨该断层测了三条地质剖面，在两处取得了具有一定地质意义的测年样品，具体位置如图 2.3 中的 S_{21} 和 S_{22}～S_{25} 所示。

S_{21} 采样点位于金阳县附近的金阳河右侧，断层带宽百米左右，岩层产状变化较大。发育一组近似平行的断层，总体走向近南北，倾向西，倾角 60°左右，剖面见图 2.8。在中间一条断层上发育有厚 2～3mm 的断层泥，对其采样进行年代测试，结果为（22.24±1.74）万年。这说明了臭水井断层在 Q_2 中、晚期也曾有过活动，这与该区总的测年统计结果基本吻合。

S_{22}～S_{25}采样点位于莲峰断裂与臭水井断层之间、小牛栏江河口对岸与金沙江左岸、相当于Ⅲ级阶地处。该处发育一套河流相沉积物，岩相比较稳定，总的厚度在50m左右，具体沉积剖面见图2.9。虽然它不跨越任何断裂带，但由于离莲峰断裂和臭水井断层都比较近，它们的活动会对其产生一定程度的影响，比如造成层面的倾斜、错断不同层位等。

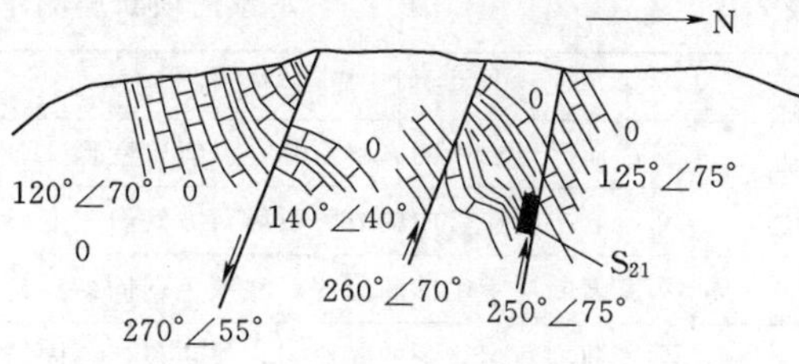

图2.8 火地村臭水井断层示意剖面图

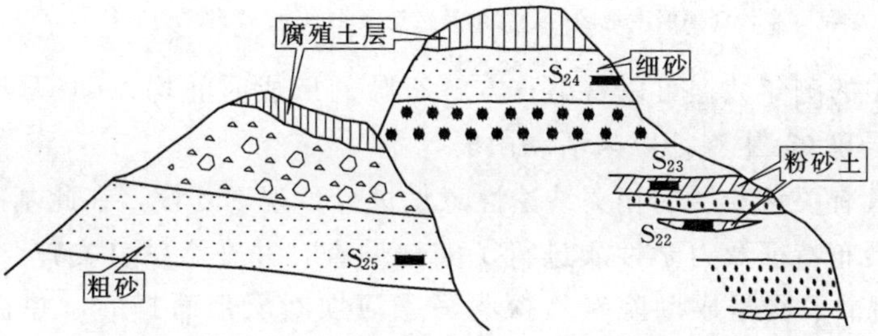

图2.9 小牛栏江口对岸阶地剖面及采样点位置

通过现场调查，发现该沉积剖面几乎没有受到后期构造活动的干扰。尤其是S_{22}、S_{23}点，是在相对平静环境中沉积的粉砂土，顶面基本水平。其形成时代的确认，对评价莲峰断裂和臭水井断层在此之后的活动性具有一定的代表意义。笔者在不同的层位取了四组样品进行年代测定，结果S_{22}、S_{23}、S_{24}年龄分别为（4.12±0.33）万年、（2.56±0.20）万年、（1.61±0.13）万年，测年结果与它们所代表层位的新老关系完全一致，从一个侧面也说明了，热释光法这种测年方法所取得结果的可信度较高。从测年结果分析，位于最下部的粉砂土年龄在4万年左右，它没有受到后期构造活动的影响，从而也证明了莲峰断裂和臭水井断层4万年以来不曾有过明显活动。

2.3.4 马家河坝断层

马家河坝断层位于库首段，其本身的构造活动性及空间展布特征是坝区重要的工程地质问题，引起了各有关部门的高度重视，进行了多项专题研究，并取得了与该断层有关的几组测年数据（表2.3）。测年样品主要是方解石脉，只有一个为断层泥。测年结果主要集中在两个时段，一个是Q_2中、晚期，另一个为Q_1早期。由于多数样品为方解石脉，该种物质一旦形成，由于其自身的脆性特点，易被后期的构造活动所改造。如果在断层带上或其附近的方解石脉现今保存比较完整，测定其形成年代，就可以用来证明该年代之后它所在构造部位的活动性不强烈。

表 2.3　　马家河坝断层测年数据及意义

位置	地质特征	年龄/万年	方法	意义
后沟	玄武质碎斑岩中的方解石脉，后者未变形	223	ESR	断层停止活动年龄
邓家岩	邓家岩小断层带中的方解石脉，方解石未变形	155	ESR	断层停止活动年龄
邓家岩	邓家岩断层带中的断层泥，浅灰色弱固结，钙质胶结	21.2	ESR	断层岩形成年龄
耗子洞	马家河坝断裂带中的碎斑岩，浅灰色，已固结，后期钙质及断层碎粉胶结，钙质约占 20%	25.8	ESR	断层岩形成年龄
耗子洞	和上面为同一标本，测定物质为标本面上所覆的钙膜，厚 1～2mm，未变形	25.7	ESR	断层岩形成年龄
金堰小学	小型滑动断面中的方解石脉，方解石变形，断面切割马家河坝断层	44.6	TL	后期滑坡体年龄

注　引自成都理工学院《金沙江溪洛渡地区构造变形及构造演化》，1997 年 7 月，略有改动。

从表 2.3 中的测年数据可以看出，方解石脉的形成时间均在 20 万年以前，这说明了马家河坝断层自 Q_2 中晚期以来活动微弱。

笔者对前人有关该断层的相关结论性意见进行了现场复核，在此基础上，对马家河坝断层的空间展布特征及力学性质进行了实地调查，并在金沙江右岸、马家坪村的 1、2 号平硐（这两个平硐是成勘院专门探明马家河坝断层带而打的，并且均穿过了该断层，简称 PD）中，在具有代表性的断层面上采取了几组样品进行年龄测试，其结果见表 2.4。

表 2.4　　马家河坝断层测年结果

	样品种类	采样地点	测年方法	测年结果/万年	备注
S_6	断层泥	2 号平硐	TL	15.77±1.25	取自 $P_2\beta$ 层间滑动带
			ESR	>100*	
			SEM	Q_2 末～Q_3 早期	
S_7	断层泥	2 号平硐	TL	53.46±4.12	取自分支断层
			ESR	>100*	
			SEM	Q_2 早期	
S_8	断层泥	2 号平硐	TL	19.23±1.50	取自分支断层
			ESR	>100*	
			SEM	Q_2 末期	
S_9	断层泥	2 号平硐	TL	32.04±2.56	取自分支断层
			ESR	>100*	
			SEM	Q_2 中期	
S_{10}	断层泥	1 号平硐	TL	15.64±1.28	取自 F_3 断层
			ESR	>100*	
			SEM	Q_2 末期	

续表

	样品种类	采样地点	测年方法	测年结果/万年	备　注
S_{11}	钟乳石	1号平硐	ESR U系	134.9±116.4	取自 F_1 断层破碎带内，没有遭受断层活动影响
S_{12}	方解石脉	大絮厂沟	ESR	34.0±11.4	取自断层上盘的泡灰岩中与断层平行的雁列脉，雁列脉指示了断层的运动方向

注　带 * 号的数据为没有获得有效测年结果而估计的数据。

S_6 采样点位于2号平硐内，距硐口大约210m处。岩相主要为上二叠统峨眉山玄武岩，层面近于水平，有层间错动现象。该处位于马家河坝断层的下盘，距主断面大约70m。错动带厚约20cm，采取其中的构造岩作年龄测试，热释光法测得结果为（15.77±1.25）万年，SEM法为 Q_2 末至 Q_3 早期。这说明了该错动带活动的下限年龄。

S_7、S_8 采样点也在2号平硐内，距硐口大约140m。这里是平硐内规模最大的一条断层，断层带宽9m左右，总体走向近南北，倾向东，倾角为70°～80°。具体示意剖面及采样点相对位置见图2.10。

S_7 采样点位于断层带中间的断层泥带上，该断层泥带宽约10cm，由于受后期构造变动的影响，左右错距约40cm，取其中物质作年龄测试，热释光方法测得结果为（53.46±4.12）万年，SEM法为 Q_2 早期。S_8 采样点位于断层带的下镜面上，该处断层泥的厚度不到1cm，采取其中的断层泥作为测年样品，热释光方法测得结果为（19.23±1.50）万年，SEM法为 Q_2 末期。

S_9、S_{10} 采样点分别位于2号平硐和1号平硐中，均为马家河坝断层的主断层，断层上盘地层为下二叠统阳新灰岩，下盘为上二叠统峨眉山玄武岩（图2.11）。断层走向北东，倾向北西，倾角变化较大，在30°～60°之间。分别采断层带中的断层泥作为测年样品，热释光方法测得结果分别为（32.04±2.56）万年、（15.64±1.28）万年，SEM法分别为 Q_2 中期、末期。

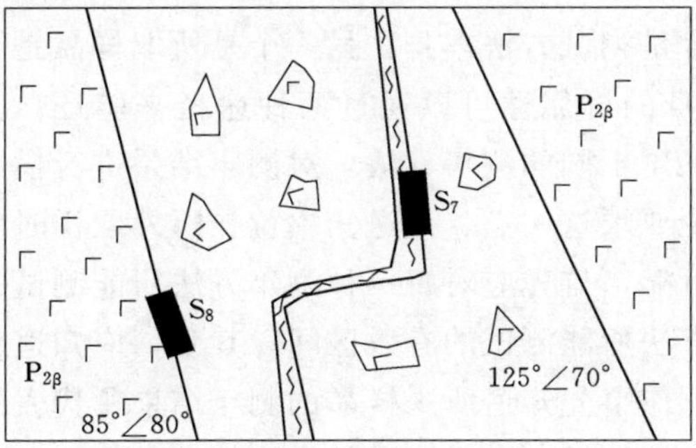

图2.10　2号平硐马家河坝断层剖面及采样相对位置

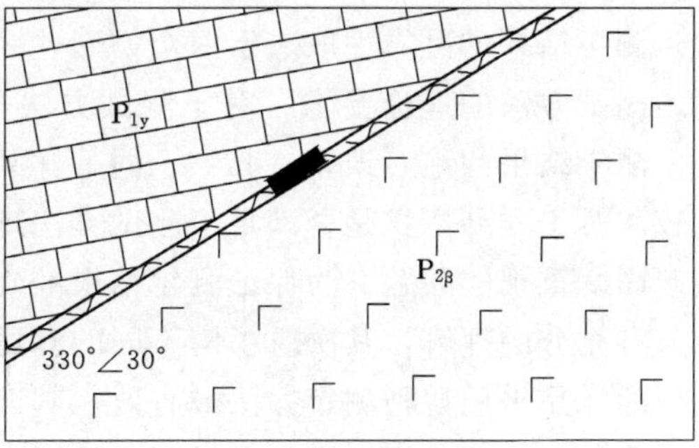

图2.11　马家河坝断层主断面及采样位置示意剖面图

S_{12} 采样点位于雷波县大田乡大絮厂村旁金沙江的支沟内马家河坝断层的上盘，该处二叠系下统阳新灰岩十分破碎，层面不清。但在这套碎裂岩中发育几组方解石脉和几近平行、倾向岸里的规模不大的正断层组。这组正断层切断了近于水平的方解石脉，见图 2.12，而且，断距自上而下逐渐变小。

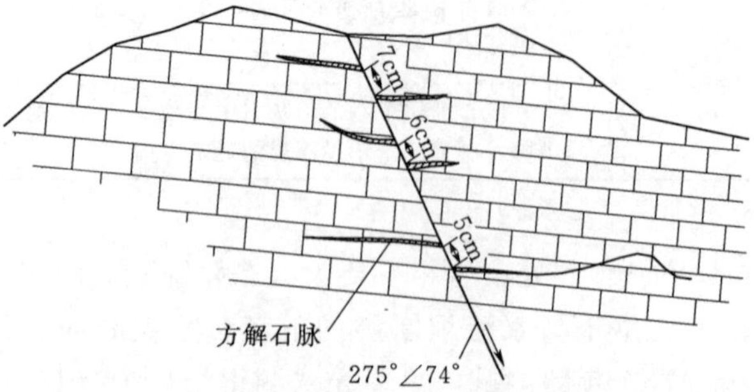

图 2.12　大絮厂附近一组方解石脉被错断示意图

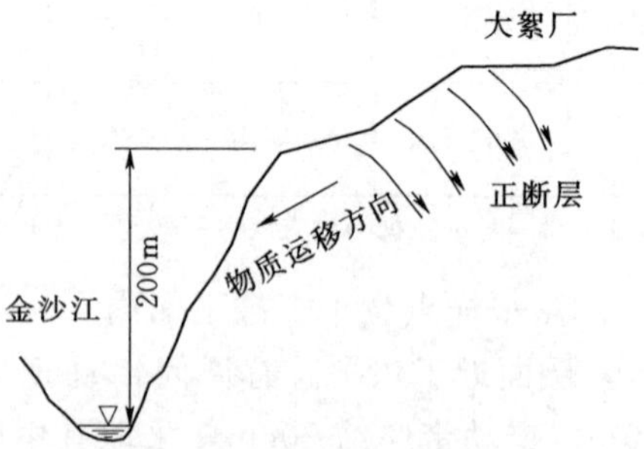

图 2.13　正断层形成机理

由于该处位于金沙江的岸坡上，距离江面在 200m 以上，经初步分析，这组正断层的形成很可能是重力均衡作用所致，其形成机制见图 2.13。如果是这样，这组正断层的性质及活动性与区域构造应力场没有关系。鉴于此，笔者只取了方解石脉作为测年样品，来间接证明其形成之前的构造活动性。ESR 方法测年结果为（34.0±11.4）万年。

结合测年结果及断层带的微观构造分析，可以认为，马家河坝断层至少经历了两次构造变动。第一次比较强烈，表现为逆冲的性质，大概发生于 Q_2 早、中期；Q_2 末期的构造运动期间，马家河坝断层有复活迹象，但不很强烈，主要的表现形式为水平挤压。Q_3 以来没有能证明其活动的地质、测年及地震证据。

从上述的测年结果综合分析，马家河坝断层在中更新世期间曾经有过多期活动，晚更新世以来活动迹象不明显。

2.4　测年结果可靠性分析

测年结果的可靠性取决于两个方面，一个是测试方法本身，另一个是所取样品是否满足测试方法的理论要求。对于测试方法本身的可靠性可以通过两种途径来验证：其一，测年结果的绝对误差；其二，同一样品采用不同的测年方法，对测年结果进行横向比较。对于样品本身是否满足了测试方法理论要求这一点，是送测单位在野外取样时应引起高度重视的问题。为保证测年结果准确可靠，首先应对每一种测年方法所能测试的对象有充分的理解，其次应了解不同的测试方法所能测试的有效区间；其三，应知道什么样的样品采用哪种测年方法最有效；其四，应事先知道所采样品的测年结果所代表的地质含义，其五，应知道为了说明某种特定的地质问题应采取哪种类型的样品等。

通过对表 2.2 测年结果的初步分析，共有 20 个 TL 测年结果，其测年误差全部在 10%以下；12 个 ESR 测年结果，仅有 4 个样品得到了有效测年结果，其误差分别为 23.6%、86.2%、33.5%和 9.1%；8 个 SEM 测年结果都是相对年龄；4 个 OSL 测年结果中有一个样品未被测试单位接受，另外 3 个样品的测年误差有 2 个在 1%左右、1

个在18%左右；一个铀系不平衡法测年结果的误差在8%左右。从这五种测年方法绝对测年结果的误差来看，本次工作 TL、OSL 测年数据的可靠性较高。

为了验证测年方法的可靠性，笔者还将同一样品利用不同的方法进行测试，24 组测年样品中有 15 组样品获得了两种或两种以上的测年结果（表 2.5）。其中 7 个样品获得了 TL、ESR 和 SEM 3 种方法的测年结果，3 个样品（S_{13}、S_{24}、S_{25}）获得了 TL 和 OSL 两种方法的测年结果，2 个样品（S_{15} 和 S_{16}）获得了 TL 和 ESR 两种方法的测年结果，1 个样品（S_{17}）获得了 TL 和 SEM 两种方法的测年结果，另有 1 个样品获得了 ESR 和铀系不平衡法两种方法测年结果。

表 2.5　　获得了两种或两种以上测年结果的 15 种样品

样品编号	样品种类	测年结果/万年				
		TL	ESR	SEM	OSL	铀系法
S_6	断层泥	15.77±1.25	>100*	Q_2 末～Q_3 早期		
S_7	断层泥	53.46±4.12	>100*	Q_2 早期		
S_8	断层泥	19.23±1.50	>100*	Q_2 末期		
S_9	断层泥	32.04±2.56	>100*	Q_2 中期		
S_{10}	断层泥	15.64±1.28	>100*	Q_2 末期		
S_{11}	钟乳石		134.9±116.4			45.7±3.7
S_{13}	粉砂土	4.33±0.33			4.47±0.05	
S_{15}	方解石脉	48.25±3.62	>100*			
S_{16}	方解石脉	31.96±2.59	4.3±0.39			
S_{17}	断层泥	21.83±1.79		Q_2 中、晚期		
S_{18}	断层泥	12.70±0.99	>100*	Q_2 末期		
S_{20}	粉砂土	9.96±0.76				
S_{21}	断层泥	22.24±1.74	>100*	Q_2 早、中期		
S_{24}	粉砂土	1.61±0.13			1.92±0.02	
S_{25}	粉砂土	2.29±0.18			2.72±0.49	

从所得 3 种测试结果的 7 个样品来看，利用热释光（TL）和电镜扫描（SEM）这两种方法所得的测年结果基本吻合，而 ESR 法所给出的推荐测年结果与这两种方法的结果相比有较大的出入。通过对比分析认为，TL 法和 SEM 法的测年结果的可靠性较高，ESR 法的测年结果可信度较低。在 3 个样品采用 TL 法和 OSL 法两种方法获得的 6 组数据中，其结果基本相同，只是 OSL 法测年结果均比 TL 法稍老。因此，在利用本次工作测年数据进行断层活动性评价时，TL 法和 OSL 法的测年结果较为可靠。

通过归纳整理前人在本库区所做的断层测年资料，结合野外观察和实测结果，对溪洛渡库区主要断裂构造的活动性可得出以下结论：

（1）马边-盐津断裂带内的利店断层、中都断层、玛瑙断层、翼子坝断层、中村断层和关村断层等，在 Q_2 中、晚期至 Q_3 早期曾经有过强烈活动。

（2）莲峰断裂带内的头坪断层、新田断层、蚂蝗沟断层和莲峰断层等，同样在 Q_2 晚期至 Q_3 早期曾有过强烈活动。

（3）马边-盐津断裂带与莲峰断裂带的活动年代和期次具有一定的可比性。

（4）前人在峨边-金阳断裂带的测年数据较少，本书对马颈子断层、硝滩断层、臭水井断层等进行研究。结果表明峨边-金阳断裂带的断层活动迹象均在 Q_2 中、晚期，Q_2 晚期以来的活动性并不强。

第3章 溪洛渡地区地震活动性分析

3.1 区域地震背景

按照《中国地震烈度区划工作报告（1981）》（二代区划）对我国地震区、带的划分，溪洛渡地区位于青藏高原中部地震区川滇地震亚区最东面的马边—昭通地震带范围内。其东侧的华南地震区在相邻边界处未划分次级的地震亚区或地震带，仅在四川盆地西缘的宜宾、兴文、乐山和贵州威宁等地，划出了几个地震带外的Ⅶ度危险区。

《中国地震烈度区划图（1990）》（三代区划）中，溪洛渡外围地震区、带的划分，与二代区划相比，有较大的变更。据《中国地震烈度区划图（1990）概论》所述，溪洛渡地区划归青藏高原地震区所属的可可西里-金沙江地震带，位于其最东端。本区的东北面、宜宾-峨眉一线以北，划为青藏高原地震区阿尔金-祁连山地震带的东南端。本区东面和东南面则属华南地震区雪峰-武夷地震带的范围。

可见，从区域地震背景看，溪洛渡地区恰处于青藏高原强烈地震区向华南地震区过渡的部位，地震地质条件复杂，现代地震活动也比较强烈。

为进一步分析工程区的区域地震背景条件，选择以水库和坝区为中心，向四外延伸170～300km，即北纬25°45′～31°00′、东经100°50′～105°30′的范围，作为研究区。图3.1是溪洛渡及外围地区的地震构造图。

图幅的西部分布着巨大的鲜水河-安宁河-小江地震带，自北往南由鲜水河地震带、安宁河地震带（又称石棉-元谋地震带）、小江地震带等组成，大体沿着第四纪中、晚期形成的川滇菱形断块的北东和东部边界展布，分别与北西向的鲜水河断裂带、近南北向的安宁河断裂带及北西向的则木河断裂带、近南北向的小江断裂带的强烈现代构造活动有关。其中安宁河地震带距坝址最近处约为140km，小江地震带在库尾上游20km处通过，距坝址已在160km以外。此外，该地震带以西，在盐源弧和木里弧的西半部分，也有少量强震发生。

图幅北部，从泸定、天全往北东方向，经大邑、都江堰至北川、茂汶、松潘一带，分布有松潘-龙门山地震带，由北东向的龙门山地震带和北北东向的松潘地震带等组成。研究区范围内只有该带的南西段，距坝址最近处约为180km。

图幅中部是马边-永善-昭通地震带，在坝址下游通过，距离最近处不足20km。由于地表并没有找到相应规模的大型断裂系，地震带的划分上存在不同观点。根据近年一

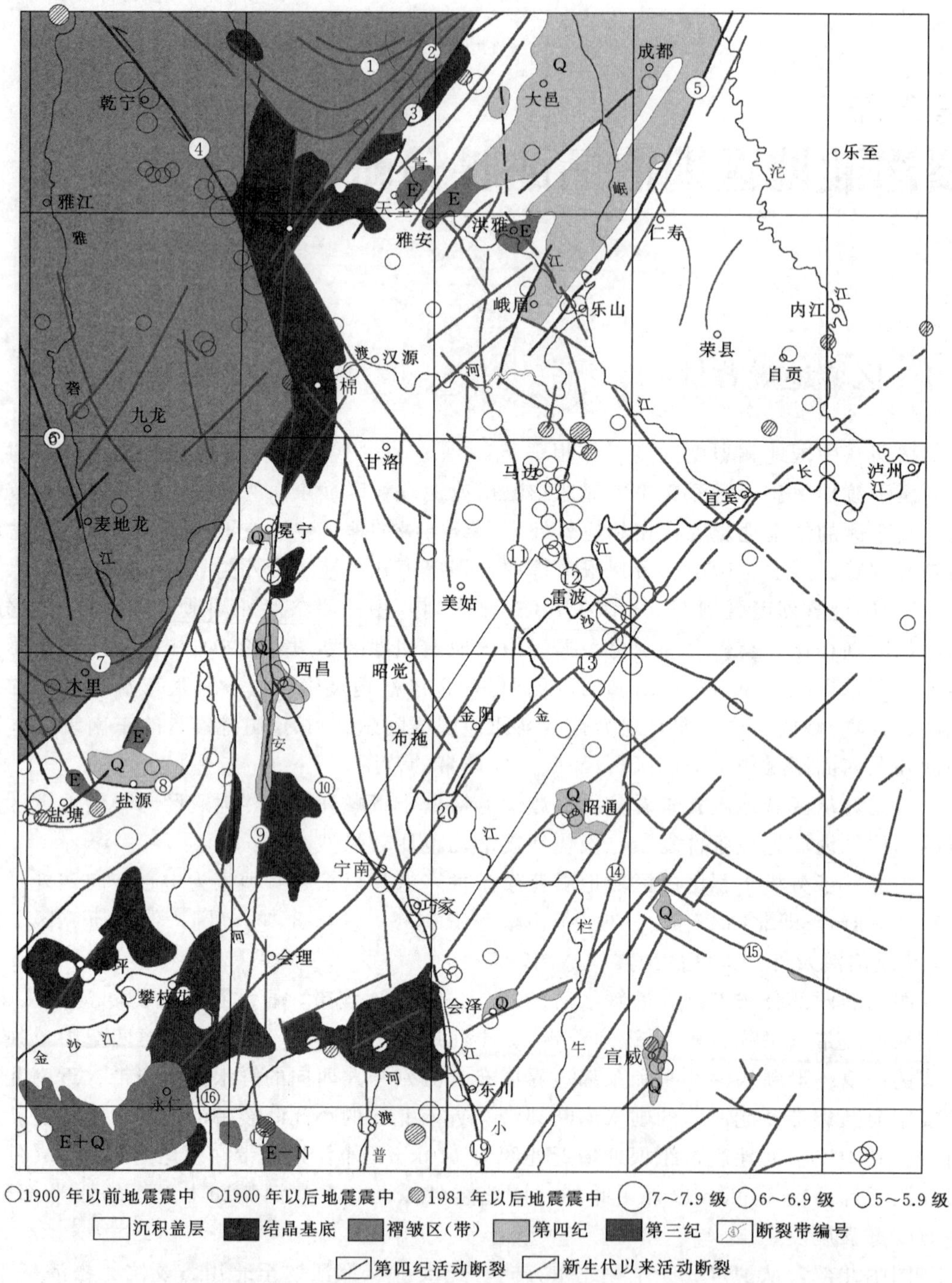

①—小金弧形断裂；②—龙门山断裂；③—茂汶-天全断裂；④—鲜水河断裂；⑤—龙泉山断裂；⑥—理塘-德巫断裂；⑦—木里弧形断裂；⑧—盐源弧形断裂；⑨—安宁河断裂；⑩—则木河断裂；⑪—峨边-金阳断裂；⑫—利店-玛瑙断裂；⑬—华蓥山断裂；⑭—石门断裂；⑮—威宁-水城断裂；⑯—元谋断裂；⑰—易门断裂；⑱—普渡河断裂；⑲—小江断裂；⑳—莲峰断裂

图 3.1　溪洛渡外围地区历史强震空间分布特征

些最新研究，采用将该带划分为北北西向的马边-盐津地震带和近南北向的昭通地震带的方案。

图幅东部，在大邑、峨眉、宜宾、威宁、宣威一线以东，地震活动远较西部为弱，没有6级以上强震的记载，仅沿龙泉山断裂、峨眉-宜宾隐伏断裂、华蓥山隐伏断裂等记录到少量5～6级中等强度地震。

溪洛渡库坝区位于鲜水河-安宁河-小江地震带和马边-盐津地震带之间，在库水可能的影响范围内，没有其他中等强度以上的地震带。

3.2 溪洛渡地区外围地震活动性

3.2.1 历史地震的记载情况

研究区东部的四川盆地开发较早，有记载的历史较长。早期的强震记载多为发生在与其毗邻的山区，其中最早是公元前26年（西汉末年）$5\frac{1}{2}$级左右的“犍为郡地震”。自唐代以来，西昌、大理等地也相继有个别破坏性地震的记载。明代以来，随着地方志书的盛行，地震史料日渐丰富，地震破坏的记录也相对较详细。大约始自15世纪中叶，西昌、盐源、大理、昆明及滇东等地区，破坏性地震的记载明显增加，可以认为，研究区内的龙门山地震带、安宁河地震带、小江地震带及其以东地区，有影响的大地震漏记的可能性较小。至18世纪初（清代早期），鲜水河地震带的康定、乾宁、道孚、炉霍一线也有了较详细的地震记载。1900年以后，仪器记录地震已在世界范围内开展，发生的较大地震在国际地震综合报告中一般都能查到观测数据，我国上海徐家汇天文台地震仪就记录了1917年7月31日发生在云南大关吉利铺的$6\frac{3}{4}$级地震。1970年以后，我国已有了区域地震台网系统的记录资料，为天然地震本底的统计研究提供了较好的条件。

了解历史地震记载的基本情况，对于合理使用资料、正确评估工程地区的地震活动情况是十分必要的。现按资料的繁简，将研究区内主要破坏性地震分为四个时段分别进行统计（表3.1）（其中第一、二时段之间以1467和1478年两次盐源地震为界）。

表3.1　　研究区内各时期不同震级次数统计

时间 \ 震级	5.0～5.9	6.0～6.9	7.0～7.9	合计
公元前26—1466年	2	1	1	4
1467—1899年	13	7	4	24
1900—1969年	53	17	1	71
1970—1999年	38	8	1	47
合计	106	34	6	146

从表3.1可见，研究区内自公元前26年到1999年共记录5.0级以上的破坏性地震146次，最强为1786年发生于康定、泸定、磨西间的$7\frac{3}{4}$级地震。其中第一时段近1500年，仅有4次较强破坏性地震的记载，1467—1899年这433年间记载了24次5级

以上的地震，而 20 世纪的 100 年中，在研究区范围内就发生了 118 次，而且，头 70 年和仪器测震的 30 年，各震级档的地震频度都表现出相当的稳定性。

3.2.2　历史强震空间分布特征

图 3.1 绘入了研究区震级大于 5.0 的全部地震震中。从图中明显可见，地震并不按地理位置均匀分布，而是呈现出一定的规则排列。强烈地震也并非随处都可发生，常集中发生在某些地区或地段。从整体上看，破坏性地震大多分布于活动断裂带上及其附近，强震的空间展布与断裂带的走向上大体一致，且常在某些地段重复发生。

研究区内强震的发生主要集中在北西向的鲜水河断裂带、则木河断裂带，北北西向的马边-盐津断裂带，近南北向的安宁河断裂带、小江断裂带、昭通断裂带以及盐源、盐塘弧形断裂带上。但各地震带之间在地震强度、频度及震型上又有所不同。安宁河、小江断裂带强震频度低、能量大；鲜水河断裂带地震频度高、强度大；马边-盐津隐伏断裂带地震频度高、强度较大，且马边地区常表现为震群的型式。而在这几条断裂带之间的广大地区，包括溪洛渡库区范围，则很少发生破坏性地震。

上述情况表明，整个研究区地震空间分布上具有两个明显的特点：①地震空间分布的成带性与不均匀性；②同一活动构造带内，地震活动强弱的分段性。强震的发生，虽然在时间上具有某种随机性，但在空间分布上确有一定的规律可循。研究区及其周边地区，强震多数发生在鲜水河断裂带、小江断裂带和安宁河断裂带上，它们距离坝区较远，烈度多在Ⅴ度以下。研究区东部的马边-盐津断裂带上发生的强震，距离坝址区一般在 100km 以内，最近的如 1216 年雷波马湖地震，只有 20km 左右，1936 年 5 月 16 日的雷波西宁地震也只有 28km，虽然数量和最大震级小于西部的几个地震带，但对坝区的影响烈度却更大，有必要进行详细研究。

3.2.3　时间上的周期性与非平稳性

溪洛渡库区外围地震活动与时间的关系见图 3.2（1000—1899 年）和图 3.3（1900—1999 年）。从两图中不难看出，地震活动具有一定的周期性。上述两图是对整个研究区而言，是研究区地震活动在时间分布上的整体表现，并不能反映某一地震带的活动周期。由于范围的限定，研究区只包含了鲜水河断裂带及小江断裂带的一小部分，再加上它们距离溪洛渡坝址区较远，在此不做详述。至于马边-盐津断裂带地震的活动周期、强度、频度和对坝址区的影响场，将在后面的章节中专门加以论述。本节只对整个研究区地震活动的周期性作简要概述。

1900 年以前，地震记载总体偏少。1000—1899 年这 900 年间，共有 5 级以上地震 28 次。从图 3.2 可以看出，研究区比较有把握的可分出两个大的地震活动周期：1540 年以前和 1540—1899 年。其中资料较多的 1540 年以后，按川滇地震亚区地震活动期的划分方案，实际上包括了 1786 年以前和其后的两个地震活动期，每个周期的延续时间大致在 100 年左右（表 3.2）。

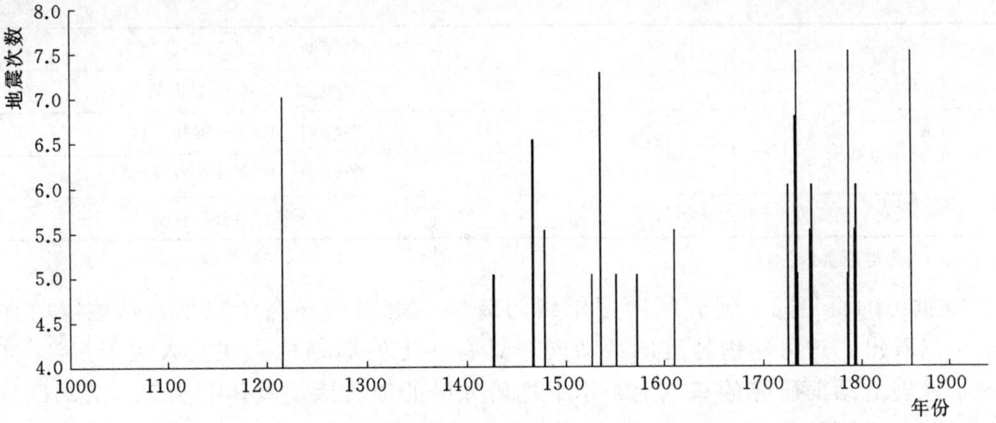

图 3.2　1000—1899 年溪洛渡库区外围地震活动与时间的关系

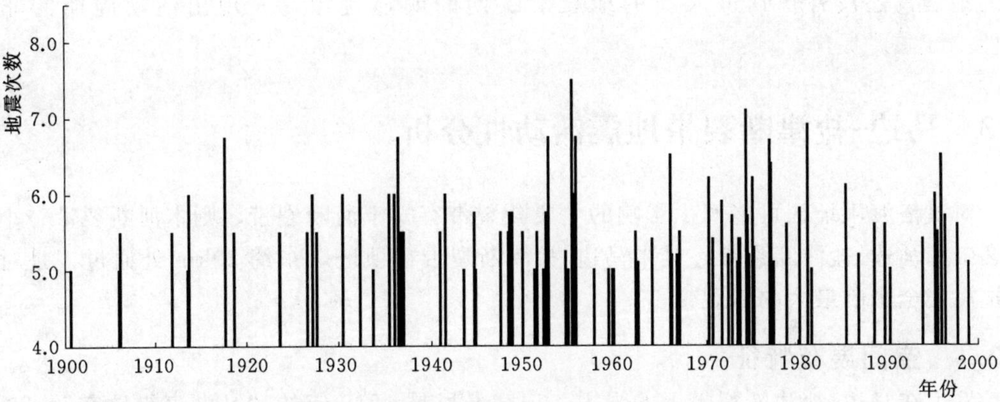

图 3.3　1900—1999 年溪洛渡库区外围地震活动与时间的关系

表 3.2　　**川滇地震亚区地震活动期划分简表**

Ⅰ活动期　1689—1786（98）	平静期　1689—1732（44）
	活跃期　1733—1786（54）
Ⅱ活动期　1787—1893（107）	平静期　1787—1832（46）
	活跃期　1833—1893（61）

注　（ ）内为地震次数。

表 3.3　　**近百年来研究区地震活动期次划分**

Ⅰ活动期　1894—1917（24）	平静期　1894—1910（17）
	活跃期　1911—1917（7）
Ⅱ活动期　1918—1936（19）	平静期　1918—1930（13）
	活跃期　1931—1936（6）

续表

Ⅲ活动期　1937—1955（19）	平静期　1937—1946（10）
	活跃期　1947—1955（9）
Ⅳ活动期　1956—1981（26）	平静期　1956—1966（11）
	活跃期　1967—1981（15）
Ⅴ活动期　1982 至今	平静期　1981 至今

注　（ ）内为地震次数。

20 世纪的百年间，研究区内记录到的破坏性地震明显高于以前。从地震时序图中也可以看出，这百年内地震的活动同样具有一定的周期性。在前人关于三江-红河地震带地震活动期研究的基础上，本书把研究区的地震活动具体分为 5 个活动期（表 3.3）。从表中可知，研究区内每个地震活动期的历时都相当短，一般延续仅 20～30 年。需要指出，自 1981 年道孚 6.9 级地震之后，研究区已有近 20 年未发生大于 6.5 级的地震，还没有看到进入新的地震活跃期的明显迹象，表现出活动周期的非平稳性。

3.3　马边-盐津断裂带地震活动性分析

对溪洛渡坝址区可能产生影响的主要断裂带有安宁河断裂带、则木河断裂带、小江断裂带和马边-盐津断裂带，其中马边-盐津断裂带在坝址以东约 20km 处通过，是对大坝抗震安全影响最大的断裂带。

3.3.1　空间展布特征

发生在马边-盐津断裂带上的强震，记载最早是 1216 年的“马湖夷界地震”。20 世纪以来，这一带强震和中等强度的地震活动相当频繁，原地重复率很高。我国二代区划中称作马边-昭通地震带，包括四川的马边地区和云南的永善、大关、彝良一带。此外，不同的研究者在不同的文献中将该地震带称为马边-盐津地震带、峨边-昭通地震带、雅安-昭通地震带或马边地震带等。据统计，自 1900 年以来，本地震带记录到 Ms≥4¾ 级的破坏性地震近 70 次，其中 7 级左右地震（震中烈度Ⅸ度）4 次，全部集中在马边、雷波至大关的小范围内；5.7～6 级的地震（震中烈度Ⅶ～Ⅷ度）13 次，大部分与 1935—1936 年和 1971 年两次马边震群有关。表 3.4 列出了 Ms≥5.7 级的全部地震及其有关参数。图 3.4 显示了发生在该断裂带上及其附近地震的空间位置。这些地震的震源深度大部分在 10～25km 范围内，均属浅源地震。

从图 3.4 中可以看出，该地震带的较大地震并不是均匀分布，而是集中在四川马边地区和云南大关一带。这两个地区地震强度、频度及震型上有所不同。马边地区地震多表现为震群型，中强地震的频度很高，但没有 7 级以上的强震；云南大关一带，震型多为主震-余震型，地震频度低，强度则比马边地区高一些，最大地震为 1974 年 5 月 11 日的 7.1 级大关地震。

表 3.4 马边、雷波、昭通一带地震目录

发震时间	震中位置			震级	烈度	备注
	北纬	东经	参考地名			
1216-03-17	28.4°	103.8°	雷波马湖	7	IX	
1917-07-31	28.0°	104.0°	大关吉利铺	6¾	IX	
1935-12-18	28°36′	103°42′	马边	6	VIII	
1935-12-18	28°42′	103°12′	马边	5¾		
1935-12-19	29°06′	103°18′	马边	6		
1936-04-27	28°42′	103°42′	马边	6¾	VIII	
1936-04-27	28°54′	103°30′	马边	5¾		
1936-04-27	28°42′	103°12′	马边	6		
1936-04-27	28°42′	103°12′	马边	6		
1936-05-08	28°54′	103°36′	马边	5¾		
1936-05-16	28°30′	103°36′	雷波西宁	6¾		
1948-10-09	27.4° (27.3°)	104.0° (103.9°)	云南昭通、 贵州威宁间	5¾	VIII	威宁 石门坎
1948-10-10	27.6°	103.8°	彝良西	5¾		
1971-08-16	28°53′	103°35′	马边城东	5.9	VII	
1971-08-17	28°54′	103°47′	马边东	5.7		
1974-05-11	28.2°	104.1°	大关北	7.1	IX	
1974-06-15	28°18′	104°03′	大关北	5.7		
1994-12-30	29°01′	103°39′	沐川	5.7		

注 范围：北纬 27°00′～29°30′，东经 103°00′～104°30′；时间：624—1999 年；震级：Ms≥5.7

在发震构造上，研究区内似有共同的特点——大震均发生在不同断裂组的交汇部位。马边地区主要有北西向的利店断层、玛瑙断层和近东西向的靛兰坝断层，1935—1936 年、1971 年的两个震群均发生在这两组断层的交汇部位及附近；云南大关一带，地震构造更为复杂，既有东西向的木杆河断层、北东向的新田断层，又有近南北向的翼子坝断层，7.1 级的大关地震就发生在这三组断层的交汇部位（图 3.5）。

3.3.2 地震活动的周期性

图 3.6 是马边-盐津地震带 1900 年以来 Ms≥5.7 级的地震时序图，图中同样清晰地显示地震活动相对平静和显著活跃相互交替的现象。

将图 3.6 与图 3.3 和表 3.3 比较，可以看到，20 世纪以来，马边-盐津地震带的地震活动与整个川滇地震亚区周边各地震带的活动之间存在着密切的联系。笔者在锦屏工程的地震危险性分析研究报告（1991）中已经指出，具体到川滇地震亚区的各个地震带，其地震周期大体上符合全亚区的规律，但又有各自的特点。在每一个

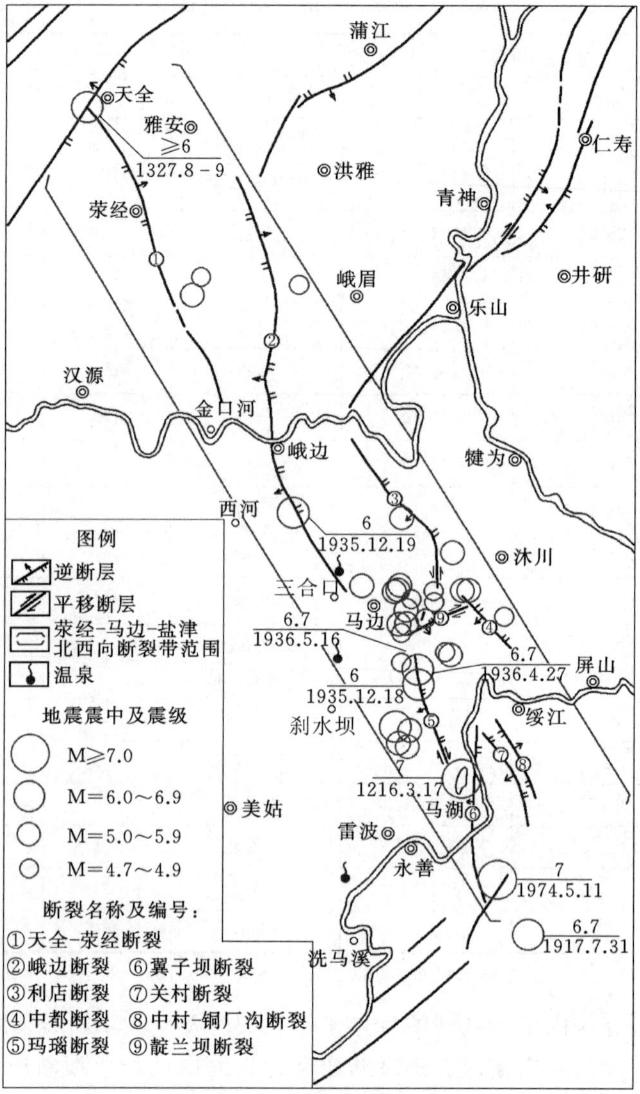

图 3.4　北西向荥经-马边-盐津断裂带地震构造图

大的地震活动周期中，有些地震带活动强烈，另一些却处于相对平静的状态。如果以发生 6.5 级以上的强震作为地震活跃期的标志，马边-盐津地震带在表 3.3 所列的Ⅰ、Ⅱ和Ⅳ活动期都有明显表现；反之，1937—1955 年川滇地震亚区的第Ⅲ活动期，发生了 1952 年的冕宁石龙 6¾ 级地震、1955 年的康定折多塘 7.5 级地震和 1955 年的鱼鲊、拉鲊 6¾ 级地震，而在此期间，马边-盐津地震带却比较平静，只发生了几次5¾～5 级的中强震。

还应该指出，从历史地震资料看，鲜水河地震带和小江地震带的最大地震曾达到 7¾ 级，安宁河地震带为 7½ 级，都比马边-盐津地震带高。然而从近百年的情况看，马边-盐津地震带的活动期次和最大震级都超过了安宁河地震带及小江地震带，而仅次于鲜水河地

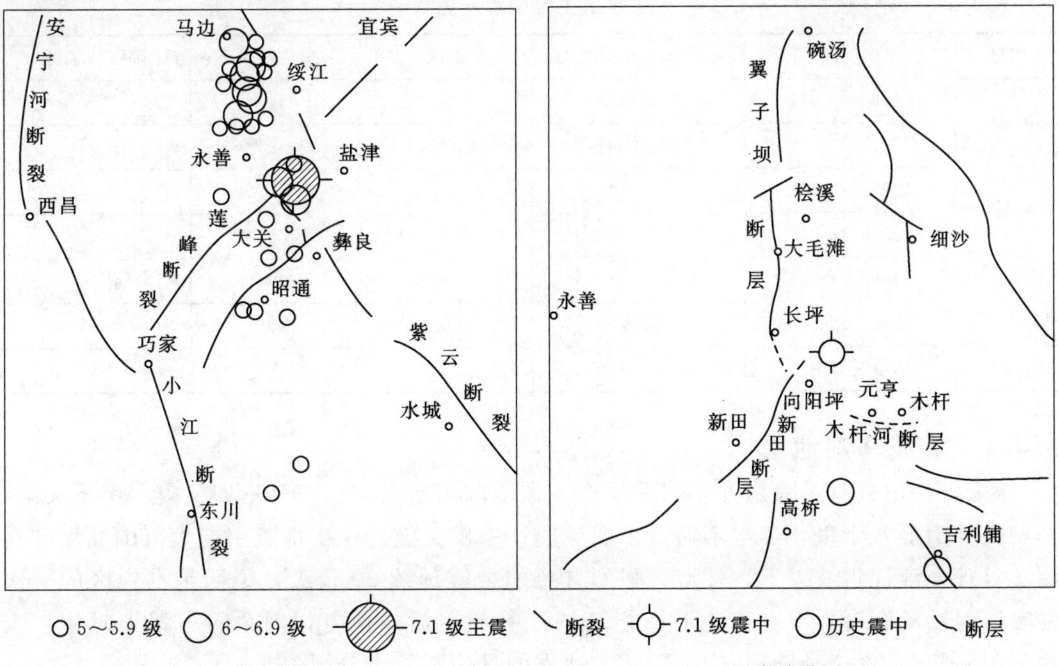

(a) 较大范围　　(b) 较小范围

图 3.5　1974 年 5 月 11 日大关 7.1 级地震构造背景示意图[4]

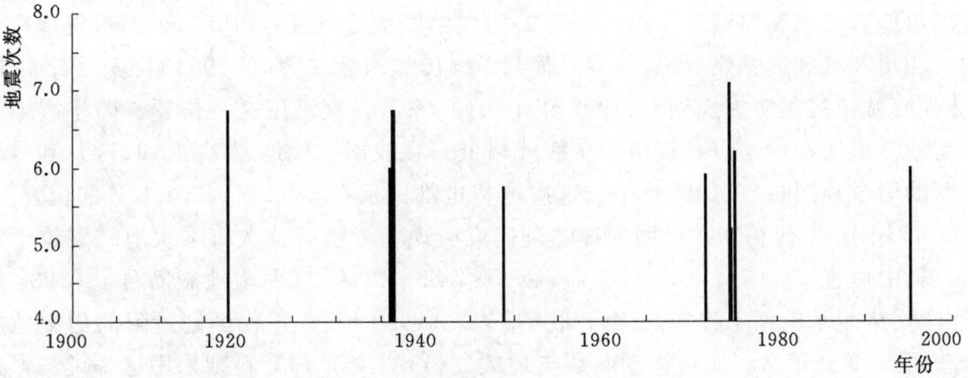

图 3.6　马边-盐津断裂带地震时序图

震带，居川滇地震亚区各地震带中的第二位。

3.4　历史强震对溪洛渡工程区的影响

正如 3.3 节所述，马边-盐津地震带是距坝址最近的重要地震带，又是 20 世纪以来活动性仅次于鲜水河地震带者。表 3.5 是工程区主要强震的一览表。

表 3.5　　工程区主要强震一览表

编号	时　间	震中地点	震级	震中烈度	等震线来源
1	1216-03-17	雷波马湖	7	Ⅸ	
2	1917-07-31	大关吉利铺	6¾	Ⅸ	[5]
3	1935-12-18	马　边	6	Ⅷ	[6]
4	1935-12-19	马　边	6	Ⅷ	[6]
5	1936-04-27	马　边	6¾	Ⅸ	[7]
6	1936-05-16	雷波西宁	6¾	Ⅸ	[7]
7	1974-05-11	大关木杆河	7.1	Ⅸ	[4]

3.4.1　雷波马湖地震

《宋史》记载有：嘉定九年二月辛亥，东西两川地大震。三月乙卯又震、甲子又震；马湖夷界山崩八十里，江水不通；丁卯又震；壬申又震。这次地震引起大范围崩塌和马湖江（现金沙江雷波以下）被堵，强烈有感的余震延续 20 余天，说明是本地区的一次强震，但“马湖夷界”在南宋时泛指马湖江彝族聚居的地方，现今的马湖当时称“天池”，马湖一带称“马湖部（董部）”，地震的具体定位十分困难。

《中国地震资料年表》（1956 年）中已列出了这次地震的史料，首次具体给出地震参数的是李善邦主编的《中国地震目录》（1960）。1971 年的《中国地震目录》给出的参数是：地点——四川雷波；位置——28.3°N，103.6°E；震级——（6～7）。以后发表的《四川地震目录》（1975）、顾功叙主编的《中国地震目录》（1983）、四川省地震局编写的《四川及其邻区强震（M≥4.7）简目》（1983 年第一稿和 1984 年第二稿），以及《雷波县锦城镇抗震防灾规划》（1992 年 10 月）等，一直沿用这一位置，即将震中置于现今雷波县城所在的地点，震级为 7 级或略低。在我国二代地震区划（1977）和《中国岩石圈动力学地图集》（1989）中，这次地震也都标示在 28.3°N，103.6°E 的位置上。

20 世纪 70 年代初期，昆明地球物理研究所现场考察后首次将本次地震定位于雷波马湖，震中位置 28.4°N，103.8°E，震级 6～7 级。以后，《西南地震简目》（1988 年）、《金沙江溪洛渡水电站工程地震综合研究报告》（1990 年）、三代区划所附的历史地震震中分布图（1990 年）、《四川活动断裂与地震》（1993 年）等资料则采用这一说法，把震中置于现马湖的位置处，并把定位精度提高至 2 等，震级 7 级，烈度Ⅸ度。国家地震局震害防御司于 1995 年组织编写出版的《中国历史强震目录》中提出了以下参数：震中位置位于四川省雷波县马湖（28.4°N，103.8°E，精度 5），烈度Ⅸ，震级 7 级。

将 1216 年“马湖夷界”地震定在翼子坝断层沿线的现马湖附近，震中至坝址为 28km，从本区总的地震地质条件和 20 世纪以来强震活动规律的角度看，似乎理由更充分一些。把该地震定在雷波县城附近，则是历史地震震中定位通用的做法。但从近年大量现场地质工作的成果看，雷波—永善构造盆地内部以北东向的褶皱为主，断裂构造并不发育，因此从地震地质方面考虑，雷波县城附近发生强震的可能性较低。

3.4.2 1917年7月31日云南大关吉利铺地震

1917年7月31日在云南省大关县吉利铺发生一次6¾级地震，震中烈度Ⅸ度。据民国六年盐津县志记载："民国六年七月三十一日拂晓时，大关境内地震，以吉利铺后山为震中，其下即震源所在，纵横百里以内之地，如黄金坝、回龙溪、小关溪、大关脑、云台山、代乌关、天星场、高桥、木杆河等处为震幅（区）。其波远及于彝良、盐津、绥江、永善、昭通、镇雄、鲁甸、威信、筠连、高县、庆符、珙县、长宁、宜宾、屏山、雷波各地，先后震动，传播至三百里以外，余震小震。达三十余日。而震幅（区）内，山岳崩颓，房屋倒塌，居民死者数千。靖国军某营出发经此，亦遭其劫，道路阻塞，交通不便，……盐津城城乡房舍建筑物多有损坏。"《合江县志》《犍为县志》《乐山县志》《眉山县志》均对该次地震事件有记载。地震等震线见图3.7。

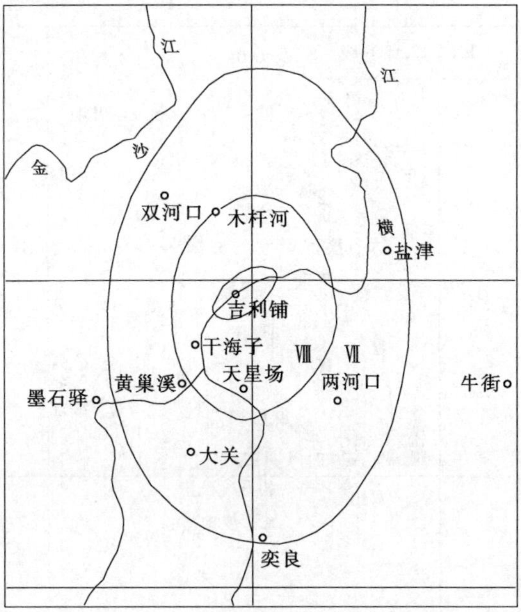

图3.7 1917年7月31日云南吉利铺地震等震线图

从图上可以看出，溪洛渡坝址区位于短轴方向上，距离极震区44km，距Ⅶ度线约20km，该地震对坝区的影响烈度在Ⅵ左右。

3.4.3 1935年12月18—19日马边地震

1935年12月18、19日，四川马边附近先后发生两次强烈地震，地震造成山崩地裂。死伤甚多，房屋树木倒塌无算。史料记载如下：

马边田县长巧（十八日）电，报告该县震灾情形，原电如次：省主席刘钧鉴，顷据马边县长田烈电称：该县十八巧日午后一至七时先后地震十余次，雷鸣数次，各区乡墙屋倒塌，压毙人畜甚多，灾情颇巨。恳转呈赈济灾黎等情，除电访先行施救，并由职派专员勘明专案另呈外，谨电呈报。专员陈炳光。皓（十九日）。印❶。

马边特讯 此间于本年十二月十八日午前十二点，突然地动三昼夜，计急动十余次，缓动六十余次。在急动时吼声如雷，几成陷落之象，至廿日方息。塌坏城垣房屋甚夥，压毙人民数百，牲畜无际，诚空前未有之惨状，受灾至为奇重❷。

---

❶ 《华西日报》（成都）1935.12.21（5）。参见：《复兴日报》（成都）1935.12.21（5）、《新闻报》（上海）1935.12.26（6）

❷ 《华西日报》（成都）1935.12.26（6）。并见：《新民报》（南京）1935.12.30（1）

马边通讯 此间地动情形已达一周，仍继续簸动，人居墙壁倒塌，用具损坏者甚多。县属靛兰场全场房屋墙壁均倒塌，乡民无处开锅，风餐露宿，喊叫连天。(二十七日)

《新蜀报》(重庆) 1936.1.5

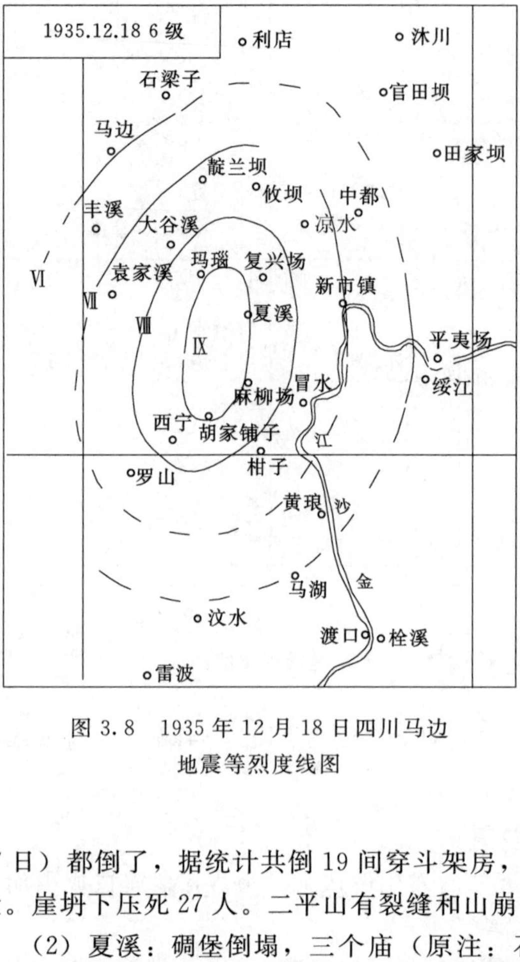

图 3.8　1935 年 12 月 18 日四川马边地震等烈度线图

该次地震的等震线如图 3.8 所示。震中位于马边县屏边乡南约 4km，震中烈度可达Ⅸ度。这次地震造成雷波县城内个别草顶土墙倒塌，屋瓦滑落，山石滚落，估计影响烈度Ⅴ度强。溪洛渡坝址区位于长轴方向上，距震中大约 38km，受影响的程度不会超过Ⅵ度。

12 月 19 日，马边县城北约 30km，又发生一次 6 级地震，震中距溪洛渡坝址在 100km 左右，估计对坝址区的影响烈度不超过Ⅴ度。

3.4.4　1936 年 4 月 27 日马边地震

1936 年 4 月 27 日马边发生 $6\frac{3}{4}$ 级强烈地震，直至 5 月 8 日还发生了 $6\frac{3}{4}$ 级的强余震。史料对这次地震有较多记载，地震等震线见图 3.9，极震区宏观调查如下：

(1) 复兴场（今属屏山县）：(原注：包括 5 月 8 日的震害) 1935 年 12 月 18 日地震未倒的房子，这次（原注：4 月 27 日）都倒了，据统计共倒 19 间穿斗架房，一小庙倒塌，泥菩萨亦全倒塌，有一字裂缝。崖坍下压死 27 人。二平山有裂缝和山崩，崖上的大树倒掉。

(2) 夏溪：碉堡倒塌，三个庙（原注：石柱砖墙）都震倒，乱石围墙倒光，1935 年 12 月 18 日地震时未倒的房子这次（原注：4 月 27 日）都倒了，仅木架房未倒，但倾斜厉害，崖坍垮压埋人家，打断大树，塘水震后漏光。

(3) 司里沱（原注：包括 5 月 8 日震害)：普通民房和街房都倒塌，只剩玉皇宫，碉堡倒光。三孔板桥震倒一孔，山上有坟墓被震烂。铜厂沟的山上有裂缝，四里岗也有裂缝。

(4) 大溪谷（原注：包括 5 月 8 日震害)：第一次（原注：4 月 27 日）房子全倒了，不坚固的山有崩垮，山上有裂缝约一尺宽。

(5) 观音场（今属屏山县)：乱石碉堡倒塌，乱石砌墙倒很多，房子有倒塌，坚固的房子掉瓦，庙墙震倒和裂缝。不坚固的山石坍下，山上有裂缝，宽约 10cm。

(6) 靛兰坝（原注：包括 5 月 8 日震害)：年久失修的草房倒塌，庙有垮者，两三层碉堡都垮了。房瓦落下或梭成堆，灶头动倒很多。床铺移动，家具打烂。崖垮及山石

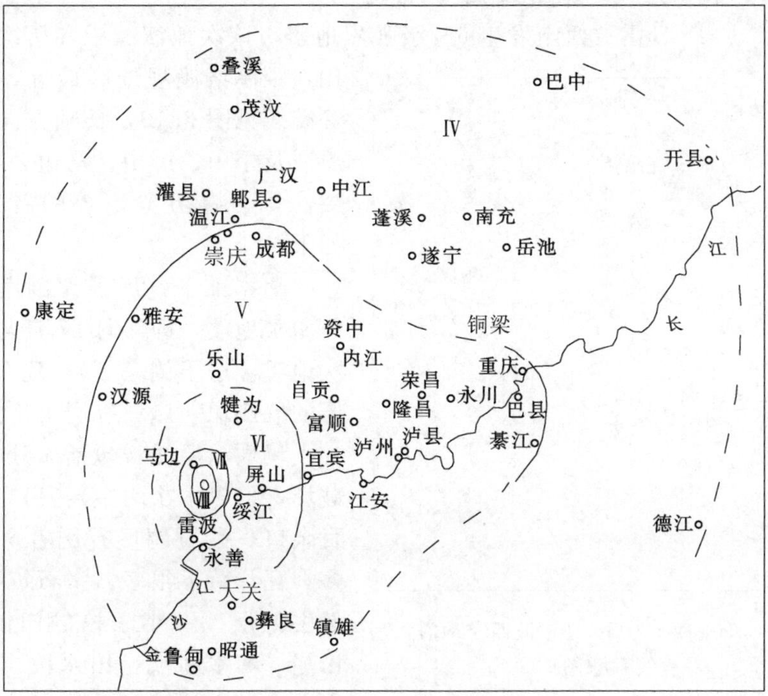

图 3.9　1936 年 4 月 27 日四川马边等烈度线图

震落。山上有裂口长丈余，人跳不过去，平坝有二三寸的裂缝。沟水震后绝流两三年。

(7) 中都（原注：包括 5 月 8 日震害）：乱石土泥墙及房子倒了很多，木架房倾斜。

(8) 冒水孔：土墙房屋倒墙较多，木板墙倒塌较少，附近岩垮，打死人畜。

(9) 古柏场：屋瓦梭下，室内家具、门环、门榫摇响，人惊逃户外，站不稳。

(10) 坭溪：人惊惶向外逃，人站不稳，全屋皆动，门锁扣摇响，田水动荡。

(11) 麻柳场（今属屏山县）：土泥墙倒塌，装菜的磁器盅倒下打破八九个，挡水的小堤裂开缝子 5～6cm 宽。

(12) 直溪：房子摇响、掉灰、落瓦，泥巴砌的墙有裂缝，田水起浪，家具摇动。

(13) 蕨溪（原注：包括 5 月 8 日震害）：庙内七、八百斤重的钟摆起来，瓦有梭下者，掉灰，人惊逃、田水起浪。

另外，《绥江县志》记载：“惟川岸‘蛮夷’司中都、夏溪等处灾情尤烈，伤亡人口、牲畜甚多。并据夏溪难民来谈，该处四面皆山，住居岩脚，地震时飞沙走石，山鸣地吼……”

从上面宏观震中的描述来看，极震区可能在夏溪、中都一带，震中烈度可达Ⅸ度。这次地震使雷波县之北的汶水、璜琅一带少数土墙、碉楼倒塌，多数崩裂，山坡崩垮，地面裂缝。估计对雷波县城的影响烈度在Ⅵ度左右。坝址区距离震中约为 50km，处在等震线长轴方向上，影响烈度Ⅵ度强。

3.4.5　1936 年 5 月 16 日雷波西宁地震

1936 年 5 月 16 日雷波西宁发生 6¾ 级强烈地震，该次地震震中和历次强震震中相比，距溪洛渡坝址区最近，仅约 28km。等震线见图 3.10，长轴方向近南北。地震波及乐山、屏山、马边、合江、江安、绥江等。有历史记载的各宏观点概况如下：

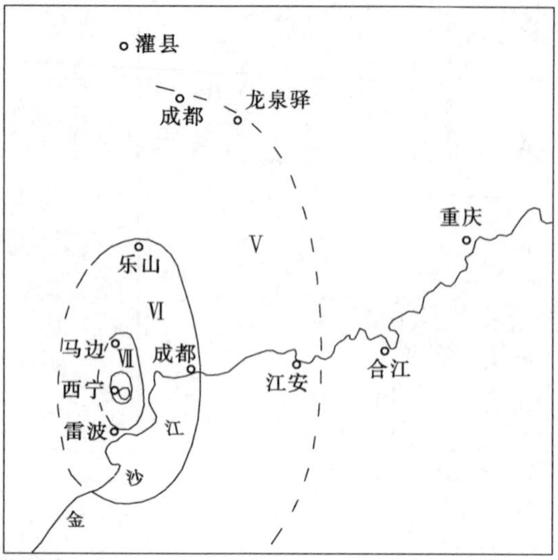

图 3.10　1936 年 5 月 16 日雷波西宁地震等震线示意图

胡家铺子：房子无倒塌（原注：因前两次地震，即 4 月 27 日与 5 月 8 日两次地震，房子倒完了），乱石砌筑的二尺厚的墙倒塌，崖坡有坍垮，沟水震没。

玛瑙（原注：包括 4 月 27 日地震的破坏，但以本次为主）：房屋倒塌，死人百余口，乱石碉堡有倒者，灶头动倒很多，瓦片落下很多。一石筑字库共五层，倒去四层。一小学校的门前石阶震坏。山崩、河水断流。田水泼出田埂，山坡上有一尺宽的裂缝。

马边：城垛倒了很多，乱石砌碉堡都倒塌，不坚固的石墙房有倒塌，房瓦落下。街上石板跳动，山顶有一尺宽的裂缝，平地裂开，随即又合拢，震后有水冒出，过高的树有倒者。

雷波：月前雷波发生剧烈地震，事后查清结果，实共震塌民房一百五十余所，压毙人蓄极夥，厥状之惨，有非笔墨所能罄述。……《复兴日报》（成都）1936.7.21（6）

其他历次强烈地震，均不曾见到有关雷波县城遭破坏的报导，这说明了本次地震对雷波县城的影响最大。从破坏的程度估计，烈度为Ⅵ级。溪洛渡坝址区处于等烈度线的长轴方向上，Ⅶ度线从其北侧不远处通过。因此，这次地震对坝址区的影响程度与雷波县城相当，为Ⅵ度强。

3.4.6　1974 年 5 月 11 日云南大关地震

1974 年 5 月 11 日，云南省永善、大关两县交界一带发生 7.1 级强烈地震，震中烈度高达Ⅸ度。这次地震使云南省永善、大关、盐津、绥江四县和四川省雷波县的 30 多个区（乡）遭到不同程度的破坏。据当地政府统计，这次地震造成 1423 人死亡，1600 人受伤，损失牲畜 2000 多头，同时还使 66000 余间房屋遭到不同程度的损坏和破坏，其中倒塌 28000 余间。极震区内地面破坏严重，出现大量的崩塌、滑坡现象，木杆河峡谷两侧尤甚。崩塌体使极震区的沟渠、耕地遭到破坏；海口、顺河两处巨大的滑坡和崩塌体堵河成湖；手扒崖大崩塌使该居民点被埋，全村居民无一幸免。

大关地震发生在北北西向的马边-盐津地震带内，该地震带历史上曾多次发生强震。

本次强烈地震的等烈度线见图 3.11。据实际调查，永善、雷波两县城在该次地震中未受到严重破坏，影响烈度小于Ⅵ度。据此推测，这次地震对溪洛渡坝址区的影响烈度也小于Ⅵ度。

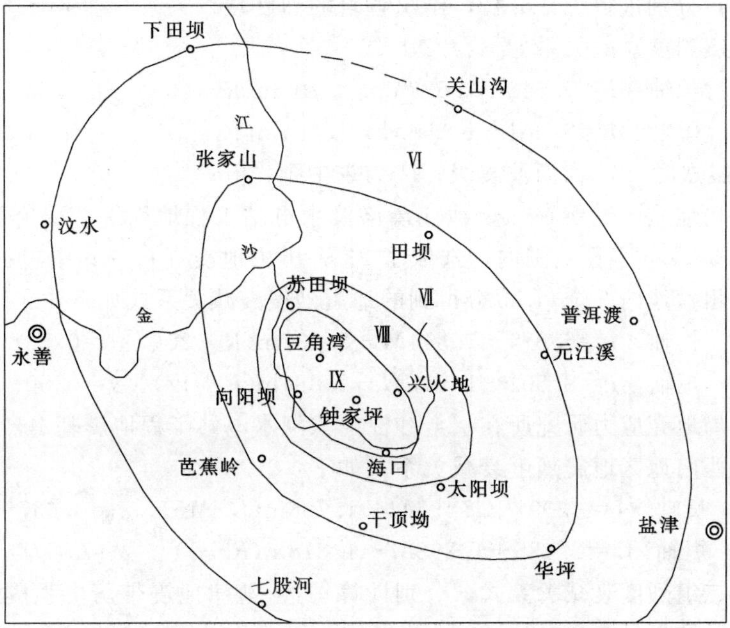

图 3.11　1974 年 5 月 11 日云南大关地震等震线图

该次地震的震中区内没有明显的地表断层。震区北部有近南北向的翼子坝断层，南部发育了东西向的木杆河断层及北东向的新田断层。震后大量的测量资料证实，翼子坝断层新近没有活动，而东西向木杆河断层近期活动强烈。

前人对本次地震序列分析的结果认为，大关 7.1 级地震是在近东西向区域应力作用下产生的双向共轭破裂的结果，主破裂方向为北西向。

3.5　研究区地震烈度衰减关系

研究区受近场地震的影响最终表现为强震发生后，对研究区产生的破坏程度，通常是用烈度的大小来衡量。

烈度衰减关系是由宏观调查的地震等震线资料拟合求得，一般来说，进入统计的样本越多，获得的衰减关系式也会更为合理，适用的范围也更广一些。然而，在某个工程的研究范围内，往往收集不到足够的样本，只能借用更大区域（如中国西部、川滇地震亚区等）的综合衰减公式。有的研究者倾向结合工程区地震构造条件的某些特点，对已有资料进行筛选，组成新的样本集，拟合出自己的衰减公式。这样，同一地区就有可能引用不同的烈度衰减关系式。

前人在对溪洛渡及邻近地区进行地震危险性评价时，所采用的烈度衰减关系不尽相同，因而得到的结果也存在一定的差异。

国家地震局在《中国地震烈度区划图（1990）》（三代区划）中，基本上以南北构造带为界，将全国分为东、西两个部分，选用了 201 个地震（东部 47 个，西部 154 个）的等震线资料，分别进行统计分析，给出各自的烈度衰减关系。溪洛渡位于我国西部地区，建议的地震烈度衰减关系如下：

$$\begin{aligned}&\text{长轴}\quad I=5.643+1.538M-2.109\ln(R+25)\quad \sigma=0.64\\&\text{短轴}\quad I=2.941+1.363M-1.494\ln(R+7)\quad \sigma=0.61\end{aligned}\tag{3.1}$$

式中：I 为地震烈度；M 为面波震级；R 为震中距，km。

国家地震局地质研究所在《金沙江溪洛渡水电站工程地震综合研究报告》（1990）中，在距坝区 300km 半径范围内，选取了 23 个历史地震资料（其中包括马边-盐津地震带 7 个，四川盆地内 3 个），拟合得到的地震烈度衰减关系式如下：

$$\begin{aligned}&\text{长轴}\quad I=6.874+1.344M-2.237\ln(R+25)\quad \sigma=0.53\\&\text{短轴}\quad I=8.802+1.247M-2.884\ln(R+17)\quad \sigma=0.50\end{aligned}\tag{3.2}$$

国家地震局地壳应力研究所在《金沙江向家坝水电站工程地震基本烈度复核研究报告》中，引用西南地区地震烈度衰减关系式如下：

$$\begin{aligned}&\text{长轴}\quad I=4.091+1.493M-1.788\ln(R+15)\quad \sigma=0.657\\&\text{短轴}\quad I=2.425+1.296M-1.318\ln(R+5)\quad \sigma=0.677\end{aligned}\tag{3.3}$$

采用上述三组烈度衰减关系式，分别计算马边-盐津地震带历史强震对溪洛渡坝址区的影响烈度，结果见表 3.6。

表 3.6　马边-盐津地震带历史强震对坝址区的影响烈度

地震时间	名称	震级	至溪洛渡坝址距离/km	影响烈度					
				中国西部公式		溪洛渡公式		西南地区公式	
				长轴	短轴	长轴	短轴	长轴	短轴
1216-03-17	马湖地震	7	28	8.0	7.2	7.4	6.6	7.8	6.9
1917-07-31	大关吉利铺	6¾	44	7.1	6.3	6.6	5.4	6.9	6.0
1935-12-18	马边	6	38	6.1	5.4	5.9	4.7	6.0	5.2
1935-12-19	马边	6	100	4.7	4.1	4.2	2.5	4.6	4.1
1936-04-27	马边	6¾	47	7.0	6.2	6.5	5.2	6.8	6.0
1936-05-15	雷波西宁	6¾	28	7.7	6.8	7.3	6.2	7.4	6.6
1974-05-11	云南大关	7.1	43	7.7	6.8	7.1	5.8	7.4	6.5

综上所述，马边-盐津地震带 6 级以上的历次地震，对坝址区均有一定程度的影响，按衰减关系核算与宏观调查的结果，基本上是一致的。坝址区受到影响较大的有 4 次：雷波西宁地震距离最近，可能有Ⅵ～Ⅶ度的影响（1216 年马湖地震定位的不确定性太大，估计其影响烈度与雷波西宁地震应属同一量级）；位于坝址东南侧的大关地震和吉利铺地震，由于处在短轴方向上，影响烈度在Ⅵ度左右；1936 年 4 月 27 日的马边地震，产生的影响烈度达Ⅵ度强。其他几个地震对坝址的影响烈度都在Ⅵ度以下。

3.6　溪洛渡库坝区地震活动本底分析

一个地区的本底地震活动特征，与该地区构造活动性的强弱有密切联系。正如上文所述，溪洛渡库坝区主要受外围强震的影响，尤以坝址下游的马边-盐津地震带和库尾以上的小江地震带为重要，而其本身则以弱震活动为主。

弱震活动是水库诱发地震前期预测的基础资料之一。同时，沿断层密集成带的频繁弱震，在某种程度上也可视为该断层有一定的现代活动性的反映。因此，库坝区的仪测弱震活动分析，已成为水库诱发地震研究中必不可少的一项专门性研究。

3.6.1　研究范围的确定及地震目录的建立

溪洛渡库坝区地震活动本底分析研究范围的选取既要考虑到统计上的合理性，包括了库区、库水影响区以及一定的外延，又要尽量排除马边-盐津地震带和小江地震带对库坝区微震背景的夸大。为此，将坝区地震活动本底分析的研究范围定为：北纬27°10′～28°20′、东经102°50′～103°45′，面积约11700km²。本节所述的“库坝区”均特指这个范围。

从国家地震局区域台网地震数据库中检索出库坝区的全部地震，自1970年1月1日至1999年12月31日期间共计485次。这些地震皆属于微震和弱震，其中$M_L \leqslant 1.9$级的有74次，2.0～2.9级342次，3.0～3.9级66次，大于等于4.0级的只有3次，最大地震为$M_L4.1$级。在此时段内该范围没有中等强度以上的地震发生。图3.12就是“库坝区”范围内的震中分布图（1970—1999年）。

3.6.2　库坝区历史地震活动

在开始库坝区弱震活动分析之前，首先对1970年以前的历史地震记载进行考察。在图3.12的范围内，从历史地震记载中共查到$M \geqslant 4\frac{3}{4}$级的地震9次（表3.7），其中1949年昭通5级地震可能与1948年10月9日发生在贵州威宁石门坎的$5\frac{3}{4}$级地震（27.4°，104.0°）属同一次地震事件。图3.12中空心的圆圈指这些地震大部分发生在莲峰断裂带东南、溪洛渡库区以外。在库坝区范围内的只有一次，即1948年发生在库区中段永善县黄华乡金沙江边的$5\frac{1}{4}$级地震。还有一次距库边线较近（10km），是1966年在永善县莲峰乡老米寨梁子一带发生的5.1级地震。

表3.7中有7次5～$5\frac{3}{4}$级的地震沿近南北向的昭通地震带分布，从19世纪末以来，由鲁甸、昭通一带第次向北北东方向迁移，直至1974年大关7.1级地震的极震区。这一方面显示出昭通地震带与马边-盐津地震带之间的紧密构造联系，另一方面也表明昭通地震带可能只具有中等强度的地震活动背景。

另两次5级以上地震发生在昭觉和大关西北，与已知的各地震带之间没有明显相关。它们的出现并未打破库坝区总的弱震环境的格局，其震中位置似乎也带有一定的随机性。但是，由于1948年大关西北的地震发生在库区中段黄华以西的金沙江边，在预测水库诱发地震的发震地段和可能震级时，必须对此有足够的重视。

从这些中强地震的发震时间看，它们与整个川滇地震亚区近百年的五个活动期之间看不出有明显的相关关系，研究区内中、强地震目录见表3.7。

表3.7　　研究区内中、强地震目录

序号	时　间	北纬	东经	震级	烈度	参考地名	备　注
1	1875—1885年	27.3°	103.7°	5	Ⅵ	昭通	
2	1898年8月	27.3°	103.7°	5	Ⅵ	昭通	
3	1909-05-15	27.2°	103.6°	5½	Ⅶ	鲁甸	
4	1919年7月	27.3°	103.7°	5	Ⅵ	昭通巧家磨	
5	1944-06-20	28.0°	103.0°	5¼		昭觉	
6	1948-12-14	28.0°	103.5°	5¼		永善黄华乡	金沙江边附近
7	1949年	27.3°	103.7°	5	Ⅵ	昭通	疑为1948年10月9日威宁石门坎5¾级地震（27.4°，104.0°）
8	1959-08-13	27.7°	103.7°	5		永善茂林乡	邻近大关县高桥乡
9	1966-10-11	27.9°	103.6°	5.1	Ⅵ	永善莲峰乡	宏观震中

3.6.3　弱震空间分布特征

虽然20世纪以来库坝区范围内 $M \geqslant 4\frac{3}{4}$ 级破坏性地震漏记的可能性极小，但在1970年以前，由于缺乏系统的区域台网资料，弱震微震的记录比较零散，可靠性差，很难用于进行统计分析。此外，考虑到国家地震局地震数据库中缺失四川和云南两省1987年以后 $M_L \leqslant 2.4$ 级地震的目录资料，因此，在目前阶段，溪洛渡库坝区的弱震活动特征分析，其样本集只限于1970—1999年 $M_L \geqslant 2.5$ 级的地震。

3.6.3.1　震中分布图像

从图3.12可见，小震主要集中在图幅的西南角和东南角。前者在则木河断裂带与小江断裂带交汇区以北不远处，是巧家、宁南中强地震活动区的外围；后者是昭通、鲁甸、彝良中强地震活动区的一部分。图幅西部昭觉、布托一带小震也稍多一些，可能与甘洛-昭觉断裂带有关。此外，东北角图幅以外往东，是马边-盐津地震带的南段，地震活动强烈，但其影响到雷波、永善一带已不明显。

除了上述的几个局部外，库坝区绝大部分地段稀疏地散布着少量微震，看不到密集成带的情况，即便是峨边-金阳断裂带和莲峰断裂带等区域性断裂沿线，震中也呈现出随机分布的图像，并没有表现出地震分布与断裂构造具有明显的对应关系。

3.6.3.2　地震频次的空间分布

为比较库坝区不同地段地震分布情况的异同，可以将其归算至单位时间在单位面积中（如每百平方千米每年）发生的地震个数，称为该地段的多年平均地震发生率。溪洛渡库坝区面积约为11700km²，在此范围内1970—1999年30年间共记录到485次地震，归算至每百平方千米每年的发生率为0.138；其中 $M_L \geqslant 2.5$ 级地震209次，相应的发生

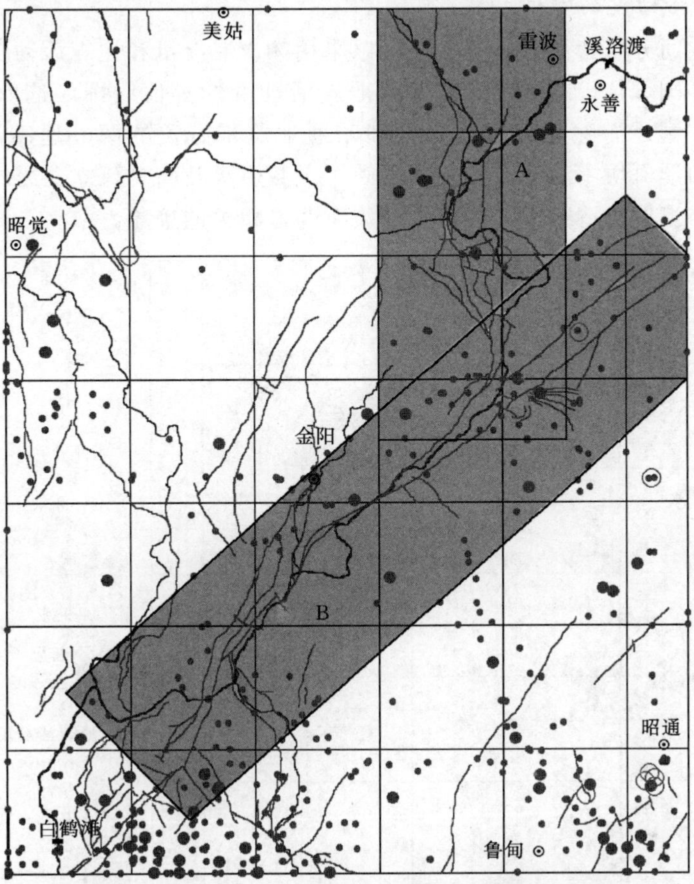

图 3.12 溪洛渡库坝区震中分布图

率为 0.060。为了进一步明确库坝区内弱震活动与断裂构造的关系，分别沿峨边-金阳断裂带和莲峰断裂带选取 A、B 两个区域，即图 3.12 中画出的范围，统计其面积和地震发生率，与全区的参数一起列入表 3.8 中。

表 3.8　　库坝区不同地段多年平均地震发生率比较表

统计范围	面积 /km^2	全部地震		$M_L \geq 2.5$ 级的地震	
		地震个数	地震发生率	地震个数	地震发生率
整个库坝区	11700	485	0.138	209	0.060
A 区（峨边-金阳断裂带）	1590	58	0.121	36	0.075
B 区（莲峰断裂带）	2550	108	0.141	52	0.068

从表中所列数据可以看出，与整个研究区的平均发生率相比，区域 A 和区域 B 的地震发生率并没有显著差别。也就是说，在 1970—1999 年的 30 年间，库坝区的弱震活动没有表现出沿峨边-金阳断裂带和莲峰断裂带分布的趋势。

3.6.3.3 地震活动度的空间扫描

地震活动空间分布特征的研究，还可以采用频次、能量和地震活动度等参数的空间扫描方法进行。图3.13是溪洛渡库坝区地震活动度的等值线图，选取的折合震级为M_L2.5级。图中显示，除与小江地震带和昭通地震带有关的两处地震活动度较高外，低活动度值的圆形斑块零散分布，主要反映了少数震级较高的孤立弱震的影响，看不到活动度等值线与当地构造线方向或较大断裂有明显相关的迹象。

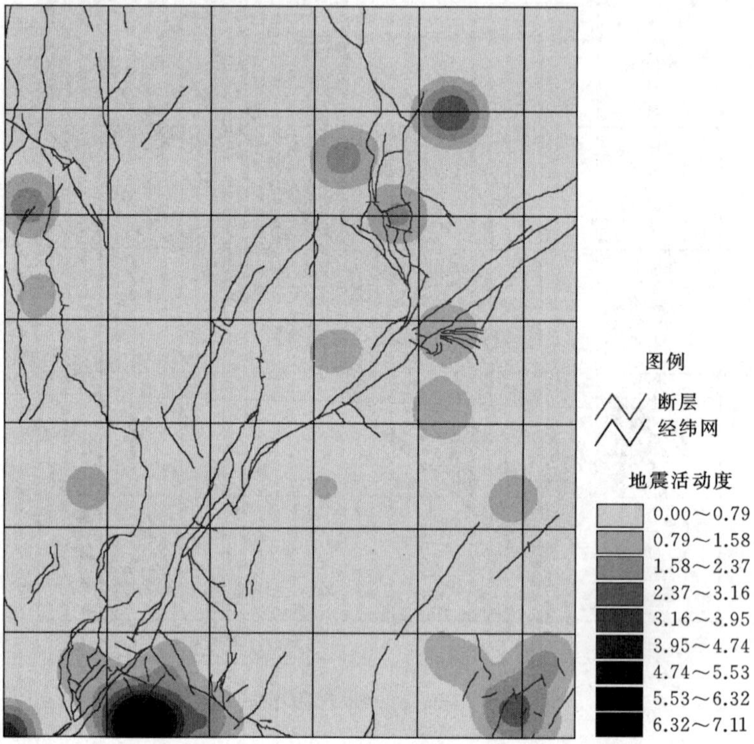

图3.13 溪洛渡库坝区地震活动度等值线图

3.6.3.4 弱震活动与主要断裂的关系

综上所述，对库坝区仪测弱震微震空间分布特征的分析表明，在图3.12的图幅范围内，除与外围地震带有关的几个局部地段外，没有发现它们与区内其他断裂构造有密切的相关关系。

莲峰断裂带沿线，排除了小江地震带的影响之后，无论从地震频次还是释放能量看，都处于平均水平以下。在莲峰断裂带与峨边-金阳断裂带斜交的部位，沿黄坪、莲峰至河口一带，微震数量显得略多些，但地震活动度却处于很低的水平。

峨边-金阳断裂带沿线的小震频次和能量都在全区平均水平上下，几个孤立的弱震也并非沿断裂走向分布。但是，区域台网运行以来本区记录到的最大地震（M_L4.1级）却发生在吴家田坝一带，联系到1948年发生在库区中段黄华的大关西北5¼级地震，将是水库诱发地震危险性预测时应该认真考虑的重要因素。

3.6.4 时间分布特征

3.6.4.1 地震时序图

图 3.14 是研究区内 $M_L \geqslant 2.5$ 级地震的时序图。1971—1978 年和 1991—1999 年两个时段的弱震活动明显要强些，分别发生了 9 次和 8 次 $M_L \geqslant 3.5$ 级的地震；1979—1990 的 12 年间只有 4 次 3.5 级以上的地震，3.0 级以上的地震也少于另两个时段，但 30 年观测序列中最大的 4.1 级地震却发生在 1986 年。

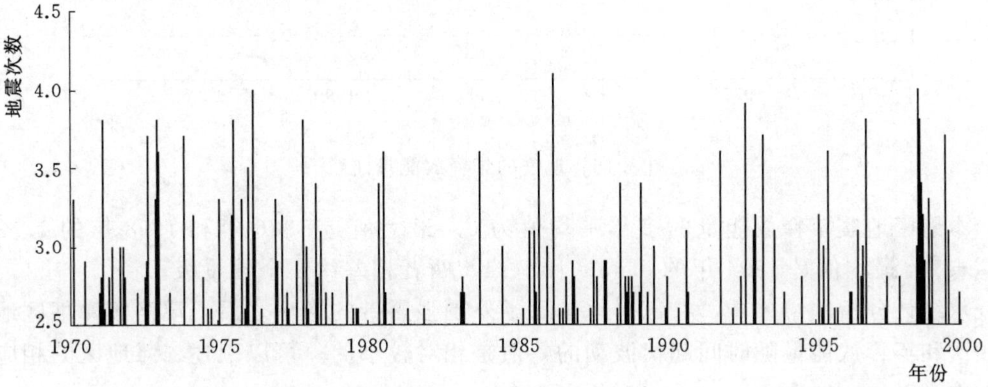

图 3.14 研究区内 $M_L \geqslant 2.5$ 级地震时序图

3.6.4.2 频次和释放能量的时间分布

图 3.15 为溪洛渡库区全部 209 次 $M_L \geqslant 2.5$ 级地震的年频次直方图，图 3.16 则为地震的年释放能量曲线。为方便对比，将这两幅图与地震时序图集中放在同一页上。

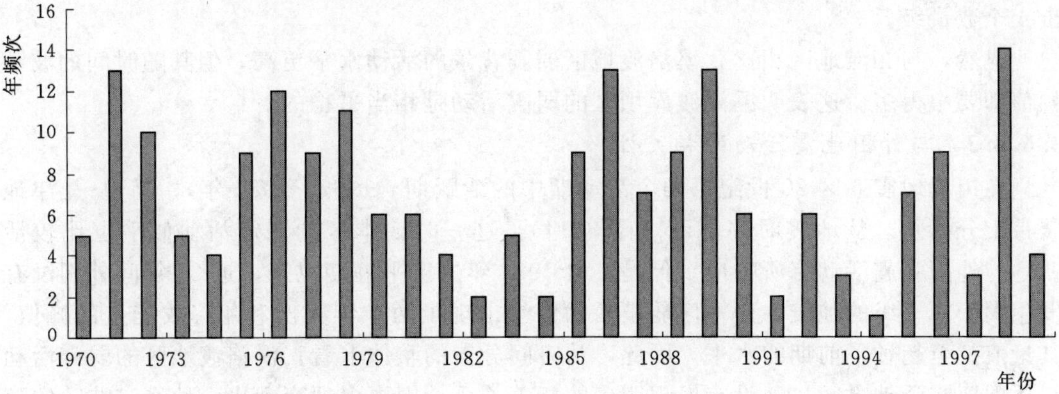

图 3.15 溪洛渡库区全部 209 次 $M_L \geqslant 2.5$ 级地震的年频次直方图

本地区 $M_L \geqslant 2.5$ 级地震的多年平均年频次为 7 次/年。最大值为 1998 年的 14 次/年，为平均值的 2 倍；年频次在 12 次以上的共有 5 年，大体均布在各时段内。最小值是 1994 年的 1 次/年，年频次在 3 次以下的有 6 年，集中在资料序列的中、后段。

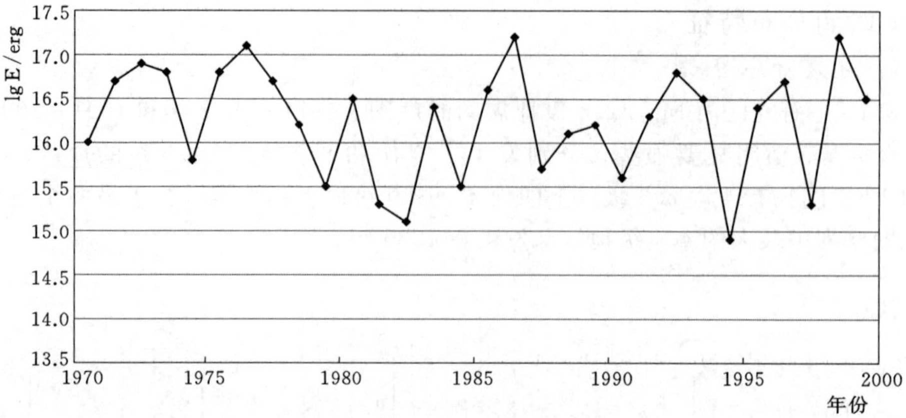

图 3.16　地震的年释放能量曲线

本地区地震年释放能量的多年平均值为 0。最大值是 1986 年和 1998 年的 1.62×10^{17} erg❶，最小值是 1994 年的 8.43×10^{14} erg，两者相差约 2 个数量级。

从统计分析的结果看，在部分地排除了外围强震带的影响之后，溪洛渡库坝区地震年频次和年释放能量随时间起伏波动的幅值是相对较小的。可以引述二滩地区的相应资料以作为对比。

二滩工程的统计分析是按库首段（共和断块及其边界断裂）和库中尾段（雅砻江断凹及其边界断裂带）分别进行的。$M_L\geqslant2.0$ 级地震年频次的多年平均值为 2.9 次/年和 4.1 次/年；最大值均为 13 次/年，相当于均值的 4 倍和 3 倍；最小年频次值均为 0 次。$M_L\geqslant2.5$ 级地震年频次的多年平均值未作专门统计，大体为 1.2 次/年和 2.9 次/年。年释放能量的最大值分别为 8.95×10^{16} erg 和 8.91×10^{17} erg，均比同一库段的最小值大出 4 个数量级。

显然，与二滩地区相比，溪洛渡地区弱震背景的活动水平更高，但其随时间的波动幅值却要小得多。这表明溪洛渡库坝区的弱震活动是相当平稳的。

3.6.4.3　与外围地震活动的相关性

在川滇地震亚区 20 世纪第四个活动期中的活跃期（1967—1981 年），马边-盐津地震带十分活跃。从地震时序上看（图 3.14），这一时期本区的弱震活动似乎也比较活跃，与外围强震活动有所呼应。但是，自 1982 年进入平静期以来，近 20 年间外围没有发生大于 6.5 级的地震，而本区弱震活动仍然出现了两个年频次和年释放能量的峰值，其量值甚至超过了前期的水平。因此，从时间分布的整体上看，溪洛渡地区的弱震活动与外围地震活动之间，并没有发现明确的相关关系，而更多地表现出一种稳定波动的随机背景的性质。

至于在这种弱震背景活动的随机波动中再去划分“平静期”和“活跃期”，不仅很难取得足够的样本数，而且也是没有实际意义的。

❶　$1\text{erg}=10^{-7}\text{J}$。

3.6.5 震级与频度的关系

震级与频度的关系，尤其是其中的 b 值，是地震活动性研究的一个重要参数。图 3.17 为溪洛渡库坝区弱震震级与累积频次的关系曲线。鉴于 $M_L<2.5$ 级的地震缺失严重，取 $M_L2.5$ 级以上各档的数据，用最小二乘法拟合求得 $b(M_L)$ 为 1.20，大致相当于通常采用的 $b(M_S)$ 值为 1.06。

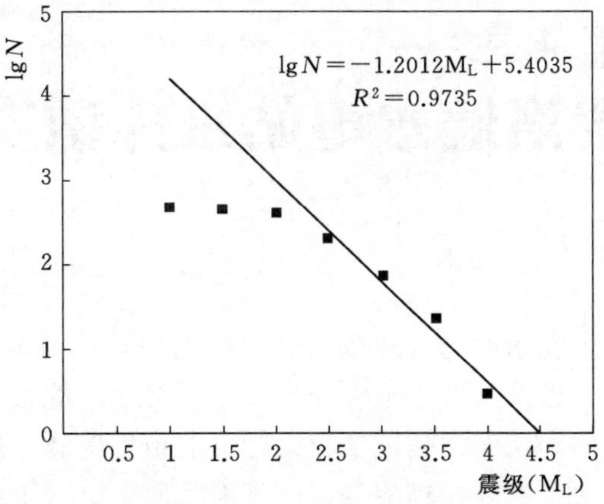

图 3.17 研究区弱震震级与累积频次关系曲线

以川滇地震亚区或略大一些作为统计区，不同的研究者求得的 b 值大体在 0.63～0.69 的范围内，表现相当稳定。川滇地震亚区周边的各强震带，按二代区划的统计，马边-昭通带的 b 值为 0.61，东川-嵩明带为 0.43，石棉-元谋带为 0.44，鲜水河地震带为 0.48。与这些数据相比，本区弱震 1.06 的 b 值也说明它具有以弱震微震为主的随机背景活动的性质。

3.6.6 讨论

天然地震的弱震分析，亦称天然地震本底分析，是判断蓄水后库区出现的地震是否为水库诱发地震的重要基础资料之一。本书的初步分析表明，溪洛渡工程及其外围一定范围内没有发现明确的中强以上地震的发震构造，地震带外的个别 5 级左右地震，其发生的时间和地点具有一定的随机性，一般情况下在地震危险性分析中已得到充分考虑。溪洛渡地区的弱震活动水平较高，但其随时间的波动相当平稳，变差范围较小，明显表现出以弱震微震为主的随机背景活动的性质。

然而，由于工程区地处偏僻，国家台网分布稀疏，加之资料收集困难重重，以致能得到的地震目录残缺不全，很难进行有效的分析。按照川滇地震亚区（即三代区划中的可可西里-金沙江地震带）20 世纪以来的活动规律，在工程施工和蓄水初期的一二十年中，出现新的地震活跃期的可能性极大，库坝区及其外围地震活动的性质会有什么变化，现时尚无法预料。如能早日设置工程专用的测震台网，将会对区域构造稳定性的研究评价、工程抗震设计和水库诱发地震的监测预测等，提供系统可靠的资料，将是比较理想的。

第 4 章 溪洛渡水电站水库诱发地震工程类比分析

在水库诱发地震的前期预测中，将所研究水库与已知蓄水后发生了水库诱发地震的，以及未发生地震的水库进行对比，综合评价它们在地震地质和工程地质条件方面的异同，从而评估该工程是否可能诱发地震，这种工程类比法是一种常用的、行之有效的方法。尤其在勘测设计的早期阶段，宏观工程类比法能较充分地考虑相似工程所积累的经验，合理确定有关参数的上限值，有利于进行安全、经济的抗震设计，得到工程技术人员的广泛接受。

溪洛渡库坝区位于上扬子台褶带，东邻四川盆地，西侧发育一系列巨大的南北向断裂带。本章将主要从台区盖层的地层组合及区域性断裂带与水库诱发地震的关系这两个方面进行讨论。

4.1 我国水库诱发地震的特点

自从 20 世纪 60 年代在广东新丰江发生水库诱发地震至今，我国有报道的水库诱发地震震例为 26 例（表 4.1），其中得到普遍承认的有 17 例，存在不同程度争议的有 8 例。最近有研究者认为，河北潘家口水库蓄水初期曾发生过浅层局部应力调整型的水库诱发地震。

表 4.1 中国水库诱发地震震例一览表

序号	水库名称	省份，河流	坝高/m	总库容/亿 m^3	发震时间	震级（烈度）	震中区岩性
1	柘　林	江西，修水	62	71.7	1972-10-14	3.2（Ⅴ）	岩溶化灰岩
2	黄　石	湖南，白洋河	40.5	6.12	1974-09-21	2.3（Ⅴ）	厚层灰岩
3	新　店	四川	26.5	0.29	1979-09-15	4.2（Ⅵ）	灰岩，岩盐
4	邓家桥	湖北	12	0.004	1983-10-30	2.2（Ⅵ－）	岩溶化灰岩
5	鲁布革	云南，黄泥河	103	1.11	1988-12-17	2.4（Ⅵ）	岩溶化灰岩
6	乌江渡	贵州，乌江	165	23	1992-05-20	3.5	岩溶化灰岩
7	铜街子	四川，大渡河	82	2	1992-07-17	2.9（Ⅴ）	玄武岩，灰岩
8	隔河岩	湖北，清江	151	34	1993-05-30	2.6	岩溶化灰岩
9	新丰江	广东，新丰江	105	139	1962-03-19	6.1（Ⅷ）	花岗岩

续表

序号	水库名称	省份，河流	坝高/m	总库容/亿 m^3	发震时间	震级（烈度）	震中区岩性
10	南　水	广东，南水	81.3	12.18	1970-02-26	3.0（Ⅴ）	岩溶化灰岩
11	南　冲	湖南，新泽河	45	0.135	1974-07-25	2.8（Ⅵ）	岩溶化灰岩
12	乌溪江	浙江，乌溪江	129	20.6	1979-10-07	2.8（Ⅴ）	花岗斑岩
13	大　化	广西，红水河	74.5	4.19	1984-11-19	1.6	岩溶化灰岩
14	东　江	湖南，耒水	157	81.2	1989-07-24	2.3	岩溶化灰岩
15	岩　滩	广西，红水河	111	24.3	1994-06-21	2.9	岩溶化灰岩
16	前　进	湖北，黄畈河	50	0.168	1971-10-20	3.0（Ⅵ）	岩溶化灰岩
17	丹江口	湖北，汉江	97	209	1973-11-29	4.7（Ⅶ）	碳酸盐岩
18	石　泉	陕西，汉江	65	4.7	1978-01	4.2（Ⅴ）	变质岩
19	佛子岭	安徽，淠河	74	4.7	1973-03-11	4.5	大理岩
20	龙羊峡	青海，黄河	178	247	1990-01-27	2.4	花岗岩
21	参　窝	辽宁，太子河	50	5	1974-12-22	4.8（Ⅵ）	混合花岗岩
22	冯　村	陕西，清浴河	30.75	0.113	1983-11	2.2	石灰岩
23	潘家口	河北，滦河	107.5	29.3	—	—	副片麻岩
24	盛家峡	青海，湟水河	33	0.045	1984-03-07—1996-04-21	3.6（Ⅵ+）	花岗岩
25	水　口	福建，闽江	100	23.4		3.8	花岗斑岩
26	曾　文	台湾，曾文溪	136.5	8.9		—	新第三系砂页岩

从表中震中区的主要岩性岩相看，18 例为碳酸盐岩类（包括同时存在玄武岩和副变质岩的 3 例），占总震例数的 69.2%；花岗岩类的 6 例，占 23.1%；层状岩体 2 例，其中潘家口坝区为太古界拉马沟组的副片麻岩（但库区有大面积碳酸盐岩出露），曾文水库为新第三系的砂页岩。也就是说，绝大多数震例发生在不同时期的盖层沉积岩环境中。

发生在花岗岩地区的 6 个震例，情况比较复杂。参窝震中区是前震旦纪结晶基底的混合花岗岩，盛家峡是加里东期花岗岩，龙羊峡是印支期的花岗岩岩基。另 3 例均发生在著名的东南沿海晚侏罗纪火山岩带分布区，其中新丰江库坝区为巨大的燕山期花岗岩岩基，水口震中区是花岗岩小侵入体和中酸性次火山岩，而乌溪江则是中酸性喷出岩和次火山岩。

3 次 Ms>4.5 级的水库诱发地震发生在规模较大的断裂带附近，约占全部震例的 10%：东江大断裂通过新丰江库坝区，参窝水库靠近郯庐大断裂北延的部位，丹江口水库汉江库段沿北西西向的均郧断裂延展，丹江库段有陈庄唐山断裂和上寺断裂通过。但应该指出，同在一条断裂带沿线的水库，诱发了地震的仍然只是个别现象。如新丰江与枫树坝同在东江大断裂沿线，但后者蓄水后未发生水库诱发地震；佛子岭附近发育有北西西向的金寨-西汤池断裂带和青山-晓天断裂带，而同样坐落在这两条断裂带上的河南鲇鱼山水库、安徽梅山、响洪甸、磨子潭和龙河口水库都没有出现诱发地震。类似的情况还有辽宁的参窝与汤河水库，陕南的石泉与安康水电站等。

4.2　玄武岩与水库诱发地震

在一定的大地构造和区域地层层组背景下，某些特殊地层分布区诱发地震的可能性，应该会有某些共性，并且可以与其他地区类似地层进行类比。

扬子准地台西部的峨眉山玄武岩是这样的特殊地层，一系列大型和特大型水利水电工程的坝址就坐落在峨眉山玄武岩上，或库区有大片玄武岩分布，如二滩、溪洛渡、白鹤滩、官地、锦屏等。在铜街子水电站出现诱发地震之后，玄武岩地区的诱震可能性更加引起我国研究者的关注。

4.2.1　峨眉山玄武岩的层组特征

从大范围的分布和产状来看，裂隙式喷发往往构成大面积的泛流玄武岩，峨眉山玄武岩即是一例。在泛流玄武岩中，单个岩流平均厚度 10～100m，流动距离可达 100～150km 以上。一个地区的玄武岩往往由几次或几十次喷发形成，喷发间隔时间可长可短，有的长达几十万年。裂隙式喷发通道经常表现为与玄武岩成分相仿的岩墙群，但它们往往被后来的岩流掩埋而不易被发现。中心式喷发则构成玄武岩火山锥及其邻近的熔岩流和火山碎屑岩。

峨眉山玄武岩系具有多个火山喷发韵律旋回，显示多期次的喷发活动。一次大的火山喷发，大体要经历强烈的中心式爆发→宁静的裂隙式溢流→间歇性喷溢的活动程序。因此，发育较完整的喷发旋回，底部由火山角砾岩或集块岩组成，厚度变化很大，中部为韵律式变化的厚大熔岩流，顶部见较多的凝灰岩或正常沉积岩夹层。根据喷发间断面或沉积岩夹层，不同地区可分出 2～6 个喷发旋回。每个旋回又可以细分成若干个喷发韵律。例如，二滩地区的火山岩系包括两大喷发旋回，10 个喷发韵律。

溪洛渡工程坝区的峨眉山玄武岩层总厚度 490～520m，分 14 个岩流层，单层岩流一般厚 25～40m，厚度最小的仅十余米，最厚的超过 80m，同一层岩流的厚度相对稳定。岩流层下部一般由坚硬致密的玄武质熔岩组成，其累计厚度占岩流层总厚度的 80%；上部为玄武质角砾（集块）熔岩，上下岩性渐变过渡。少数岩流层顶部分布极少量的火山角砾岩、玄武质凝灰岩或古风化层，喷溢间断面上未见正常沉积岩夹层。

4.2.2　峨眉山玄武岩诱震条件的讨论

根据峨眉山玄武岩的成因类型和基本性状，结合库水与地质体相互作用的特点，试对此特定岩类的诱震条件作一些讨论。

4.2.2.1　岩体的性状

玄武岩虽属喷发岩，但作为地台相沉积盖层中的一个组分，峨眉山玄武岩整体上应归入层状岩体的类型。这首先是因为它的底部以沉积间断面或古风化壳的形式与下伏的沉积岩层接触，顶部以整合或沉积间断面的形式与上覆的沉积岩层接触，具有正常的盖层层序。其次，玄武岩的每一个喷发旋回一般依次形成各自的火山集块岩、熔岩和层凝灰岩（或正常沉积岩）的层状结构，两个旋回之间常有由细碎屑岩或古风化壳形成的软弱夹层。再次，巨厚熔岩流内部不同韵律层反映了熔岩流之间成层叠置和突变的关系，而同一个韵律层之内则表现出熔岩冷凝过程中形成的渐变似层状结构。

玄武岩韵律的单层厚度较薄时，其层状岩体的属性更明显一些，不容易积累较高的应变能。但若一次喷发的规模较大、持续时间较长、岩体单层厚度达百米上下时，又可局部视之为脆性块状岩体，蕴藏的应变能也会更大一些，在河流快速下切导致卸荷不足的河段，蓄水后不排除出现一些微震。

4.2.2.2 水文地质条件

新鲜完整的致密状和斑状玄武岩是不透水的，主要的导水通道是冷凝裂隙和次生构造裂隙，它们一般限制在某个玄武岩流的层内，而不会切穿层面；气孔状玄武岩在形成初期有一定的透水储水能力（如第四纪玄武岩），在长期造陆运动中经受上覆地层的压密固结和水热作用之后，气孔充填胶结，渗透性降低（如峨眉山玄武岩）。玄武岩层间的风化壳和碎屑岩夹层等，通常也起着相对隔水层的作用。由此可见，峨眉山玄武岩整体上属于透水性微弱的地层。只有后期构造运动中形成的切层断层、裂隙密集带和层间错动带，才能构成玄武岩内的脉状裂隙水。

以溪洛渡工程为例，在玄武岩裂隙水系统中，地下水主要分布于层间、层内错动带及节理裂隙中。在河谷周边卸荷带范围内，岩体透水性明显增大，地下水呈不连续的裂隙网状分布，水循环作用活跃；卸荷带以里则为脉状水，水量极小，相互间的水力联系十分微弱。

4.2.2.3 水文地质结构的组合关系

峨眉山玄武岩之上的宣威组或龙潭组等地层是透水性微弱的层状碎屑岩，不利于库水渗透和孔隙压力的传递。

玄武岩之下的阳新灰岩，在玄武岩喷发之前已上升为陆，接受剥蚀和溶蚀，并形成古风化壳及其下的古岩溶层。阳新灰岩与玄武岩之间，常常有一薄层由细碎屑岩和细凝灰岩组成的软弱夹层，在喜马拉雅期的褶皱运动中有时还会发展成为具有一定构造意义的层间错动层。我们在二滩的水库诱发地震研究中，就曾对该“沉积间断面”导致水库诱发地震的可能性进行了讨论。溪洛渡坝区钻孔的详细研究揭示，灰岩顶部 60m 范围内发育有溶孔、溶隙，形成中等透水带，在坝区呈楔形分布，且随着阳新灰岩向下游及两岸埋深的增加而逐渐变薄尖灭。

玄武岩-软弱夹层-阳新灰岩的组合构成一种特殊的水文地质结构，在两硬夹一软的岩体组合中，下部的承压岩溶含水层作用于上覆的微透水层，加强了沿层面的水循环，使软弱夹层的泥化进一步恶化。在外界条件发生突然变化的情况下，就容易沿这一界面引起调整性的微弱活动。

因而，可以认为，峨眉山玄武岩岩体本身诱发地震的可能性极小。如果有区域性活断层通过库区，在一定条件下有可能发生构造型水库诱发地震，在这一点上，玄武岩与其他岩性没有实质性区别。阳新灰岩中有可能发生岩溶塌陷型水库诱发地震，沿阳新灰岩顶面（即峨眉山玄武岩底面）的层间错动也有可能发生浅表应力调整型水库诱发地震，但这两种情况与玄武岩都没有直接关系。

4.3　铜街子水库诱发地震浅析

4.3.1　铜街子库坝区水文地质结构单元的划分

了解铜街子库坝区水文地质结构单元的特点，对分析该工程水库诱发地震的成因是至关重要的。岩体中具有含水、导水能力的不连续结构面称之为水文地质结构面。水文地质结构单元的划分主要受主导水文地质结构面的控制。与铜街子库坝区水库诱发地震有关的水文地质结构单元主要是峨眉山玄武岩、阳新灰岩组合。

4.3.1.1　*坝区 $P_2\beta$ 表层卸荷带水文地质结构单元*

玄武岩出露地表的地段，在浅表生时效变形改造的作用下，卸荷带范围内的原生裂隙和构造裂隙产生次生张裂，经过风化，分别形成表层裂隙网状潜水含水层、浅部裂隙承压水带和局部承压脉状水。由于河谷地形相对开阔，卸荷比较充分，水文地质结构单元与地表水及河水之间的水力联系通畅，受库水影响十分直接、迅速，蓄水后会立即出现局部应力调整型的极微震活动，持续时间相对较长，数年后已逐渐平息。

4.3.1.2　*$P_2\beta$、C_1 夹层、P_1 层组水文地质结构单元*

与水库有关的有两段，一段由月儿崖经坝区向北至福禄盆地一带，另一段是大漩与柳安池两断层上盘的铜街子向斜一带。它们的共同特点是 $P_2\beta$ 底部的 C_1 夹层由接近地表逐渐下潜至 1km 左右，在这样的深度下，卸荷应力场逐渐消失，原有构造应力场成为主导。在这里，不仅玄武岩的原生裂隙仍保持隐闭状态，C_1 至 C_5 带的细碎屑岩也维持着成岩时期的压密胶结状态，不能形成有效的水文地质结构面。但 P_1 顶部的古岩溶层却可能因受浅表生卸荷作用的影响而出现一定程度的“活化”，即透水性有所增加，可能导致局部失稳现象的发生。

然而，隆升剥蚀山区卸荷应力场范围内的小型水文地质结构单元，不同于沉降区中的大型承压水盆地，其形成受到地表切割形态和深度、地层局部褶皱构造和断裂展布等条件的制约。铜街子水库的这两个单元，都是沿大渡河河谷由喻坝背斜向北、南两个向斜发展，两岸分布不宽，而顺河向延伸至 C_1 软弱夹层和 P_1 埋深超过 1km 的部位。这可能就是震中大体沿 P_1 顶部向坝址下游扩展并终止于福禄镇一带的合理解释。

4.3.1.3　*P_1 阳新灰岩裂隙-岩溶水文地质结构单元*

灰岩地层受侵蚀切割后，经过现代岩溶作用，形成裂隙-岩溶含水层。铜街子库区中段，由月儿崖至大漩断层一带具备这样的条件，岩溶发育中等，以溶穴、溶孔为主，蓄水后没有发现明显的地震活动。

4.3.1.4　*T_{1j} 嘉陵江灰岩*

铜街子水库上下游两岸岸坡上部可见嘉陵江灰岩分布，岩溶发育，形成独立的水文地质单元，与库水没有直接接触，与阳新灰岩也没有水力联系，福禄镇一带的地震与嘉陵江灰岩中的岩溶现象无关。

4.3.2 铜街子水库诱发地震特点分析

据不完全统计，我国在玄武岩分布区兴建的大型水库不下 20 座，但玄武岩与库水直接接触的只有 7 座。在峨眉山玄武岩分布区的有云南毛家村水库、云南曲靖独木水库、四川铜街子和二滩水库；第四纪中心式喷发玄武岩分布区的有山西册田水库、吉林丰满和白山水库。这些水库中，只有铜街子发生了水库诱发地震。

铜街子水电站最大坝高 82m，库容 2.0 亿 m^3，满蓄时新增水头不到 40m。该地区处在由四川盆地向西部中、高山峡谷区的过渡地段，新生代以来表现为一定幅度的断块掀斜抬升。坝址位于大渡河的开阔河段上，谷宽 400 余米，谷中发育两条深槽；库区为 V 形的青杠坪峡谷。地层以缓倾为主，形成舒缓的小型褶皱；除穿过库尾的五渡-利店断层长约 50km 外，库坝区不存在规模较大的断层，它们的最新一次活动均在中更新世的中晚期。区内天然地震活动微弱，最大为 1967 年福禄镇附近的 4.8 级地震。大坝坐落在峨眉山玄武岩上。坝区及库首的玄武岩总厚约 200m，分为 5 个喷溢旋回，各轮回之间都夹有一层厚度不大的火山碎屑——正常沉积过渡相物质，形成软弱夹层，次生发展为层间错动带，分别称为 C_1 至 C_5 带。P_1 与 $P_2\beta$ 界面上的 C_1 层间错动带，厚 1.5～2m，自下而上由黏土岩、页理状泥灰岩、劣煤和碳质页岩等组成。中部的泥灰岩被搓揉至碎屑或小角砾状，有赋水和透水的性能；上下层软岩出现连续泥化带，厚 3～15cm 不等，软塑而黏性强，相对隔水。库区以 P_1 阳新灰岩和 $P_2\beta$ 玄武岩分布最广，P_1 灰岩中现代岩溶发育中等。C_1 层在大部分库段均高于库水位，仅在库尾和库中段铜茨镇一带淹没于库底；在大漩断层以北的库首段，C_1 层沿库岸水边分布，至坝前月儿崖潜入库底，坝址处约在谷底以下 150m 左右，并随喻坝背斜向北倾伏，埋深渐渐增大，再无出露。

铜街子水库于 1992 年 4 月 5 日开始蓄水，6 日便在坝址区记录到地震。从 1992 年 4 月至 1995 年 5 月 31 日，该地区发生 2.0 级及其以上地震共 233 次，其中最大地震为 1992 年 7 月 17 日发生在坝址下游福禄镇一带的 3.5 级，铜街子水库 1992 年 4 月 5 日—1995 年 5 月 31 日 2 级以上震中分布图见图 4.1。

从图中可以看出，地震的发生主要集中在以下 3 个区：坝址区、大坝下游福禄镇以及水库中段的铜茨，这 3 个地区自水库正式蓄水至 1995 年 5 月底，2.0 级以上地震的时序见图 4.2。

从图 4.2 中可见，福禄镇区地震的发生主要集中在 1992 年 6—8 月，9 月以后已不多见。坝址区自蓄水以来震情持续，衰减比较缓慢。库区铜茨一带地震稀少，可能与沐川 1993 年 8 月 7 日、1994 年 12 月 30 日和 1995 年 4 月 26 日，先后发生 M_S5.0 级、Ms5.7 级和 Ms5.1 级三次天然地震活动有关。

综上所述，铜街子的水库诱发地震很可能属于地壳表层卸荷型水库诱发地震，没有看到明显的现代构造活动的背景。它可以分为两部分：坝区小范围属于极浅层强卸荷带的应力调整现象，对水位变动十分敏感，延续时间也较长，目前已逐渐平息；坝下游直

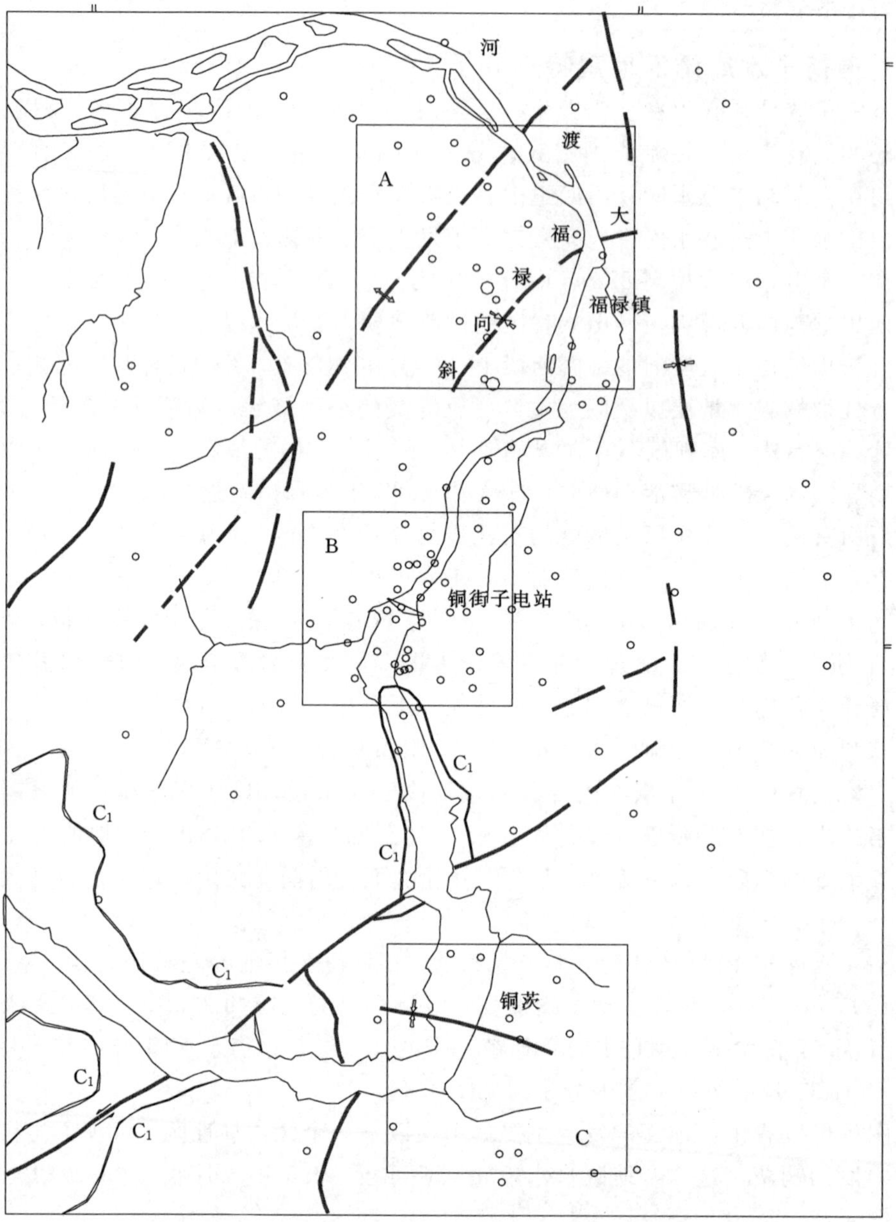

图 4.1　铜街子水库 1992 年 4 月 5 日—1995 年 5 月 31 日 2 级以上震中分布图

至福禄镇一带，横河方向上与相对宽阔的河谷底部卸荷带有关，顺河向由直接水力联系到下游影响所及的范围，垂直深度上与 C_1 面和 P_1 上段特别是其顶面有关，而与下古生代地层没有确定的联系，这部分水库诱发地震具有“一次性”的特点，即在库水位首次接近正常高水位前后迅速达到高潮并发生了最大地震，随后急速衰减平息，总共延续仅 3 个月左右。铜茨附近的小震是不是水库诱发地震，抑或属于沐川三次中强震外围的影响，还有待分析更大时空范围内的微震资料后，才能作出判断。

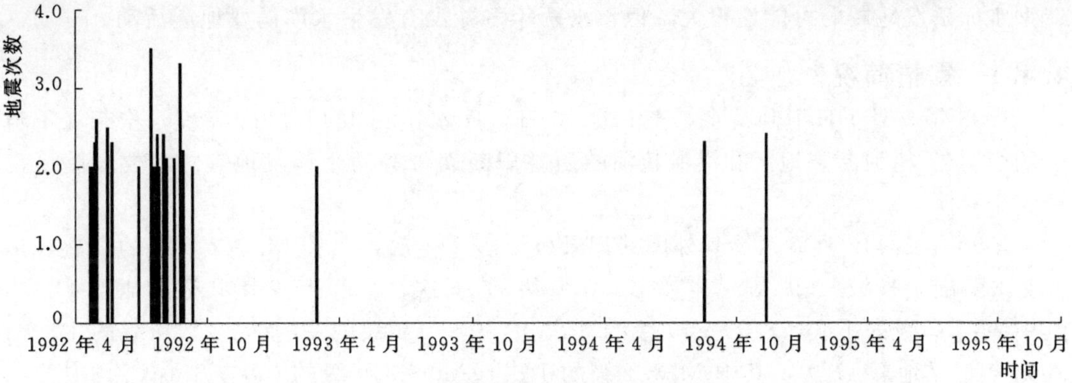

(a) 福禄镇一带水库诱发地震 M－T 图

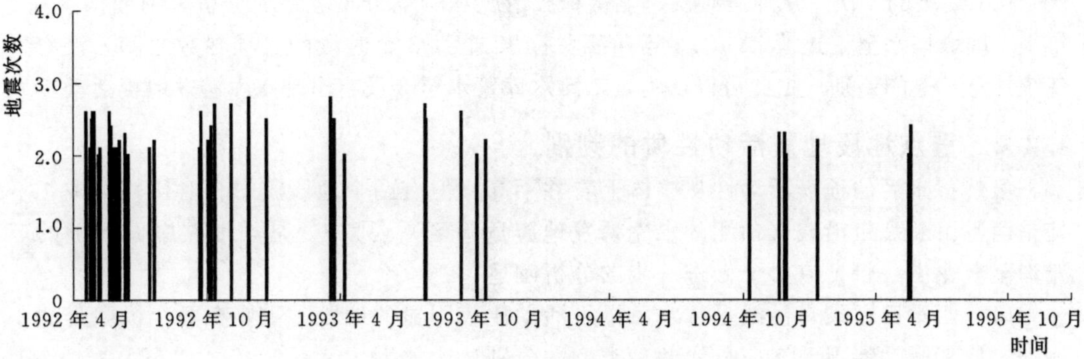

(b) 坝址区水库地震 M－T 图

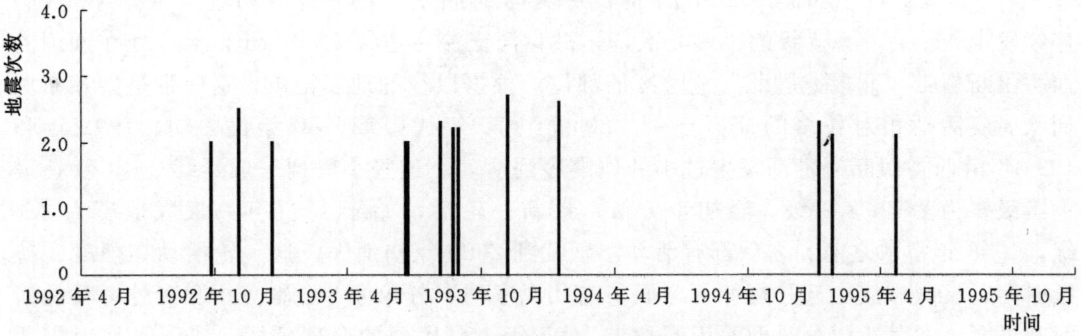

(c) 库中段铜茨一带地震 M－T 图

图 4.2　铜街子水库 3 个震中区 2.0 级以上地震的时序图

4.4　二滩水电站蓄水后地震活动的性质

二滩水电站是建在地震地质条件复杂地区的巨型工程，库坝区处在共和断块和雅砻江断拗的范围内。区域性的雅砻江断裂带在坝址以东 8km 处通过，库区多处淹没该断裂带，库尾则穿过另一条区域性的金河-箐河断裂带；规模较小的西番田断裂带构成共和断块的西界，被水库沿橄鱼河的支汊淹没。水库诱发地震前期预测中认为该库诱发构造型水库诱发地震的可能性很大，但蓄水两年多并没有发生水库诱发地震活动。

4.4.1　震情简况

1998 年 5 月 1 日下闸蓄水，至 5 月 15 日，库水达到 1114.87m 高程，雅砻江干流上的李明久-树河断裂地区和沿橄鱼河的西番田断裂带等两个诱发地震的主要危险区已经完全淹没。

1998 年 5—12 月库区及其外围共记录极微震 113 次，其中 $M_L \geqslant 2.0$ 级的 3 次，最大为 2.7 级，1.0～1.9 级的 34 次，<1.0 级的 76 次；1999 年全年共记录地震 41 次，其中 $M_L 3.5$ 级的 1 次，2.0～2.9 级的 8 次，1.0～1.9 级的 20 次，<1.0 级的 12 次；2000 年记录地震 17 次，其中 $M_L 3.1$ 级的 1 次，2.0～2.9 级的 6 次，1.0～1.9 级的 9 次，<1.0 级的 1 次。从地震频次、能量释放情况和时空分布等方面分析，围堰挡水前 2 年半、围堰挡水至正式蓄水的 4.5 年和蓄水后 32 个月 3 个时段的各项参数之间，没有发现统计意义上的差别。据此可以认为，二滩水库蓄水至今没有出现水库诱发地震活动。

4.4.2　重点地段地震活动性质的判别

虽然蓄水后的地震活动性从整体上看并不高，但有两个地段震中相对比较集中，一处是西番田断裂带沿线（预测的水库诱发地震危险区），另一处是坝址左岸偏下游的三滩沟至金龙山一带，有必要做进一步的分析阐述。

（1）西番田断裂带沿线是蓄水后微震活动比较明显的地段，主要有两个极微震的小序列，从其活动特点看，应分属两种类型，分别讨论如下：

1）5 月 17 日 10 时至 18 日 22 时的一天半时间里，在龙胜乡附近的一个小范围，连续发生 $M_L 1.6$～0.5 级的小震 6 次，距橄鱼河支流库边线 8～10km，恰好处在预测的西番田断裂带“北段龙胜北”危险区的部位。根据以往的地震记录，这一带是共和断块周缘弱震活动相对较多的地区之一。20 世纪 70 年代中期、80 年代中期、1992 年和 1994 年沿西番田断裂带都发生过小的地震序列活动。这些小序列一般延续 2～4 年，最大震级多为 2.5～3.1 级。经初步分析，最新一轮活动始于 1997 年，最大地震为 2.6 级，1998 年蓄水之前和之后都有活动，延续到 2000 年初消失。这一轮活动在强度、持续时间、衰减和震中迁移规律等方面与前几次序列十分相像。资料分析和野外考察的情况都说明，龙胜小震群是西番田断裂带 1997 年小震序列的合理延续，属于天然地震活动，与二滩水库蓄水没有成因上的联系。

2）1998 年 6 月 27—30 日在盐边县橄鱼乡的茶海一带发生一个小序列，4 天内记录到 20 多次极微震，震级以负级居多，最小仅−1.6 级，只有一次达到 1.1 级。从空间位置看，震中位于橄鱼河北岸一条沿断层发育的小支沟中库水淹没区的末端；从发震时间看，恰遇蓄水以来库水位首次短期下降再回升的过程中；从延续时间看，6 月 30 日以后普降大雨，水位加速上升，但茶海一带却没有再发生地震。可以认为，这是库水上升过程中淹没某些特定地段而引起库岸局部失稳的反映。

（2）1998 年 7 月下旬至 8 月下旬，在坝址左岸的三滩沟沟头和金龙山一带发生了近 20 次极微震，其中 7 次当地部分人有感，2 次超过 2 级。由于其位置就在坝区附近，各种不稳定因素十分复杂，对其性质和可能成因开展了多方面的访问调查，分析了大坝10km范围内以往的地震活动情况。初步认为，这些微震处在共和断块南缘与盖层接触的部位，属于天然地震活动的可能性较大，可以看到与上述西番田断裂带沿线的小震活动有一定的构造成生联系。另一方面，也还不能排除局部地段一次性卸荷调整的可能性。1998年8月份以后的跟踪监测表明，该处一直没有再记录到新的地震活动，当地居民也没有新的震感反映，现已可肯定它们不属于典型的水库诱发地震活动。

（3）蓄水以来，原预测主要的李明久-树河断裂危险区、次要的库尾金河断裂带危险区以及其他几个库段，地震活动都比较微弱分散，略低于多年平均水平。

4.4.3　关于构造型水库诱发地震的前期预测

前期预测诱震可能性很大而蓄水后没有发生水库诱发地震，二滩水电站是一个典型的事例。建于安宁河断裂带上的冕宁大桥水库，虽然蓄水时间不长，迄今也没有明显的异常地震活动。溪洛渡工程外围的龚咀水电站，坝址上游有二峨山断层、下游有五渡—利店断层，距大坝均在3km左右，库尾则有峨边-金阳断裂带通过，蓄水20余年未出现水库诱发地震。铜街子库尾淹及五渡-利店断层，亦未发现水库诱发地震。溪洛渡工程以南，云南昭通地区的渔洞水库，库区及坝址下游分别有北东向的渔洞断层和洒鱼河断层通过，1996年底蓄水后，坝区设置的地震台记录到大量振动信号，经过多方面的详细分析，证明它们与断层的活动无关，不是水库诱发地震的表现。

这些事例再一次表明，建于区域性断裂带附近的水库，蓄水后发生构造型水库诱发地震的概率是比较小的，低等级断层的危险性就更小。诚然，前期预测的水库诱发地震极限震级本身就是概率极小的特殊事件，它表达的是极端不利的地震地质条件下大坝或库区环境可能遭受的极限影响，本章4.1节中提及的10%的比例确实不容忽视。但是，二滩、龚咀等工程的经验又启示我们，对于断层活动性和地震地质条件的评价，应采取严密谨慎的态度，认真现场取证，认真分析论证，尽量避免过分夸大构造型诱发地震的危险性。

4.5　溪洛渡坝区水库诱发地震可能性的讨论

溪洛渡坝址区至永盛、新滩一线，在水文地质结构划分上类似于铜街子水库，具体水文地质结构单元对比剖面图见图4.3。有关的水文地质结构单元同样是峨眉山玄武岩、阳新灰岩组合。从上文的分析中可以发现，铜街子水库诱发地震的空间分布主要受C_1水文地质结构面的控制，震级大小取决于库水可能的影响范围和C_1层局部错动卸荷的可能性。从这两方面来看，溪洛渡地区截然不同于铜街子。

首先，在渗压向下游传递的途径上，溪洛渡水库与铜街子水库相比存在明显的差异。铜街子坝址下游，大渡河基本上是沿着喻坝背斜，即福禄向斜的东南翼展布。水库蓄水后，新增水头所产生的附加静水压力顺喻坝背斜倾伏端向下游传递，达到福禄镇向斜的核部。福禄镇一带水库诱发地震的发生，很有可能是这种原因。

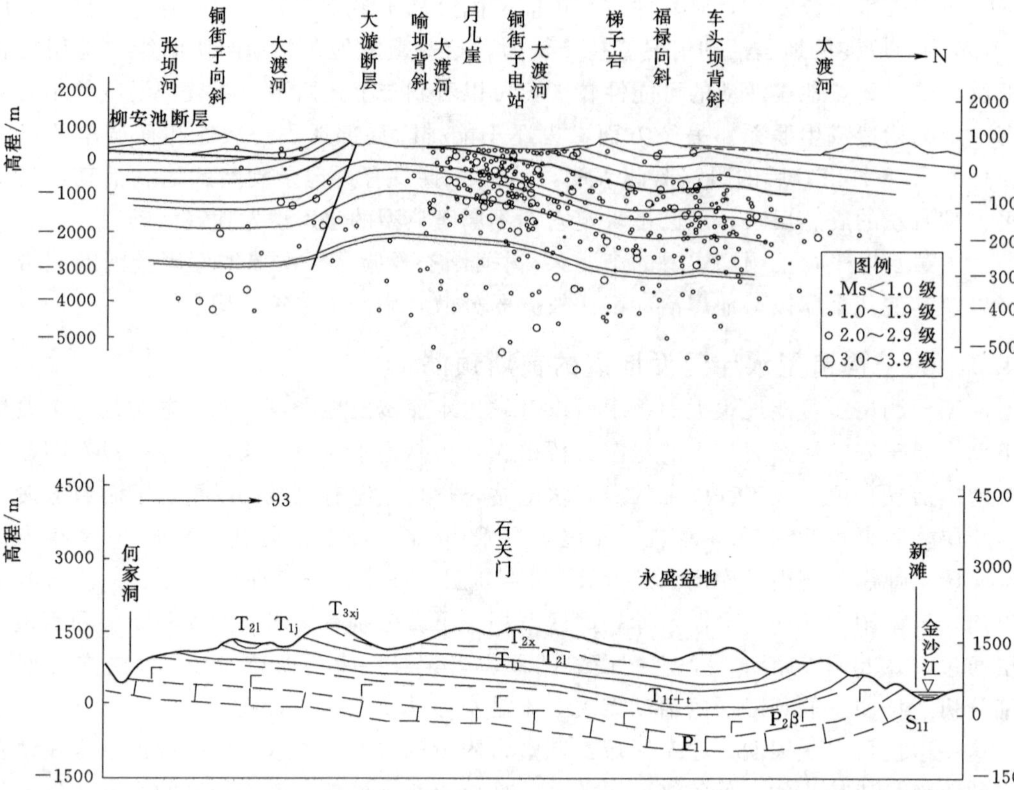

图 4.3　铜街子、溪洛渡库坝区水文地质结构单元对比剖面图

从溪洛渡坝区及下游地质简图（图 4.4）中可看出，溪洛渡坝区与下游新滩之间为永盛向斜。该向斜的核部最新地层为三叠系-侏罗系的碎屑岩，向斜轴与渗压传递方向近于垂直。新滩处江水高程 350m，建坝后水头差 250m。从剖面上分析，从下二叠阳新灰岩的顶部向下游渗漏的可能性不大。这是由以下原因造成的。

（1）坝前下二叠统灰岩从豆沙溪开始以倾角 5°～10°埋藏河床之下，坝区埋深 90～150m，推算到杨家岩高程 50m，至永善一带该层项板高程已在－500m 以下，上覆岩层厚 1600 余米。在这种条件下，裂隙及岩溶都不会发育。据 00300 部队在坝区钻至灰岩的六个钻孔，仅在八段岩芯中有极其微弱的溶蚀现象，主要是沿裂隙面见有细小的溶迹，长度一般不超过 3cm，深度不超过 2mm，呈树枝状，在钻进过程中没有掉钻及大量渗水现象。溶蚀底界高程为 158m，也就是岩溶发育的下限为地面以下 150m 左右。据成勘院在坝区钻至灰岩的两个钻孔，揭露灰岩高程 242m 和 245m，岩芯中有溶蚀现象。压水试验结果单位吸水量和渗透系数随深度增加而减小，量级与玄武岩相当，单位吸水量一般小于 0.1L/(min·m^2)，渗透系数一般小于 0.1m/d。在 150m 以下 ω 值一般小于 0.01L/(min·m^2)，基本上属于不透水层，当然在－500m 以下的灰岩其透水性就更加微弱。

（2）黄毛坝背斜范围小，仅 20km^2，岩层倾角东翼 70°～75°，西翼 25°～45°，基本

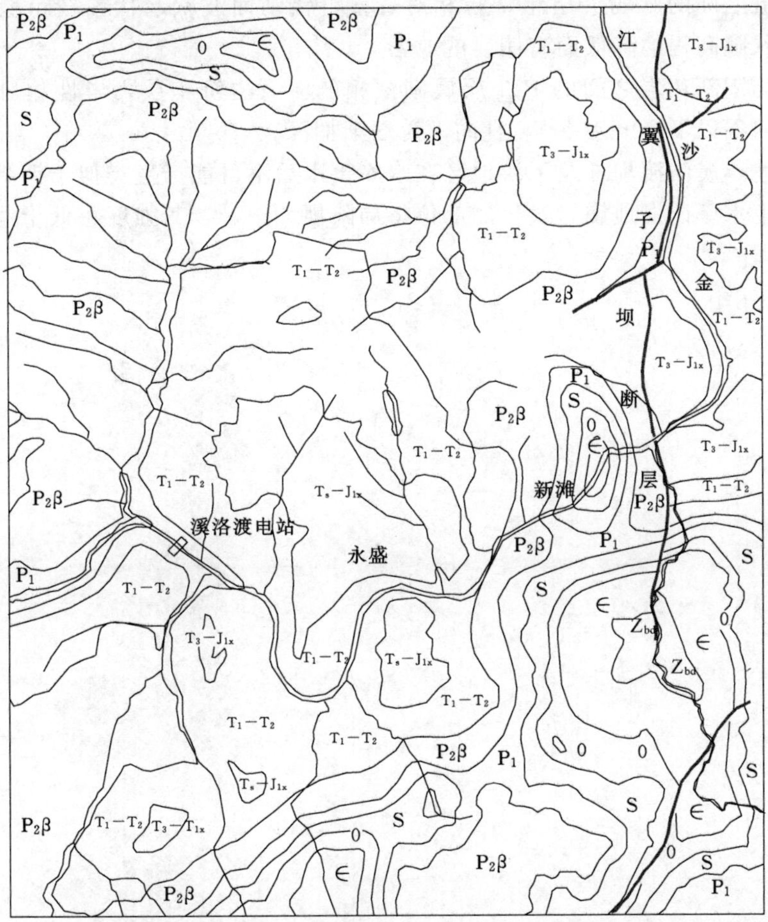

图 4.4 溪洛渡坝区及下游地质简图

上分布在河谷两侧谷坡上，地形坡度一般在 40°左右，不可能形成一个强径流系统，没有见到大型地下水露头，地下水主要成局部循环，不可能产生大范围的径流联系。加之新滩早期和现代都没有成为排泄中心，从而进一步说明，豆沙溪岩溶管道延伸新滩的可能性不存在。

(3) 建坝蓄水后，增大的静水压力是否会促使灰岩中的裂隙延伸扩大，目前还没有定量的评价方法。在此我们作一个粗浅的估算：库水位高程 600m，比蓄水前水位提高 225m，也就是静水压力每平方米增加了 225t，相当于 22.5 个大气压。而二叠系下统灰岩上覆岩体原始平均压力相当于 400 个大气压，再加上侧部围岩的压力作用，远远大于库水位提高的静水压力，在这种条件下，建坝蓄水后的静水压力不可能对深部裂隙的扩大产生影响。

其次，铜街子坝区由于地形相对开阔，卸荷比较充分，C_1 至 C_5 软弱夹层层间错动和后期张开明显，特别是 C_1 层，受其下部 P_1 古岩溶层承压水的影响，泥化软化现象更加严重，这有利于在静水作用的情况下产生局部卸荷错动现象。与之相比，溪洛渡玄武岩各次熔岩流之间的软弱夹层粗颗粒相对较多，错动面波状起伏，较粗糙，局部胶结好，且其性状随高程的降低而有明显的改善。

玄武岩与阳新灰岩之间的 $P_2\beta_n$层属湖沼相的泥页岩沉积层，岩性相对软弱，但坝区埋深已在河谷以下 80～100m，且向下游逐渐加深。

综上所述，溪洛渡坝址及下游地区在水库蓄水后不可能产生类似于铜街子水库的震情，即便发生水库诱发地震，发生的部位将局限坝址一带，其强度将低于铜街子水库。

第 5 章
溪洛渡库区诱震环境分区

水库诱发地震是水库区的主要工程地质问题之一，又是环境评估的一个重要方面。从工程建设的实践出发，对水库诱发地震的研究和论证，应该结合水利水电工程勘测设计和建设的不同阶段，由浅入深，提出不同的要求；水库诱发地震危险性评价，应该由前期定性的意见，逐步深化至采用定量或半定量评估的表达形式，便于设计和工程人员在实际工作中使用。

在水库诱发地震研究的早期，主要依靠专家的定性评价来估计可能的危险性，并提出有关设防的建议。这样的做法至今还在许多国家流行。然而，由于受个人经验的限制，又缺乏普遍公认的工作方法和判别准则，往往采取比较保守的态度，不必要地加大了抗震设防的安全裕度，很多情况下难于得出可信度较高的结论。特别是一些地震地质条件比较复杂的工程，意见纷繁，莫衷一是，长期争论不休，个别情况下甚至成为影响工程最终决策的因素之一。

20 世纪 80 年代初，我国开始对某些重大水利水电工程进行系统的水库诱发地震前期论证工作，以调查外围的区域地质构造背景和库坝区的地震地质条件为基础，通过分析具体的诱震条件，有针对性地提出发震可能性、发震地段、可能最大震级、对大坝和环境的可能影响等预测性意见，为工程的抗震设计提供定量或半定量的依据。80 年代中期，笔者结合三峡工程的需要，总结不同单位在水库诱发地震前期论证工作中的经验和最新进展，参照我国确定基本烈度及地震小区划的现行方法和国内外近年发展起来的地震危险性分析方法，并充分考虑水库诱发地震自身的特殊规律，提出一套逻辑上比较严密、工作步骤上充分程式化的水库诱发地震危险性评价方法，使获得的成果能与天然地震危险性评价具有可比性和相近的可信度，从而能在坝址地震危险性评价中综合考虑天然地震与水库诱发地震的联合作用，较好地满足了抗震设计的要求，并在许多工程项目的前期工作中得到了推广。

现结合溪洛渡水电站的具体情况，对水库诱发地震危险性评价的方法和步骤简述如下。

5.1 水库诱发地震危险性评价的方法和步骤

5.1.1 水库诱发地震的成因分类和判别标志

水库诱发地震是人类大规模水利水电建设工程活动与地质环境中原有的内生或外成

不稳定因素相互作用的结果，是成因类型不同、最大强度和对工程的危害差别很大的一大类工程地质现象的总称。按成因分类，可划分为内成成因、外成成因和混合型三大类型。

内成成因的水库诱发地震是指由于蓄水改变了某些地块构造运动原先的进程，导致库区地震活动性明显变化（加剧或减弱）的现象，其中又可分成两个类型：

（1）构造破裂型，增强亚型；

（2）构造破裂型，减弱亚型。

外成成因的水库诱发地震是指由于蓄水改变了外力地质作用的条件，导致地表局部范围内不良自然地质作用加剧，而伴生的地震现象，其中又可分为以下五类：

（1）碳酸盐岩类岩溶塌陷型；

（2）地壳表层卸荷型；

（3）冻裂型；

（4）易溶岩溶解塌陷型；

（5）滑坡崩塌型。

混合型的水库诱发地震是指在同一库段或水库的不同地段，同时或先后出现几种成因类型不同的水库诱发地震，它们之间可能相互影响，也可能互不联系。

不同成因类型的水库诱发地震，其发震条件必定有所不同。也就是说，水库诱发地震必然存在有多种判据，而不会是单一的。在各种成因类型的水库诱发地震中，构造破裂型中的增强亚型有可能达到较大的强度，给工程带来破坏，是最重要的一类；碳酸盐岩类岩溶塌陷型则是最常见的一类。现将它们的主要判别标志分别归纳如下。

1. 构造破裂型（简称构造型）水库诱发地震

（1）区域性断裂（高等级大地构造单元之间的边界断裂）或地区性断裂（低等级构造单元的分界断层）通过库坝区；

（2）断层有现今活动（Q_3 以来）的直接地质证据；

（3）沿断层线有可靠的历史地震记载或仪器记录的地震活动；

（4）断裂带和破碎带有一定的规模和导水能力，有可能成为通往地质体深处的水文地质结构面；

（5）断裂带与库水直接接触，或通过次级旁侧断层、横断层等与库水保持一定的水力联系。

这五条判别标志中，前三条是诱发构造型水库诱发地震的地质构造基础，第四条指必要的水文地质环境，第五条则反映了库水作用的途径和方式，它们构成一个整体，运用时必须统一考虑，综合分析。

2. 碳酸盐岩类岩溶塌陷型（简称岩溶塌陷型）水库诱发地震

（1）库区有大面积的碳酸盐岩分布，其中包括某些地层厚度较大且质纯的厚层块状灰岩；

（2）现代岩溶作用发育，可见明显的岩溶管道系统，蓄水前已有天然岩溶塌陷或岩溶地震的记载；

(3) 一定的气候和水文条件；

(4) 合适的岩溶水文地质结构条件。

在这里，第一条是岩性基础，第二条指示岩溶发育的阶段，第三条提出有利于在管道系统中出现强烈的水动力作用的外部条件，它们综合表示出可能发生岩溶塌陷型水库诱发地震的大环境。最后一条则是判断发震库段和具体部位的关键标志。

5.1.2 评价流程

对于具体的水利水电工程而言，水库诱发地震的危险性评价工作大体可分为三个阶段（步骤）进行。

第一阶段，主要内容是库坝区诱震环境的分区和重点库段水库诱发地震危险性的匡算，目的在于初步定性评价拟建水库蓄水后是否可能诱发地震，以及可能诱发地震的库段和强度。着重从地质环境的角度判明能否发生超过坝区基本烈度的水库诱发地震。一般情况下，这些工作配合工程的可行性研究阶段进行。

第二阶段，是在初步定性评价中认为水库诱发地震的影响有可能等于或超过地震基本烈度的情况下，对诱震可能性较大的地段逐一进行工程地质和地震地质论证，详细核查当地的具体诱震条件，进一步判定发震地点和合理的发震强度，并对可能出现的危害作出定量或半定量的评价，直接为水工抗震设计工作提供必要的参数。

第三阶段，是施工和运行初期的工作，主要目的是监测和分析蓄水前后地震活动性的变化，验证前期评价意见。若蓄水后震情出现明显变化，则需立即组织力量，从自然条件和工程本身特性两方面开展补充研究，作出地震发展趋势预测和大坝实际抗震能力评估，并据之提出工程抗震对策建议，为有关部门决策提供技术依据。

本书上篇相当于上述第一和第二阶段的工作，结合溪洛渡水库及其外围地区的基本地质条件，笔者拟定的具体工作流程见图 5.1。

5.1.3 诱震环境分区原则

水库诱发地震危险性评价工作的第一步，应该是结合该工程区域构造稳定性研究和水库区工程地质调查的成果，综合分析已查明的地震地质条件，从实际存在的诱震环境出发，对整个库区进行宏观工程地质分区，亦可称为库坝区诱震环境分区。这种宏观的工程地质分区对于大型水库尤为重要，因为一般说来，大型水库的库盆范围较大，常常跨越不同构造单元，即使是同一地质构造单元，也因岩性、岩体的完整程度、水文地质条件等方面的差异而具有不同的诱震环境和诱震条件。通过诱震环境分区，可以从整体上掌握库区诱震条件，正确选择需要重点论证的库段，防止主观臆断，避免疏漏。

在进行水库诱震环境分区时，主要考虑的因素有以下几个方面：

(1) 组成库区的岩层，包括地层和岩体性状两方面；

(2) 地质构造，包括研究区所处的大地构造部位、褶皱构造、断裂构造，断裂构造可分为区域性断裂、地区性断裂和地方性断层等；

(3) 水文地质条件；

(4) 地震活动，包括强震活动、微震活动与基本烈度等；

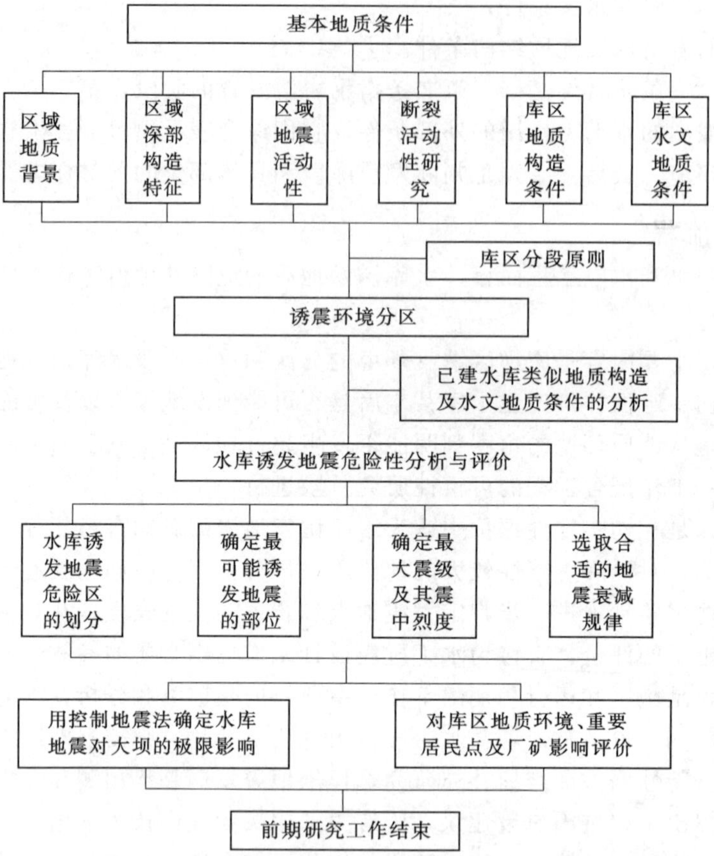

图 5.1　溪洛渡水库诱发地震危险性评价工作流程图

（5）其他，如河谷形态、自然地貌形态、不良自然地质现象等。

水库诱震环境分区所需要考虑的范围，一般可限于距库岸 3～5km，最远不超过 10km。特殊地带，范围可适当扩大。

将划分出来的每一个工程地质区段，分别与相应的水库诱发地震地质类型进行比较，并考虑各库段到大坝的距离、蓄水深度等因素，逐段定性地评价其诱发地震的可能性和可能强度，在此基础上，综合评价水库诱发地震对坝址区水工建筑物和库区地质环境的可能影响。

5.1.4　水库诱发地震危险性评价

震例统计资料表明，绝大多数已发生的水库诱发地震，没有超过当地天然构造地震对建设场地的影响。然而，20 世纪 60 年代，世界上连续发生了四起 M_S6.0 级以上的水库诱发地震，超乎人们的意料之外，使大坝遭受一定的破坏，造成震中区人民生命财产的损失。除希腊克瑞马斯塔水库原来就在地震活动强烈的地区外，其他三处的水库诱发地震都超过了当地的最大历史地震，也超过了当时人们对该地区天然地震活动性的估计。此外，还有一些中等强度的水库诱发地震，其震级也超过了当地最大历史地震。

有鉴于此，国外有一种做法，即采用控制地震法确定场（坝）区的地震动参数时，选取一个影响最大的远震，一个影响最大的近震和一个影响最大的水库诱发地震，在考虑它们衰减规律有所不同的基础上，分别计算其对水工建筑物的地震影响，再取其中影响最大者，作为抗震设计的控制参数。

大多数情况下，水库诱发地震不成为抗震设计的控制因素。但当可能诱发地震的地点距场（坝）区很近时，在一定的地震地质条件下，水库诱发地震有可能上升为抗震设计中的控制地震，在水库诱发地震危险性评价中，不能随意忽略这种可能性。按照图5.1的工作程序，在库坝区诱震环境分区的基础上，必须用控制地震法估算水库诱发地震对大坝和库区环境的极限影响。此项工作一般分为以下几个步骤：

（1）水库诱发地震危险区的划分，确定最可能诱发地震的部位；

（2）确定可能诱发的最大震级及其震中烈度；

（3）选取合适的地震衰减公式；

（4）估算水库诱发地震对大坝的极限影响；

（5）评价水库诱发地震对库区地质环境、重要居民点及厂矿的影响。

如果某个库段水库诱发地震对坝区的影响大于或等于地震基本烈度，应该在初步设计阶段做进一步复核，对水库诱发地震和天然地震的综合影响进行定量或半定量的计算评估，为抗震设计提供必要的参数。如果预计可能诱发地震的各个库段，用控制地震法求出对坝区的影响均小于其地震基本烈度，说明水库诱发地震在抗震设计中并没有起控制作用。

5.2 库坝区地质条件

5.2.1 地貌概况

溪洛渡工程在区域地貌上位于青藏高原和云贵高原向四川盆地过渡的斜坡地带，地势总体呈西高东低之势，山脉走向受地质构造控制，以近南北及北东向为主。区内山高谷深，山势巍峨。金沙江总体呈北东向流经本区。其切割深度大于1000～1500m，谷坡陡峻，河道狭窄，河床平均坡降1‰。

根据区域内地形地貌的发育特点、成因类型、地表径流的切割程度和高程等因素，本区可分为特征明显不同的四大地貌单元，详见1.7节新构造运动特征。

溪洛渡库区由于金沙江下切强烈，层状地貌表现不明显。河流阶地及水平溶洞发育不完整，只是在库区的个别地段，比如大兴、对坪等地尚存Ⅳ、Ⅴ级阶地。而在上游的白鹤滩库区，最多可见Ⅶ、Ⅷ级阶地。

5.2.2 岩性特征

组成溪洛渡库盆的岩性有碳酸盐岩、碎屑岩、玄武岩和变质岩四大类型。二叠系上统峨眉山玄武岩主要分布于坝址、黄坪、对坪及库尾一带，为一套灰色、深灰色致密块状玄武岩、含斑玄武岩、斑状玄武岩及火山角砾熔岩；前震旦系变质岩主要分布于对坪到牛栏江口之间，为一套灰绿色、灰黑色石英绢云母千枚岩、变质绢云母石英粉砂岩。以上两者占总面积的10%左右。碎屑岩主要包括志留系、三叠系和泥盆系，在库区分布广泛：志留系为一套灰色、灰黄色、黄绿色砂岩、粉砂岩、泥岩、页岩夹泥灰岩及泥质灰岩；三叠系下统飞仙关组为一套紫红色砂岩、粉砂岩、泥岩夹泥灰岩；泥盆系地层只在库中、尾段有分布，三者占总面积的32%左右，是库区相对隔水层。上述岩性不利于水库诱发地震的发生。

不同时期的碳酸盐岩包括震旦系上统灯影组、寒武系、奥陶系中统及二叠系下统，分布最为广泛，占库区总面积的53%左右。灯影组为一套灰、深灰色块状白云岩、白云质灰岩及泥质白云岩。寒武系和奥陶系为一套灰岩、泥质灰岩、白云岩、白云质灰岩与砂岩、粉砂岩及页岩成互层状产出，单层厚度不大。二叠系下统阳新灰岩为一套厚层、质纯的灰岩及生物碎屑灰岩，主要分布在库首段。根据我国现有的水库诱发地震震例来看，发生在碳酸盐岩地区的水库诱发地震占总数的50%以上，说明碳酸盐岩是较有利于产生水库诱发地震的岩类。但其诱发地震的强度与岩溶发育的程度密切相关。这也是在水库诱发地震危险性评价中首要考虑的地质因素。

5.2.3　构造

库坝区从前震旦系到侏罗系的所有地层均卷入了不同期次的褶皱构造运动，它们对山脉、水系的走向以及对地下水的富集具有一定的控制意义。该区宏观构造形态主要表现为北东向及南北向褶皱、断裂的组合。

与库水有关的主要断裂构造有莲峰断裂、金阳断裂，马颈子断层、上田坝断层、硝滩断层、蚂蝗沟断层、臭水井断层和西溪河断层；主要褶皱有石板滩背斜、上田坝向斜、王家田坝背斜、高枝坝向斜、老营盘向斜、小田坝背斜、觉梯背斜以及松树坪向斜。它们在水库诱发地震危险性评价中的意义，将在第 6 章中结合各个库段的具体情况作详细的讨论。此处不再赘述。

5.2.4　水文地质条件和岩溶发育特征

溪洛渡地区位于中低山与高山区的过渡地带，河流下切强烈，山高谷深，因而水文地质单元相对较小，完整的补—径—排只限于局部范围。该区地下水以裂隙水和岩溶水为主，裂隙水主要分布于断层带及峨眉山玄武岩中，岩溶水主要存在于震旦系、寒武系、奥陶系及二叠系下统的灰岩中，水的富集程度与其所处的构造部位有关。往往大型褶皱的核部及逆断层的上盘靠近断层带的地方是地下水汇集的主要场所。

本区的志留系地层为相对隔水层，切断了岩溶含水层之间的水力联系，形成多层水文地质结构。在没有断层切割连通的情况下，各含水、透水岩层有其相对独立的补—径—排系统。

就库区出露的碳酸盐岩而言，下二叠统的阳新灰岩是区内岩溶发育相对较强烈的地层，部分地段可见岩溶洞穴及岩溶管道系统，但均局限于岸坡浅层数百米范围内；其次是中奥陶统灰岩的岩溶发育中等，以溶孔、溶沟及小的溶洞为主，岩溶管道不发育；震旦系和寒武系中的灰岩，由于泥质含量高、厚度不大，与碎屑岩类呈互层状产出，岩溶发育微弱。但在断层带附近，岩溶发育程度中等，个别地段还形成具有一定规模的岩溶管道系统。

5.2.5 不良地质现象

库区调查发现库区主要的不良地质现象分为三类：滑坡、库岸崩塌及危岩体。

在溪洛渡库区发育大大小小的滑坡体总共60个，其中与库水有关的、稳定性较差的滑坡体共有11处（表5.1）。滑坡的发育与地层岩性关系密切。在库区范围内，一般志留系地层只要倾向临空面，该处岸坡就不很稳定，形成规模不等的滑坡体，如干海子滑坡、易子村滑坡、麻地湾滑坡等均与该套地层的存在有关。

表5.1 溪洛渡水库区稳定性较差的滑坡一览表

编号	名　称	体积/万 m^3	前/后缘高程/m	编号	名　称	体积/万 m^3	前/后缘高程/m
1	干海子滑坡	4500	388/640	7	鲁机滑坡	9800	
2	易子村滑坡	7700	428/800	8	卷义堂滑坡	1300	505/750
3	干田坝滑坡	8800	540/1300	9	花坪子滑坡	1300	510/1100
4	任家田坝滑坡	8700		10	麻地湾滑坡	3700	559/910
5	付家坪子滑坡	2400	500/1130	11	冯家坪滑坡	2600	600/980
6	大枫湾滑坡	3900	600/1300				

金沙江峡谷岸坡陡峻，由于张性卸荷裂隙作用，形成局部岩体崩落。这种现象在金沙江及其支流两岸比较普遍，崩落体大小不一，最大方量可达几百立方米。尤其在金沙江的峡谷段，危岩体也到处可见，特别是在豆沙溪沟、热水河乡、西溪河入口一带的峡谷段危岩体规模相当可观，路旁可见最近发生的崩落体。

5.3 溪洛渡库区诱震环境分区

在简要阐明库坝区地质条件的基础上，根据5.1节关于构造型水库诱发地震和岩溶塌陷型水库诱发地震的判别标志，按照诱震因素的不同，将溪洛渡库区划分为七个库段（图5.2），分别分析其诱震条件，评价其诱发地震的可能性。

各个库段的地层岩性、地质构造、水文地质条件、地震活动、地貌和不良地质现象将在第6章中专门论述。现将七个库段的诱震条件及可能性简要分述于下。

1. 坝址—吴家田坝（Ⅰ库段）(23km)

该库段断层不发育，诱发构造型水库诱发地震的可能不大。二叠系下统的阳新灰岩质纯、单层厚度大，岩溶比较发育，但库水位以下具有一定规模的现代岩溶管道系统并不发育，因而诱发大的岩溶塌陷型水库诱发地震的可能性不大，但不排除诱发个别极微震的可能。

2. 吴家田坝—黄华（Ⅱ库段）(33km)

出露地层比较齐全，岩层倾角较陡，岩溶不发育。峨边-金阳断裂带与库水多处交

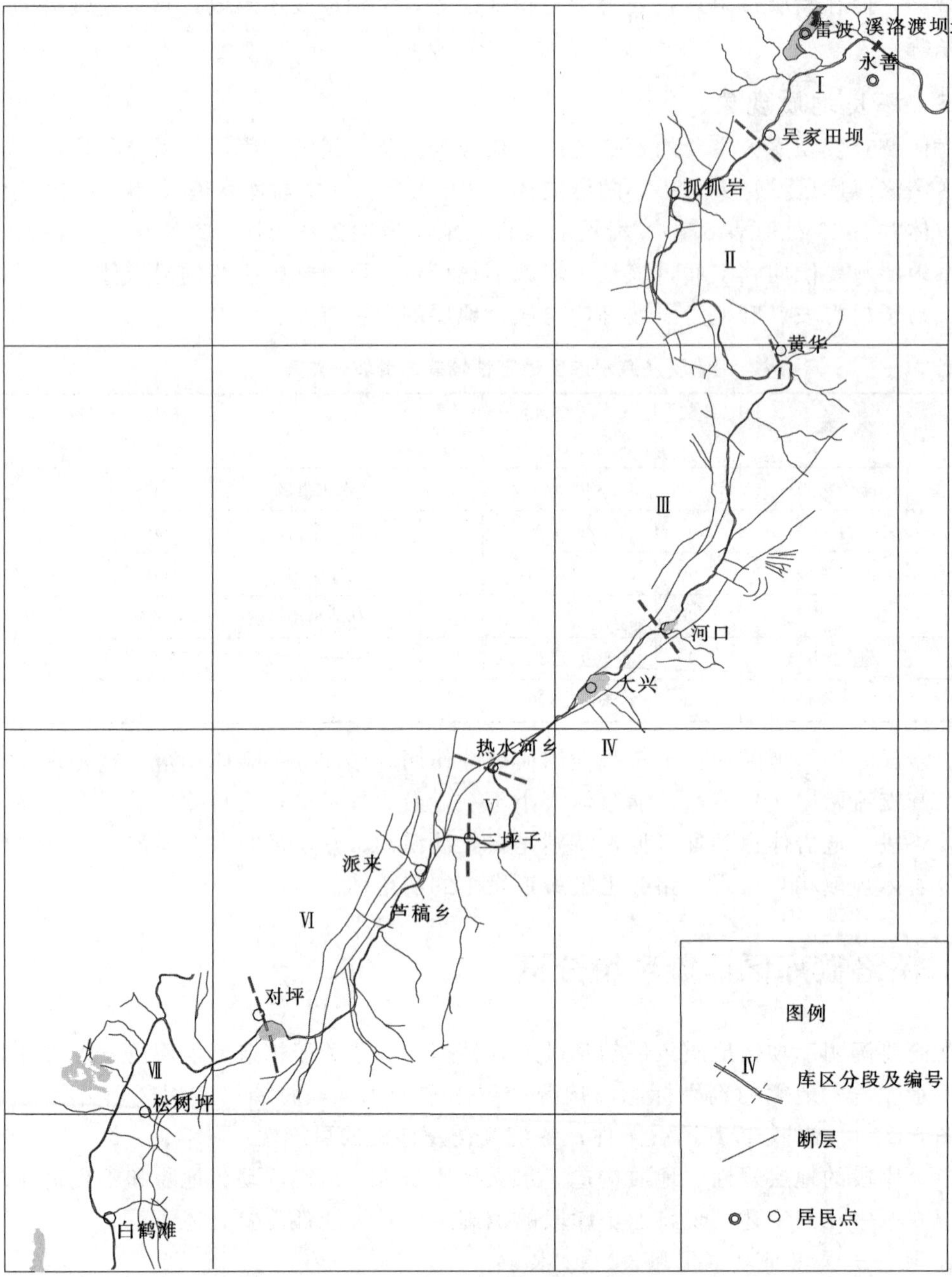

图 5.2　溪洛渡库区诱震环境分区示意图

切，沿断裂带有温泉出露，说明断裂带具有一定的导水性，水库蓄水可能对其现今的应力状态产生某种程度的影响，不排除诱发构造型水库诱发地震的可能。

3. 黄华—河口（Ⅲ库段）(34km)

该库段岩溶、断层均不发育，所以诱发岩溶塌陷型和构造型水库诱发地震的可能不大。但在库岸的个别地段，由于高陡边坡及危岩体的存在，水库蓄水可能诱发零星卸荷型极微震。

4. 河口—热水河乡（Ⅳ库段）（23km）

该库段总体岩溶不发育，仅在个别地段可见规模不大的岩溶洞穴，故诱发大规模岩溶塌陷型水库诱发地震的可能性不大。莲峰断裂斜切库区，但该断裂整体的现今活动性不强，故诱发构造型水库诱发地震的可能也较小。金沙江强烈下切，在个别地段，由于高陡边坡及危岩体的存在，水库蓄水可能诱发零星卸荷型极微震。

5. 热水河乡—三坪子（Ⅴ库段）（11km）

该库段岩溶、断层均不发育，所以诱发岩溶塌陷型和构造型水库诱发地震的可能不大；但在库岸的个别地段，由于高陡边坡及危岩体的存在，水库蓄水可能诱发零星卸荷型极微震。

6. 三坪子—对坪（Ⅵ库段）（34km）

出露地层比较齐全，岩层倾角较陡，岩溶不发育。莲峰断裂与金阳断裂在金阳河口处交汇在一起，交汇处有温泉出露，说明具有一定的导水性，水库蓄水可能对其现今的应力状态产生某种程度的影响，不排除诱发构造型水库诱发地震的可能。

7. 对坪—白鹤滩（Ⅶ库段）（39.5km）

该库段岩溶不发育，诱发岩溶塌陷型水库诱发地震的可能不大。只有西溪河断层通过库区，该断层现今不活动，故也不可能诱发构造型水库诱发地震。但在库岸的个别地段，由于高陡边坡、滑坡体及危岩体的存在，水库蓄水可能诱发零星卸荷型极微震。

第 6 章
溪洛渡库区各区段水库诱发地震危险性评价

溪洛渡水电站属高坝大库，回水长度接近 200km，库区地质构造条件复杂，诱震因素多种多样，即使在同一库段，也可能有不同成因的诱震类型。

根据我国现有的水库诱发地震震例来看，主要类型有岩溶塌陷型和构造破裂型，其中岩溶塌陷型水库诱发地震在所有震例中占 50%左右，构造破裂型占 40%，其他占 10%左右。因而对库区进行水库诱发地震危险性评价时，首先考虑碳酸盐岩的分布情况，调查分析地质构造对地下水运动特征的控制作用，从而查明在特定部位岩溶发育的程度及所处的发育阶段，水库蓄水是否会对其原有的径流条件产生影响等；其次考虑的是与库水有直接或间接水力联系的断层，调查分析该断层带的导水情况，是否具有深水文地质结构面的特征以及断层的现今活动性。现就我国自 20 世纪 60 年代新丰江水库诱发地震几十年来的工作经验并结合当今世界对水库诱发地震研究的最新成果，总结归纳出岩溶塌陷型水库诱发地震和构造型水库诱发地震的特点，应用于溪洛渡库区水库诱发地震危险性评价中。

6.1 岩溶塌陷型水库诱发地震特点分析

6.1.1 岩溶发育的基本条件

岩溶是否发育取决于两方面的因素：一是内因，这就是必须有可溶岩的存在；二是外因，这包括可溶岩必须是透水的、具有侵蚀能力的水及水是流动的。这四个因素是岩溶发育的必要条件，缺少其中任何一个，溶蚀过程就不会继续进行。

首先要有可溶岩的存在，这是岩溶发育的先决条件。这里所指的可溶岩是指在我国分布面积较广的碳酸盐岩，包括石灰岩、白云岩和大理岩。碳酸盐岩由不同比例的方解石和白云石组成，并含有泥质、硅质等杂质。实验表明，纯方解石的溶解速度约为纯白云石的两倍，故纯灰岩的溶蚀最快，白云岩次之，硅质与泥质灰岩较难溶蚀。

其次是岩石的透水性，它是岩溶发育的一个必要条件。碳酸盐岩的初始透水性取决于它的原生孔隙与次生裂隙。通常其原生孔隙度可达百分之几，但是孔隙通常细小，连通性不好，对透水性起的作用不如裂隙大。碳酸盐岩初期的透水性主要取决于构造裂隙的发育程度。厚层质纯的灰岩，构造裂隙发育很不均匀，各部位的透水性差别很大，溶蚀作用集中于水易进入与流动的裂隙发育部位，这是其岩溶发育极不均一的一个重要原因。而薄层的碳酸盐岩，通常裂隙发育比较均一，层厚限制了水的流动，且一般含杂质较多，故岩溶发育比较均匀而不强烈。泥质灰岩的构造裂隙张开性差，不溶的泥质充填裂隙会阻碍水的循环流动，它的透水性及岩性成分，都不利于溶蚀作用。

第三，水应有侵蚀能力。碳酸钙与水相互作用，其反应式如下：

$$CaCO_3 \rightleftharpoons Ca^{2+} + CO_3^{2-} \tag{6.1}$$

$$CO_3^{2-} + H_2O \rightleftharpoons HCO_3^- + OH^- \tag{6.2}$$

碳酸钙在纯水中的溶解度很低，在常温下（25℃）时的溶解度仅为14.2mg/L。但当水中溶有 CO_2 时，CO_2 和 H_2O 反应，生成 H^+ 和 HCO_3^- 离子：

$$CO_2 + H_2O \rightleftharpoons H_2CO_3 \rightleftharpoons H^+ + HCO_3^- \tag{6.3}$$

其中的 H^+ 和式（6.2）中的 OH^- 结合，形成水，这打破了式（6.2）的电离平衡，使得反应向右进行，这样水中的 CO_3^{2-} 同时减少，这又打破了式（6.1）的电离平衡，也使反应向右进行，这样 $CaCO_3$ 进一步溶解。

从上面的分析可知，水对碳酸盐岩的溶蚀能力主要取决于其所含 CO_2 量的多少。

最后，岩溶发育强弱还取决于地下水的径流强度。在水流停滞的条件下，随着 CO_2 不断消耗，达到化学平衡状态，水成为饱和溶液而完全丧失其侵蚀能力，溶蚀作用便告终止。只有当地下水不断流动，富含 CO_2 的渗入水不断补充更新，水才能经常保持侵蚀性，溶蚀作用才能持续进行。

6.1.2 影响岩溶发育的因素

从大的范围来讲，气候是影响岩溶发育的一个重要因素。但对于某一局部地区而言，各种自然地理及地质因素的差异却起着主要作用，它们是通过影响地下水的径流从而控制岩溶发育的。

当地质构造与地貌因素的组合有利于地表大气降水补给碳酸盐岩并有地下水排泄出路时，地下水流强烈，岩溶也就发育。

地形决定着补给与排泄区的位置，通过控制地下水径流方向，影响岩溶管道乃至地下暗河系统的发育方向。褶皱的轴部及断层带由于构造裂隙比较发育，透水性较好，有利于地下水的汇集与排泄，岩溶也就相对发育。

6.1.3 岩溶发育阶段与水库诱发地震

水库蓄水导致库区水文地质条件的改变，这是碳酸盐岩地区诱发水库诱发地震的主要原因。岩溶当前所处的发育阶段不同，碳酸盐岩体内地下水赋存和补排条件就不相同，库水对其可能产生的作用也不同，诱发地震的可能性及其强度自然也就不同。

（1）溶孔、溶隙阶段。这是岩溶发育的初始阶段，大气降水沿构造裂隙和层面下渗，对可溶组分进行溶蚀，形成规模不大的溶孔、溶隙，其间仍由近乎闭合的裂面相连，地下水属裂隙水或孔隙—裂隙水，流态呈层流状，岩体的渗透系数不大，库水位的升降只会引起岸坡地下水位的缓慢调整。水库蓄水在这类库段中是不会引起岩溶塌陷型水库诱发地震的。

（2）溶隙和个别漏斗、溶洞阶段。谷坡某些地段的溶隙进一步扩大，开始出现机械磨蚀和局部的坍塌作用，形成个别的落水洞、漏斗和不长的水平溶洞，它们组成范围不大、相对孤立的岩溶水系。从整体来看，地下水仍属于岩溶-裂隙水的类型。库水位升降除引起地下水位的变化外，还会造成岩溶洞穴被库水倒灌或排空。在这类库段中，诱发大规模岩溶塌陷型水库诱发地震的可能性不大，但不排除某些地段出现少量极微震。

（3）岩溶管道系统阶段。初始渗透性的差异决定了水流条件的差异，造成差异性溶蚀，差异性溶蚀又进而加强了渗透性的差异，为进一步的差异性溶蚀创造条件。当宽大的裂隙改造成为一定规模的溶蚀管道以后，水流由层流转为紊流，以其所携带的泥沙冲蚀扩大通道。溶蚀管道扩大成为洞穴后，便将发生重力崩塌，进一步扩大规模。在水流的长期改造下，可溶岩中空隙的比例明显增加，空隙尺寸变大，大小空隙的尺寸悬殊（既有小于 1mm 的孔隙与裂隙，也有直径数十米的巨型洞穴）。渗透性良好且极不均匀，是强烈岩溶化含水岩层特点，岩溶水的一系列独特性质，均与此有关。这种管道系统，有一部分发育在地下水位以下，形成压力管道流，但大部分处在包气带和水位变幅带中，平时细流涓涓或干涸无水，进入雨季后水流成倍增加，特别是遇到大暴雨时，地表水很快渗入地下，沿着垂直和水平的岩溶管道系统，汇聚成汹涌急流，奔腾而下，具有很大的机械破坏力，有时遇到管道断面突然变窄的地段，水流受阻，动能转变成压力波，逆流而上，所造成的水击效应更增加了洞壁的不稳定。

兴建水库会给水文地质条件带来很大的改变，使岩溶管道流的天然状态和洞穴的稳定性受到很大影响，诱发地震的可能性就比较大，震级以微震和极微震为主，有时也会出现 3～4 级的弱震，常常以密集小震群的形式，在同一地段重复发生。

（4）不同阶段或不同期次岩溶叠加发育的情况。在一段相对稳定时期之后，侵蚀基准面再次加速下移时，稳定期形成的岩溶管道系统相对抬升，远离新的地下水面，逐渐干涸而停止发展；同时在新的侵蚀基准面附近及其谷坡，又开始新一个轮回的岩溶发育过程。由于这个原因，一个地区的岩溶往往具有成层性和多期次性，不同期次的岩溶有时处于不同的发展阶段。在某些特定的地形、地层、构造条件下，几个期次的岩溶管道系统互相贯通，形成由几个水平段和几个近垂直段组合而成、延伸很长、总体水力坡降较大，而出口又在现今侵蚀基准面附近的巨大岩溶管道系统。在这种情况下，诱发岩溶塌陷型水库诱发地震的可能性较大。

（5）发育晚期的岩溶。可分为两种情况。一种是高岩溶台面上的峰丛-洼地区，地表已不存在完整的水系，高度发育的岩溶管道系统目前也不再积极活动，或逐渐被充填，或成为现代岩溶地下水系的补给区。另一种情况是，地表逐渐夷平的宽谷—残丘区，先前的地下暗河与浅层地下水组成统一的平缓潜水面，虽然库水位升降时也会对其产生影响，但已很难造成强烈的机械侵蚀，导致岩溶塌陷，这种情况发生岩溶塌陷型水库诱发地震的可能性也很小。

（6）深部岩溶和古岩溶。一般位于当地侵蚀基准面以下，处于充水（潜水或承压水）状态，岩溶洞穴不同程度被充填，地下水运移缓慢，水的侵蚀能力很弱，它们也不会导致诱发岩溶塌陷型水库诱发地震。

综上所述，并非岩溶发育的地区都会诱发水库诱发地震，也不是库水愈深愈容易诱发地震。岩溶塌陷型水库诱发地震必须具备两个基本条件，一是在谷坡包气带和水位变幅带中存在着现在活动的、具有强烈水动力作用管道流的岩溶洞穴系统；二是库水的升降能极大地改变原有岩溶管道系统的水动力条件。可见，只有处在上述（3）（4）两个发育阶段的岩溶区才是岩溶塌陷型水库诱发地震的危险区。

6.2 构造型水库诱发地震与水文地质结构面的关系

6.2.1 水文地质结构面的定义

不连续结构面中具有一定含水性和导水性的，可称之为水文地质结构面。在水库诱发地震研究中，只有那些与水库库盆或盆底的潜水含水层有直接水力联系（直接连通）的水文地质结构面，才能在库水和深部地质体之间起到沟通作用，才是有意义的。

6.2.2 水文地质结构面的分类

从水库诱发地震研究的需要出发，可以按水文地质结构面由地表向下发育的深度，或者说，按库水影响向下传递可能达到的深度，把它们划分成四个等级。不同等级的水文地质结构面与岩体中不同成因和不同等级的不连续结构面有密切的内在联系。现将水文地质结构面的类型分列如下。

（1）表层水文地质结构面。由地表至几百米的深度，大体与谷德振划分的Ⅲ、Ⅳ和Ⅴ级不连续结构面相对应。主要是指岩体中经后期愈合作用的、规模不大的喜马拉雅期以前的老断层；经风化卸荷作用而张开的各类原生的构造节理、裂隙；岸边卸荷裂隙、河谷底下的缓倾角裂隙，现代岩溶地层、岩溶洞穴系统，以及人类活动造成的某些坑、洞和爆破裂隙等。它们的分布范围局限在地表风化带和卸荷带上部，包括了水位变幅带和潜水含水层；人类工程活动的主要场所，绝大部分在此范围内。

（2）浅水文地质结构面。发育深度由几百米至1～2km，大体上相当于谷德振划分的Ⅱ级结构面的大部分和少数较大的三级结构面。各级构造单元内部的小断层（长度不超过20km）；与地区性断裂带伴生的一部分低等级断层；经后期愈合作用的喜马拉雅期以前的老区域性断裂带；延伸较稳定的构造破碎带、裂隙密集带、岩脉侵入界面；经褶皱变动的某些含水地层或层面，以及与褶皱构造伴生的次级断层、层间错动、背斜轴部裂隙密集带等，可能构成浅的水文地质结构面。

（3）深水文地质结构面。发育深度几至十千米，相当于谷德振所列的Ⅰ级不连续结构面和规模较大的Ⅱ级不连续结构面。地质体中相当于三（四）级构造单元边界的地区性活动断裂带（盖层深断裂和隆起区的某些基底断裂）；与区域性断裂带伴生的一部分低等级断层；规模较大、延伸长而稳定，且有现代热液活动的岩墙岩脉的破碎接触面或裂隙接触面；受后期构造运动影响出现错动面的基底与盖层之间的不整合界面等，都有可能形成深的水文地质结构面。

（4）超深水文地质结构面。发育深度10～20km或更深，只能由规模巨大的Ⅰ级不连续结构面构成。地质体中与之相应的有：基底断裂、地壳断裂等相当于一、二级大地构造单元边界的区域性活动断裂带；有现今岩浆或热液活动的岩基、岩盘等大型火成岩体与围岩的挤压破碎接触带、裂隙型接触带等。只有它们才有可能构成通向地壳深部的超深水文地质结构面。

我们把深水文地质结构面和超深水文地质结构面划分成两个类别，并不是因为它们在深部水文地质条件上有重大区别。从现有水库诱发地震震例资料看，即使存在几十千米深的导水通道，库水影响的传递深度也只限于 3～5km，最多不会超过 10km。

这样的划分，主要基于区域地震地质背景的考虑。超深水文地质结构面往往与区域性的控震、孕震断裂带相关联，有可能诱发强烈地震；深水文地质结构面则与低等级构造单元的边界相关联，其相应的构造结构面至多仅为地区性的发震断层，一般诱发弱至中等强度的地震，只有在某些特殊条件下才会发生强震。

6.2.3　水文地质结构面与水库诱发地震

根据水文地质结构面的理论，兴建水库以前库坝区不同的水文地质条件，决定了蓄水后水文地质条件的可能变化，以及库水与地质体相互作用的类型和性质。不同等级的水文地质结构面，它们传递库水影响的深度、与库水相互作用的方式、可能诱发的水库诱发地震的成因机理和最大强度等，都存在着明显的差异。这样，查明水库地区是否具备某些特定的地质和水文地质条件，就可以成为判别是否可能诱发地震，以及估计发震地点和最大地震强度的一种依据。

1. 表层水文地质结构面

该类型的水文地质结构面，在其发育范围内，构造应力场的作用不明显，侵蚀（卸荷）、风化、山坡再造、岩溶等外动力地质作用占主导地位，引起的地震效应多半局限于微震和极微震，特殊情况下也可能出现个别弱震。现有水库诱发地震震例中大部分应属于这种情况。

2. 浅水文地质结构面

浅水文地质结构面的发育深度大体上相当于卸荷带的中下部，并向下延伸至卸荷应力场与区域构造应力场之间的过渡区段。在此区段范围内，外动力地质作用的影响已不明显，张开的垂直或水平卸荷裂隙逐渐消失，岩体透水性极为微弱。库水的主要影响应该是重载作用和孔隙压力的增加，它们叠加在原来就很不均匀的卸荷应力场之上，引起某些特殊部位局部应力调整而诱发少量极浅震。这类地震并非区域构造应力释放的表现，其强度一般限于微震至弱震。

3. 深水文地质结构面和超深水文地质结构面

在深水文地质结构面和超深水文地质结构面发育的深度上，如果库水与其有内在的水力联系，深部孔隙水压力的增加，会使深部水文地质结构面的抗剪强度降低，从而影响其原有的应力平衡，导致诱发中等强度至强烈的水库诱发地震，给水电工程带来重大危害。所以，这两类结构面是研究水库诱发地震水文地质条件的重点。而且，水文地质结构面发育越深，库水影响可能传递的深度就越大，引起原地应力场扰动和局部应力集中的规模和量值也越大，在一定的地震地质背景条件下，可能诱发地震的强度也越大。从某种意义上讲，是否存在深和超深水文地质结构面，其性质及与库水的相互关系如何，乃是判断有无可能诱发中等强度以上的构造型水库诱发地震的最主要的、甚至是唯一可供实用的判别标志。

6.3 溪洛渡水电站各库段诱震因素分析及评价

6.3.1 坝址—吴家田坝（Ⅰ库段）

6.3.1.1 库首段诱震因素综合分析

该库段全长约23km，从吴家田坝向下游，金沙江总体沿石板滩背斜的核部自南西向北东流，到豆沙溪沟口处，江水急转，呈南东方向流经坝区。出露的地层在吴家田坝、干海子一带为志留系，干海子至豆沙溪沟口为二叠系下统阳新灰岩，豆沙溪至坝址为二叠系峨眉山玄武岩。岩层产状比较平缓，倾角一般15°～20°，典型剖面见图6.1。

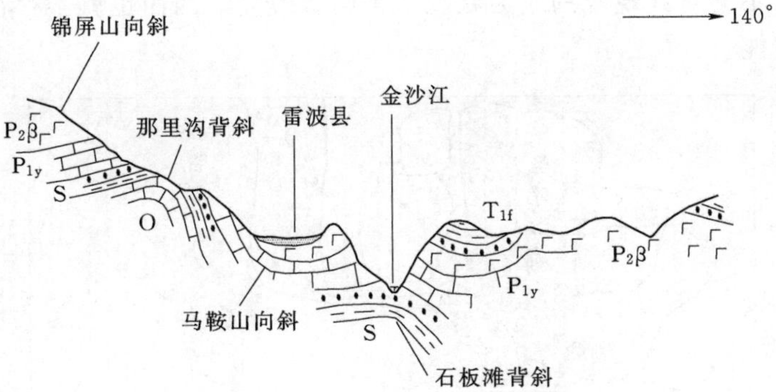

图6.1 库首段典型剖面示意图

河谷主要为斜向谷，其宽窄与岩性密切相关，由二叠系地层形成的岸坡，一般为深切峡谷，呈不对称的V形，左岸岸坡呈阶梯状，平均坡角40°，右岸陡峻，库两岸边坡比较稳定；由志留系组成的岸坡，一般为宽谷，库岸不稳定，形成具有一定规模的顺层滑坡，如干海子滑坡群。

二叠系下统为一套半深海到滨海相碳酸盐岩沉积，灰岩质纯，单层厚度大，多含生物碎屑，从整个库区来看，该套地层是岩溶比较发育的层位。库首段的豆沙溪两岸、油房沟及燕子岩均可见岩溶洞穴发育。但由于受喜山运动的影响，该区现今处在强烈的抬升期，不论是金沙江还是其支流，下切强烈。大气降水主要通过地表以分散的形式直接排入金沙江或其支流，因而潜水面埋藏较深，这不利于表层碳酸盐岩的溶蚀。豆沙溪是本库段中金沙江较大的支流，距江边不到5km的沟段，落差600m左右，坡降达1/10以上，这样的水文地质条件，是否有利于形成大型的地下暗河系统，下文中将作专门分析。

本库段金沙江及其支流在库水影响的范围内，也存在一定数量的危岩体及滑坡体。干海子滑坡体前缘剪出口高程在388m左右，方量在4500万m^3左右；豆沙溪沟的两侧可见几处危岩体，危岩体与其后的母岩被纵张裂缝分开，裂缝最宽处可达2m以上，而且，个别危岩体的下部部分已被水冲刷掏空。沟中还可见巨大的现代崩塌体，堵塞在河道中，最大块石方量在几百立方米以上。水库蓄水（正常高水位 600m）后对它们有一定的影响。

6.3.1.2　马家河坝断层

马家河坝断层是库首段工程设计部门最为关心的工程地质问题之一，对其做了大量的地质勘探及专题研究工作。该断层的断层面在金沙江右岸马家坪村的 1、2 号平硐内清晰可见。在 2 号平硐内断层带宽 70m 左右，由一系列近似平行的小断层组成，其中一条断层的糜棱岩带（图 6.2）宽达 9m。该断层总体产状 N45°E/SE/∠70°左右，断层带两侧比较发育的两组节理产状分别为 105°∠78°和 40°∠60°。从断层带中的微构造可以看出，该断层经历多次活动，最新一次活动迹象表明，该断层具逆冲性质。钻探资料显示该断层为一浅层断层，因而断层的应力积累程度不高，不具深水文地质结构面的特征，水库蓄水后不会对其现今的应力状况产生明显改变，因而也就不存在诱发构造型水库诱发地震的可能。

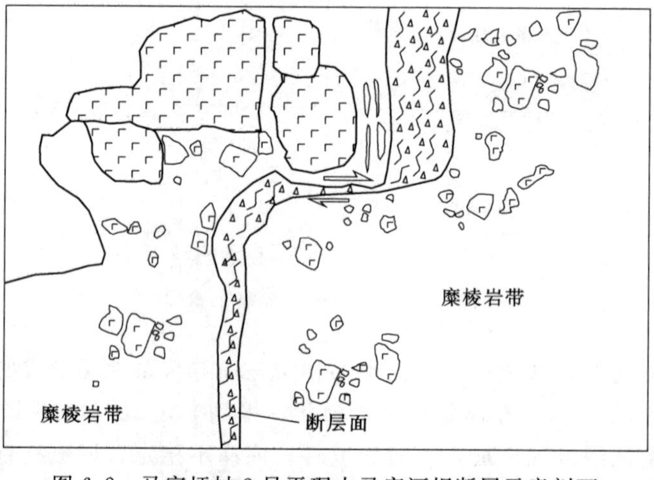

图 6.2　马家坪村 2 号平硐内马家河坝断层示意剖面

6.3.1.3　豆沙溪中岩溶发育特征分析

豆沙溪沟两岸主要出露二叠系下统阳新灰岩地层，该套地层质纯，厚度大，岩溶比较发育，在沟内（2km 左右）可见溶洞 10 多处，其中较大的岩溶管道系统有八仙洞、芭蕉洞、何家洞和张家岩洞。现分述如下。

（1）八仙洞。该洞位于豆沙溪沟左岸，距江边 1700m，高出江水面 131.9m，平面呈树枝状（图 6.3），总体基本平行谷坡发育，受裂隙控制，呈北北东追踪延伸。底面受层面控制明显，微向江边倾，有较多的分叉支洞，长 32～64m 不等。洞口呈半圆形，宽 1.73m，高 2.07m，顶部坍塌严重，由洞口向内逐渐变小，在近洞口处洞顶有滴水。

（2）芭蕉洞。该洞位于豆沙溪沟左岸，距江边 1250m，高出江水面 119.5m。受北西、北东和北东东向裂隙影响，洞体发育由北北东转向南南东，平面形态呈“手枪形”（图 6.4），长 105.8m。洞体坍塌严重，以北北东向与南南东最为突出，恰是两组

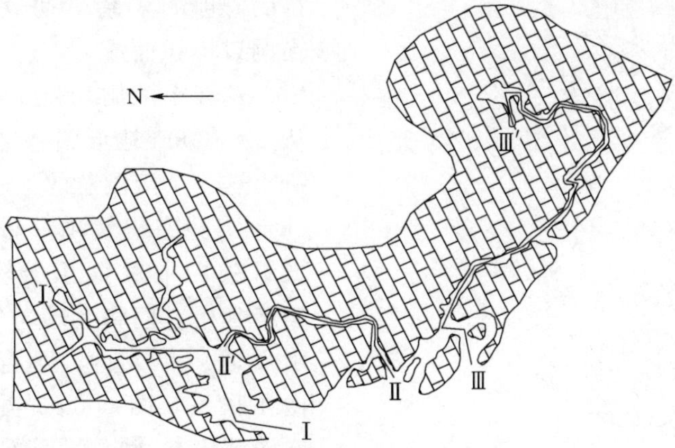

(a) 平面图

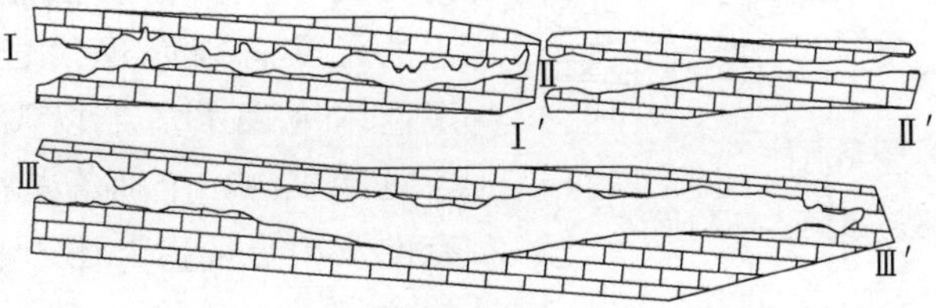

(b) 纵剖图

图 6.3　豆沙溪八仙洞实测剖面

裂隙的交接部位。随着洞顶坍塌，将与地表贯通形成落水洞。洞源沉积厚层淤泥，并有约 1m 的积水，该洞分支叉洞少，但在近洞口 31.7m 处生成一垂直落水洞，沿北西向断裂发育，上部宽 3～5m，深 14.5m，长 18.6m，下部尖灭成裂隙。

(3) 何家洞（图 6.5）。该洞位于豆沙溪沟左岸，距江边 1050m，高出江水面 115.9m。洞体受北北东、北东东、北西西向裂隙控制，总体发育呈北北东向，基本平行岸坡，底板受层面控制较明显，微倾向沟谷，洞口呈半圆形，高 2.95m，宽 3.7m。洞源封闭，钙华、石钟乳发育，底部有积水。主洞长 478.62m，大小变化很大，高 0.5～13.0m，宽 1.1～15.0m。中段洞体顶部滴水，石钟乳、石笋、石柱、钙化等极为发育，其余地段多见堆积松散的泥质粉砂，部分有坍塌现象。在距洞源 48.9m 处，溶洞右侧，高于洞底 2.4m 的岩层层面上见厚 0.36m 的钙质、铁质胶结砾石层，胶结类型孔隙式，砾径 5～7cm，成分为灰岩，呈次浑圆状，并在洞口亦见有同类

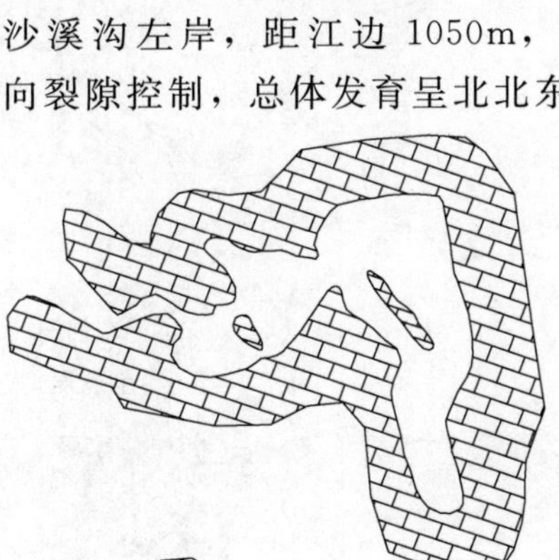

(a) 平面图

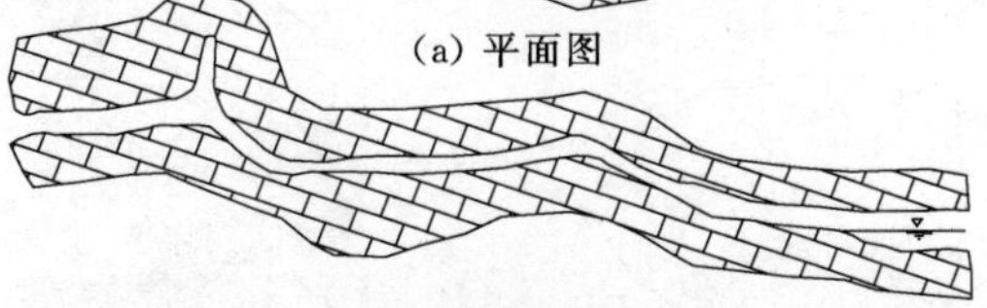

(b) 纵剖图

图 6.4　豆沙溪芭蕉洞实测剖面

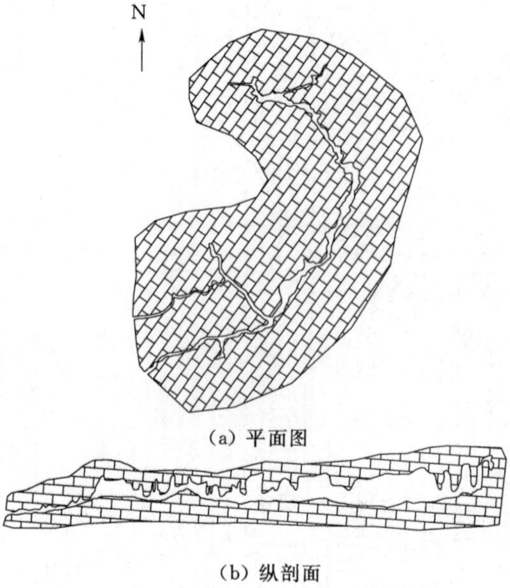

图6.5　豆沙溪何家洞实测剖面

型的砾卵石，系早期豆沙溪冲积砾卵石在洞口堆积而成。

这3个溶洞均位于豆沙溪沟的左岸，从1：50000地形图并结合地质图可以分析出这3个溶洞总的汇水面积最多不超过$4km^2$。只在锅锣坝一带三叠系下统雷口坡组灰岩中发育几个较大的岩溶洼地，初步分析它们和上述3个溶洞不在同一个水文地质单元内，不存在补—径—排的内在联系（图6.6）。再加上豆沙溪及其支沟坡度较大，豆沙溪沟7°左右，其支沟更大一些，下切强烈，这不利于地下水的汇集，因而现代岩溶不发育。豆沙溪两岸地表水多半以飞瀑的形式直接排入豆沙溪沟，个别落差在200m以上。现有的资料也证实上述3个溶洞不是地下水的出口。

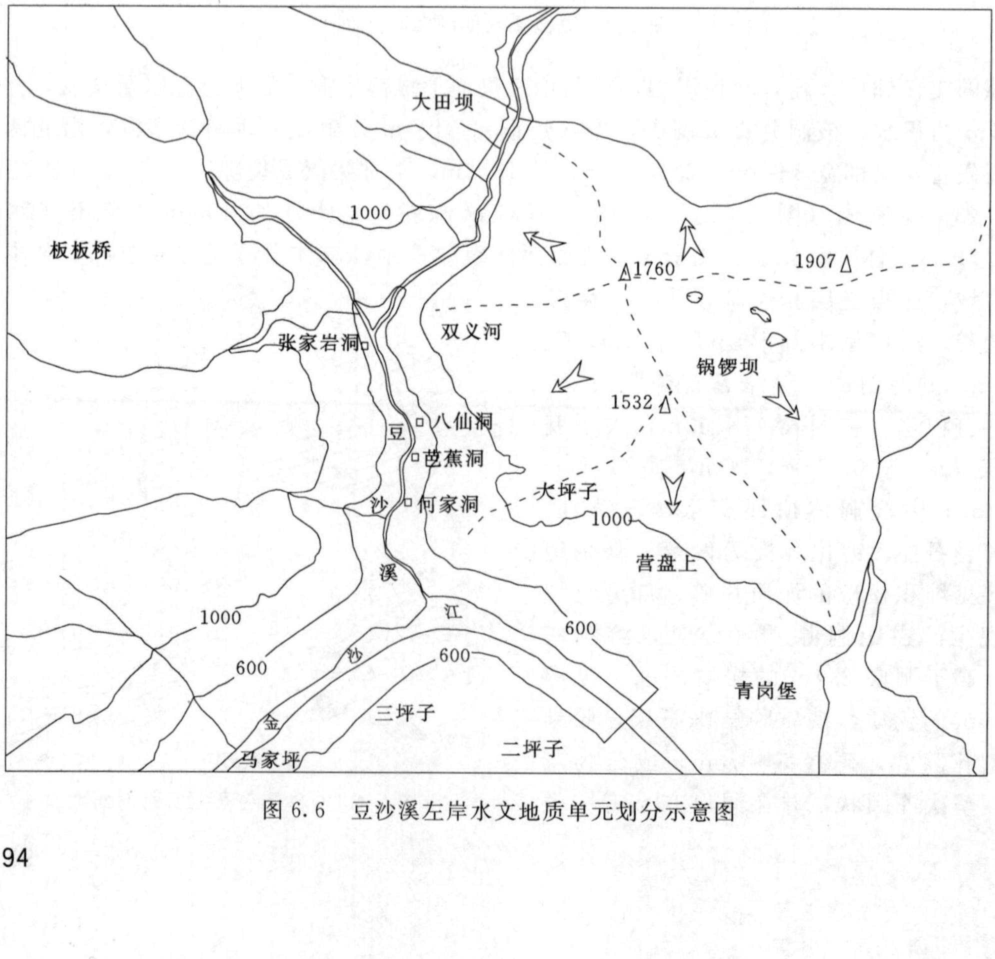

图6.6　豆沙溪左岸水文地质单元划分示意图

(4) 张家岩洞高程在600m左右，距江边2km，洞高5m，宽8m，深30m左右，洞内坍塌严重。访问居于其中的老乡得知，该洞冬季比较干燥，雨季也不是地下水的排泄出口。虽然洞口在库水的影响范围内，但不致引起水动力条件的重大改变，因而诱发岩溶塌陷型水库诱发地震的可能性较小。

从上述条件不难看出，豆沙溪沟两岸二叠系下统阳新灰岩质纯、单层厚度大，并且岩层倾角也比较平缓，虽然具备了形成大型地下暗河系统所必需的物质条件，但由于受外部自然环境因素的制约，使得该套地层内水动力循环不强，物质交换弱，因而在豆沙溪沟未曾见到大型的现代岩溶管道系统。

从上面的分析可知，本库段虽有马家河坝断层通过库区，豆沙溪沟、油房沟及燕子岩的岩溶也有一定程度的发育，还存在一定数量的危岩体及滑坡体，但并不具备诱发中等强度地震的条件。水库蓄水后，在个别地方不排除诱发个别微震及极微震的可能。

6.3.2 吴家田坝—黄华（Ⅱ库段）

吴家田坝—黄华库段全长约33km，金沙江总体沿上田坝向斜的核部自南向北流。出露的地层全是古生代地层，其中缺失泥盆系和石炭系；另外，具逆冲性质的峨边—金阳断裂带穿越整个库区，造成部分地层的缺失。典型剖面见图6.7。

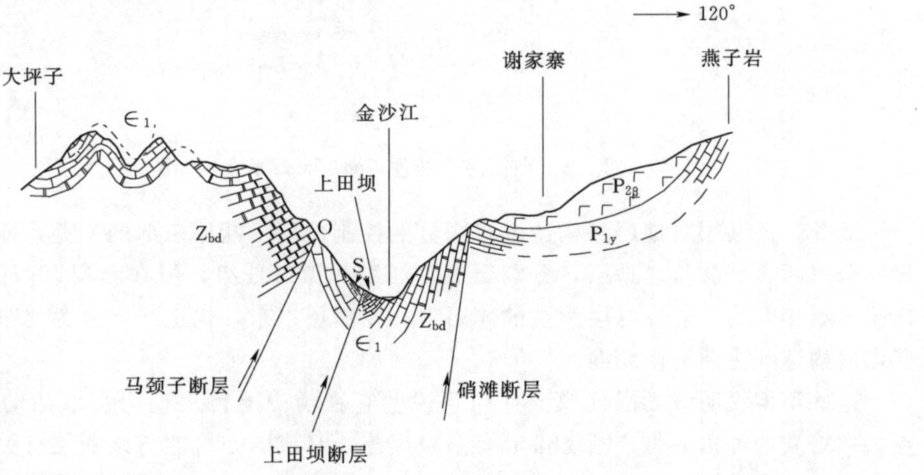

图6.7 吴家田坝—黄华库段典型剖面图

河谷从吴家田坝到抓抓岩为横向谷，地层从志留系到震旦系，岩层倾角在60°左右，库岸比较稳定；抓抓岩以上河谷为纵向谷，在上田坝一带存在个别古滑坡体。

库段内构造比较发育，褶皱主要有上田坝向斜和牛牛寨背斜；峨边-金阳断裂带在该处由三支近南北向的断层组成，其中马颈子为主干断层，规模也较大，上田坝断层和硝滩断层规模相对较小。现分述如下。

(1) 上田坝向斜：位于上田坝至抓抓岩一带，呈南北向，北端在抓抓岩之北扬起消失，南端到洗马溪，长18km左右，宽3km。主要由下古生界组成，核部有下二叠统残存。较紧密，两翼地层产状较陡，在50°～80°之间。形态对称，轴近直立。轴部和西翼均有断层破坏，保存不全。

（2）马颈子断层：马颈子断层是峨边-金阳断裂带的主干断层，它北起峨边西北，向南经刹水坝、马颈子，过溜洞河口后，断层由近南北向渐渐转为北东向，于永善县大兴乡附近交于莲峰断裂带上，长约 180km。断层面倾向西，倾角 50°～70°，主要断于古生界至中生界地层中。在马边刹水坝一带，断层西盘的下寒武统向东仰冲，覆于下盘香溪群之上，断距达 4500m 以上；在雷波溜筒河口一带，上震旦统灯影组仰冲于寒武系之上，断距达 2500m 以上，断层糜棱岩带宽 7m 左右，在断层带中形成的方解石脉被后期的小断面错断，错距 15cm，见图 6.8。牛牛寨背斜受该断层破坏，东翼缺失。沿断层地层挤压破碎厉害，平行主断裂面的片理、劈理发育、局部可见擦痕、拖拽褶皱和 X 节理，在溜筒河口以南地区破碎带宽达 100m 以上；在马边刹水坝至高竹营一带，断层发生分而又合现象，形成宽 500～700m 的断裂带；雷波马颈子西，断层上盘地层倒转，形成宽 1000～2000m 的倒转挤压带。

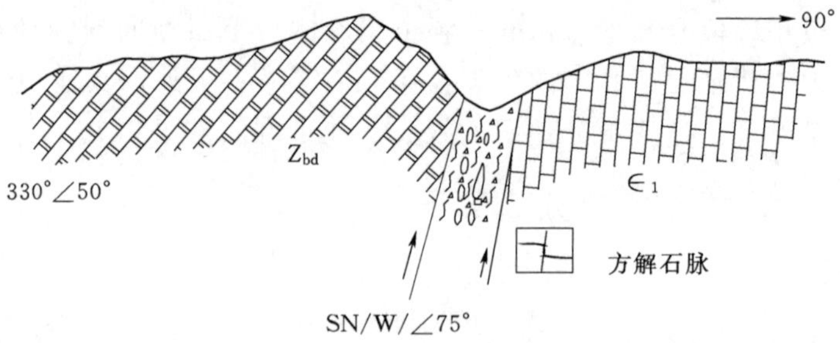

图 6.8　溜筒河口马颈子断层出露示意剖面图

此外，该断层对地层和构造也有明显的控制作用。断层东部的三叠系地层，可以明显地分出两套碳酸盐岩地层，分别属嘉陵江组和雷口坡组，但在断层以西的美姑地区，嘉陵江组相变为一套以红层为主的碎屑岩；在断层以东，构造线主要为北东向，而在断层以西构造线主要为南北向。

这些不但说明该断层规模大，而且说明它在历史上曾表现为多期活动和继承性特点。在雷波西苏角一带，断层带上有温泉出露，其成因亦可能与该断层有关，说明断层近期仍有一定的活动性。

（3）上田坝断层：位于雷波上田坝一带，呈近南北向，长 13km，断于上田坝向斜轴部，使向斜遭受破坏，地层局部倒转，并有牵引褶曲产生，断层面西倾，倾角 80°左右。北段上盘地层较下盘新，表现为正断层性质，南段上盘地层较下盘老，又表现为逆断层性质，整个断层表现为在垂直方向扭动特征，断距最大达 800m。

（4）硝滩断层：位于雷波石板滩、云南永善硝滩至二坪子一带，呈近南北向展布，长 20km 左右，断于二坪子背斜轴部，使背斜遭受破坏，地层局部倒转，断层面倾西，倾角 70°左右，断距在 1500～2000m 之间。在硝滩一带，断层带上有温泉出露（图 6.9），水温 57℃，流量为 4.0L/s，通常的地热增温率（深度增加 100m 地温增加 3℃）推算，温泉的循环深度在 1500m 左右。这说明硝滩断层具有向深层导水的能力。

本库段水文地质条件相对简单。吴家田坝到抓抓岩段，由于岩层倾角较陡，库两岸第一分水岭距江边一般2km左右，支沟比较发育，大气降水多沿地表沟谷直接排入金沙江，水流比较分散。抓抓岩至黄华，虽然上田坝向斜对地下水的汇集有一定的控制作用，但由于金沙江自南向北穿行其中，把向斜核部切得支离破碎，不构成统一的水文地质单元，地表水也是以分散的形式直接排入金沙江。水库蓄水只是在个别点（断层与库水的交汇部位）产生一定程度的影响，总体而言，对原有的水文地质条件影响不大。

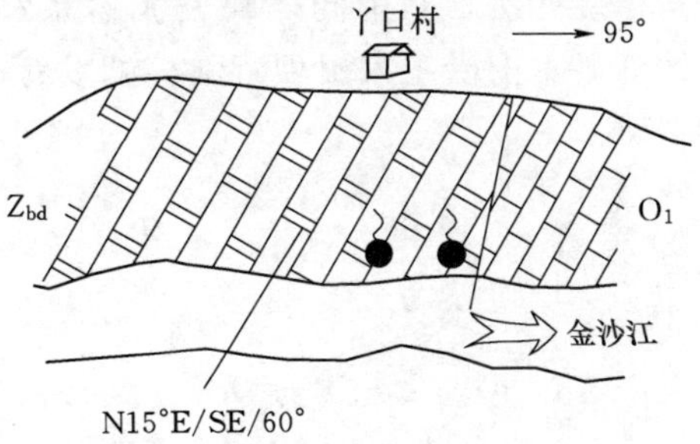

图6.9 丫口村硝滩断层温泉出露点地质剖面图

西苏角河回水6km左右，河谷两岸地层主要是奥陶系和寒武系，为横向谷，坡角在40°以上，岸坡相对稳定。该支谷内，经实地调查，没有见到大的岩溶洞穴及地下暗河系统，地表水主要通过次级支沟排入西苏角河。在马颈子中学一带，沿马颈子断层带有温泉出露，高程在720m左右，水库正常高水位时，不会被淹没，因此库水位的升降不会对其现有的水动力条件产生影响。

水库正常蓄水后，沿金沙江支流溜筒河回水长度超过15km。该支流与金沙江同步下切，形成深切沟谷地貌，边坡陡峻，坡角在60°以上，个别地段近于直立。河谷为横向谷，所切地层主要是寒武系，在江口一带为震旦系和奥陶系，两岸边坡比较稳定。大气降水多是直接排入地表水系，因而地下水位相对较低而不富集，再加上寒武系和奥陶系本身岩性特征，不利于岩溶的发育，这也限制了地表水的入渗。支库内水文地质单元相对较小而且分散，地下水的排泄以散状形式直接排入其附近的最低沟谷。沟口处，马颈子断层与河谷近于直交，上盘地层震旦系白云岩向东逆冲于下寒武统白云质灰岩、白云岩之上。总体而言，该支库段内，经现场调查及访问，不曾见到具有一定规模的地下暗河系统沿断层带发育。这从一个侧面说明：马颈子断层虽然对该区地下水的运动特征具有一定的控制作用，但不是控制岩溶发育的主要因素。

从上面的分析可知，本库段出露地层主要是古生代地层，岩层多数倾角较陡，虽然灰岩成分较重，但由于岩层厚度较薄且与砂页岩互层，河谷陡峻，汇水面积不大，岩溶不发育，因而出现岩溶塌陷型水库诱发地震的可能性很小。马颈子断层、上田坝断层及硝滩断层多处与库水直接交切，马颈子断层和硝滩断层上均有温泉出露，说明存在向深部导水的深水文地质结构面，而且该断裂带现今仍有微弱活动，因此，该库段具备发生构造型水库诱发地震的可能。

6.3.3 黄华—河口（Ⅲ库段）

黄华—河口库段全长约34km，金沙江总体由南西向北东流。河口至黄坪，金沙江从蒿枝坝向斜的扬起端到其核部，地层从寒武系一直到二叠系上统峨眉山玄武岩，岩层倾角由陡变缓，其中同样缺失泥盆系和石炭系，典型剖面见图6.10。从黄坪到黄华，金沙江基本上沿王家田坝背斜核部发育，流经地层主要是寒武系和奥陶系，岩层产状近水平。

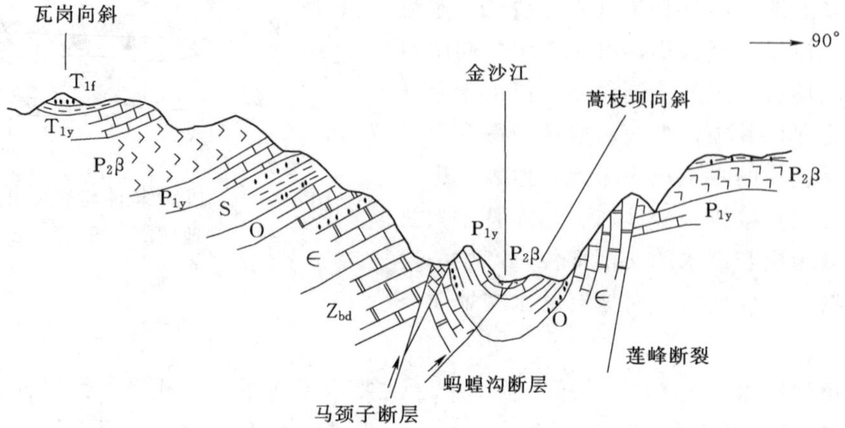

图6.10 黄华—河口段典型剖面图

库段内的构造以褶皱为主，只有蚂蝗沟断层的西南端斜切库区。与库水有关的褶皱构造有两个，蒿枝坝向斜和王家田坝背斜，现分述如下。

(1) 蒿枝坝向斜。西南起自河口以西，往北东经老卡、尖角田、纸厂等，全长约40km。组成这个向斜的最新地层为中侏罗统遂宁组，最老地层为下寒武统龙王庙组。两翼不对称，南东翼由于受莲峰断裂和赵家坪断层的切割保存较差，地层倾角为20°～65°不等。北西翼保存稍好，地层倾角较南东翼略大，一般为30°～80°，角度偏大者一般分布于断裂附近。枢纽起伏不大，轴线方位总体45°左右。中部由于受北东向和南北向构造的联合作用而明显向北西凸出，形成一个弓形向斜褶皱。

(2) 王家田坝背斜。南起大坪子，往北东经王家田坝，全长19km。组成这个背斜的最老地层为下寒武统沧浪铺组，最新地层为志留系。此背斜由于受北东向与南北向两断裂构造的制约，致使南西段轴面向北西倒转，两翼倾角为25°～30°。东段基本正常，两翼倾角为15°～20°，较前者稍缓。枢纽起伏较大，从总体看，两端倾没，中段凸起。轴线方位南西段为北东10°，中段为北东45°，北东段又转向近南北，总体方位北东28°，形成一个反S状背斜。金沙江就沿着此背斜轴部向东流去。

就整个库段而言，左岸边坡相对稳定；右岸自下柯榔至黄坪，由于志留系地层出露高程相对较低，岸坡崩滑现象较多见。黄坪到黄华，岩层以缓倾角为主，主要出露奥陶系下统湄潭组，岩性以厚层的石英砂岩、薄层的泥灰岩及页岩为主。沿路可见几处绝壁，绝壁上的纵张裂隙发育，形成危岩体。

另外，该库段江中见到两处跌水，落差均在4m以上，一处在金沙江“几”字形拐弯处，岩性为上寒武统二道水组白云岩。另一处在石板滩附近，岩性为二叠系峨眉山玄武岩。个别地段可见规模不大的北西向小断层，垂直断距1～2m。

蚂蝗沟断层的南西端斜切库区。该断层南西起自下寨，往北东经石板滩、赵家坪，研究区内长 40km 左右。所切地层最老为下二叠统栖霞组，最新地层为中侏罗统遂宁组。断层所经之处地层产状混乱，造成不同时代的地层对顶，断层南西段表现为逆断的性质，北东段表现为正断的性质。其最新活动性表现不明显，水库蓄水不致对其产生影响。

本库段的水文地质条件与Ⅱ库段基本类似，大气降水主要通过地表水系直接排入金沙江，水文地质单元规模较小，水库蓄水后对原有的地下水系不会产生太大影响。

通过上面的分析可知，本库段在库水影响范围内河口到黄坪主要是上二叠统峨眉山玄武岩，诱发地震的可能性较小。黄坪到黄华主要是寒武系和奥陶系的灰岩，这两套地层由于受沉积韵律的影响，岩溶管道系统不发育；断层规模也相对较小，又不是现今活动断层，所以本库段不存在诱发岩溶塌陷型及构造型水库诱发地震的可能。但是由于个别地段边坡不稳，也存在一定数量的危岩体，水库蓄水可能对其产生一定程度的影响，因而不排除发生个别极微震的可能。

6.3.4 河口—热水河乡（Ⅳ库段）

金沙江自南西向北东流，库段长 23km，为纵向谷，左岸为逆向坡，岸坡稳定性好，右岸河谷下部为顺向坡，并有断层切割，发育有大型滑坡体，如付家坪子和大枫湾滑坡等。其中付家坪子滑坡的前缘高程在 500m 左右，水库蓄水可能对其产生某种程度的影响。河谷基岩主要为寒武系-奥陶系碳酸盐岩、碎屑岩，典型剖面见图 6.11。

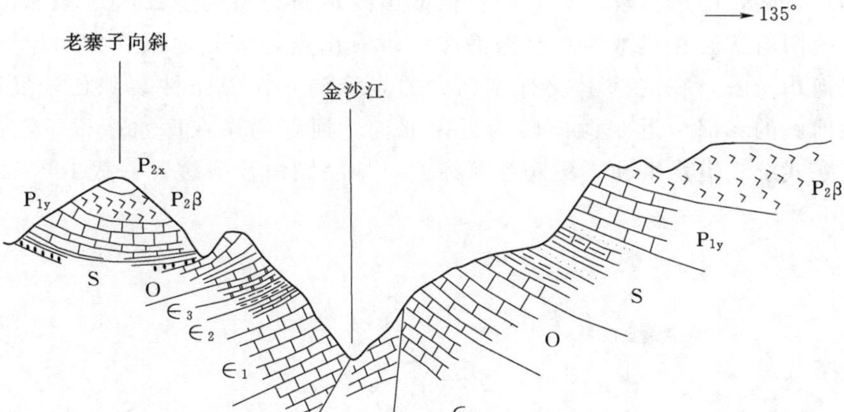

图 6.11 河口—热水河乡库段典型剖面图

本库段中峨边-金阳断裂在大兴月亮田一带与莲峰断裂交汇在一起。峨边-金阳断裂在该段总体走向为北东向，上盘最老地层为震旦系灯影组，下盘最新地层为志留系龙马溪组。莲峰断裂所切地层最老为上震旦统灯影组，最新地层为下三叠统飞仙关组。断裂所经之处对地层破坏较大，平面展示上下相对断距达数百米，造成不同时代的地层对顶在一起。地层产状北西盘较陡，可达 40°以上，南东盘缓，一般为 5°～15°。断面较平直光滑，向北西倾，倾角 80°～85°。断裂带宽一般宽为 30～40m，岩石普遍片理化，局部地方可见到受挤压的小褶皱和小透镜体。另外，与此断层相配套的还有一些 NW 向张性小断层和牵引褶皱、“入”字形分枝、帚状构造等。依据上述情况，结合区域构造条件分析，此断裂应为顺时针压扭性断裂，但无新活动迹象。

从大兴到热水河乡，岩层倾角变缓。呈不对称的 V 形峡谷，其中右岸比较陡峭，在大兴乡石盘寨附近发育巨大危岩体，该危岩体的中后部发育 3 条拉裂缝，最大张开 0.5m，沿裂缝形成宽 10m，长约 80m 的负地形。水库蓄水后将淹没其下半部。

在大兴月亮田一带可见个别溶洞，但就整个库段而言，岩溶发育程度中等，不构成诱发地震的主要因素。本库段莲峰断裂斜切河谷，但断层带挤压紧密，又不是现今活动断层，水库蓄水后，不会对其应力状况产生明显影响，因而诱发构造型水库诱发地震的可能性不大。只可能对岸坡稳定及局部卸荷应力的调整产生不同程度的影响，由此导致个别极微震的发生。

6.3.5　热水河乡—三坪子（Ⅴ库段）

热水河乡—三坪子库段全长约 11km，属高中山峡谷，河道弯曲狭窄，呈阶梯状峡谷地貌，落差 26m 左右。

该区主要的断裂是莲峰断裂，它从库区的西北面通过，水库蓄水不会对其产生直接影响。褶皱构造是老营盘向斜，其轴向近南北，长 5km，宽 3km，两翼不对称，北西翼岩层倾角较陡，南东翼较平缓，向斜核部出露最新地层为上二叠统峨眉山玄武岩。二叠系下统阳新灰岩在热水河乡至撮渔滩一带有出露，该套地层在库两岸形成陡崖，由于汇水面积所限，在陡壁上没有见到大的岩溶洞穴，但张性裂隙比较发育。金沙江沿着该向斜的翼部由近东西向转为近南北向。河谷两岸在库水位以下出露的地层主要为上寒武统二道水组和下奥陶统湄潭组，地层倾角较平缓，一般 10°～20°，典型剖面见图 6.12。

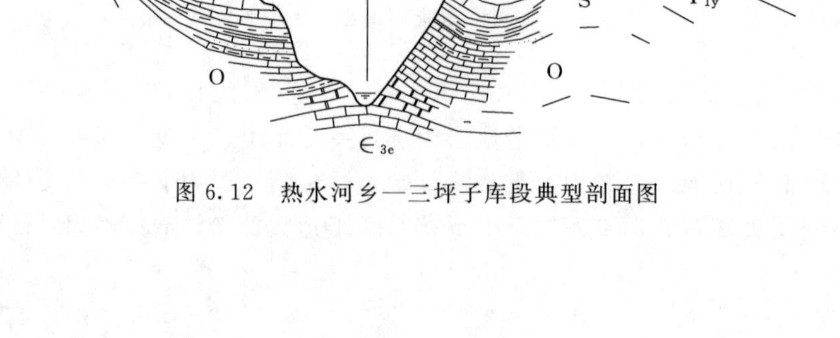

图 6.12　热水河乡—三坪子库段典型剖面图

该库段由于河流下切强烈，河道狭窄，水流湍急，金沙江部分支沟汇水面积小，由于受来水的制约，不能同步下切，往往在入江处形成悬谷或飞瀑。常年有水的较大支流，在入口处形成深切沟谷地貌。这样的地貌特点，不利于形成具有一定规模的水文地质单元，远程地下水之间的相互补给也不存在。总体而言，该库段的岩溶不发育，不构成诱发地震的主要因素。

沿江两岸，虽是阶梯状地貌特征，但江面与第一级台面的高差往往在百米以上，个别地段库岸陡立，由于重力卸荷作用，垂直于层面的张性裂隙比较发育，形成危岩体，个别已有明显错位现象，水库蓄水可能对其产生某种程度的影响。

从整个库段而言，岸坡相对稳定，岩溶管道系统不发育，水库蓄水后对莲峰断裂也不会产生影响，因而产生岩溶塌陷型和构造型水库诱发地震的可能性不大；但由于河流下切较快所形成的高边坡，坡角地带存在应力集中，张性裂隙发育，水库蓄水后会对其产生影响，有可能发生个别微小地震。

6.3.6　三坪子—对坪（Ⅵ库段）

三坪子—对坪库段全长约 34km，水位落差 20m 左右，金沙江总体自南西向北东流。河谷基岩岩性从对坪前震旦系黄草岭组千枚岩过渡到金阳河口一带下志留统龙马溪组的粉砂岩。金阳河口到牛栏江口河谷为纵向谷，金沙江基本上是沿着小田坝背斜的核部流动，核部出露地层主要是中寒武统西王庙组，为一套紫红色、砖红色的粉砂岩、砂岩、泥岩以及灰白色白云岩。两岸均为逆向坡，库岸稳定性较好。典型剖面见图 6.13。从牛栏江口到对坪，河谷为横向谷，岩层倾角在 70°以上，出露岩性主要是千枚岩和白云岩，库岸稳定条件较好。

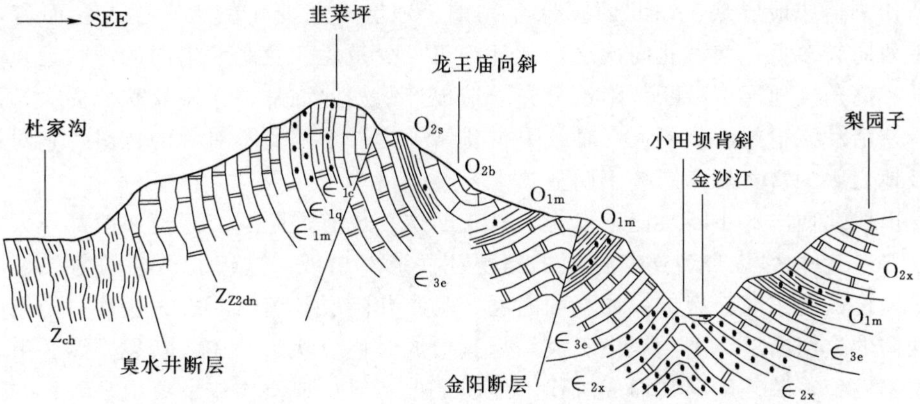

图 6.13　三坪子—对坪库段中典型剖面图

区段内构造比较发育，主要有莲峰断裂、金阳断层、臭水井断层，小田坝背斜、觉梯背斜，另外局部有 NW 向小断层发育。这些断层与褶皱的组合，不仅控制了地表水系的展布特征，而且对地下水的运移也有一定的影响。莲峰断裂在金阳河口处斜切金沙江，过江后沿着右岸边坡平行河谷展布，个别地段出露高程在库水位以下。现将这些构造在库区内的展布特征简述如下。

（1）金阳断裂。北起核子日挖，往南过金阳，在金阳河口处与莲峰断裂交汇在一起，全长在50km以上。所切割地层主要为古生界。断裂对地层破坏较大，如在核子日挖附近造成下奥陶统湄潭组和下二叠统茅口组直接接触。断面倾西，倾角约80°，岩石挤压明显，为一向东仰冲的压性断层。水库蓄水后，沿金阳河回水6km左右，淹没该断层的部分地段。

（2）臭水井断层。北起金阳，往南西经簸箕湾、九道拐、东瓜坪，全长46km。所切地层最老为震旦系，最新地层为下志留统。断层所经之处造成地层缺失，带内岩石破碎挤压强烈，片理发育。断面平直光滑，倾向南东，倾角50°～70°。断层总体走向N27°E。该断层在对坪东4km处，垂直穿过金沙江，断层上盘为前震旦系千枚岩，下盘为震旦系白云岩，断层通过之处地表表现为负地形。但从断层本身的性质及其活动性来看，断层带的透水性一般，库水沿其下渗的深度有限，不会由于库水的作用而改变其现今的应力状态。

（3）小田坝背斜。南西起自干蒸园子，往北东经澜田坝、小田坝至灯厂一带，全长13km。组成这个背斜的最老地层为中寒武统西王庙组，最新地层为志留系。两翼地层基本对称，倾角10°～30°。枢纽两端仰起，中段相对凹陷。轴线方位变化不大，为一舒缓的背斜褶皱。这样的岩性及空间展布特征，决定了地下水和地表水的排泄方式均以辫流的形式为主，不利于现代岩溶的发育。

（4）觉梯背斜。该背斜的轴部在对坪一带垂直穿过金沙江。南西起自杨柳树，往北东经新营盘、觉梯、派来至金阳，全长约54km。组成这个背斜的最老地层为长城系黄草岭组，最新地层为志留系中统大路寨组。两翼地层出露不对称，南东翼由于被臭水井断层所切割造成地层缺失，北西翼保存完整。地层产状变化较大，就走向而言，以北东—南西向较多见，南—北向次之，此外尚可见少量北西及东西走向的产状近直立，局部倒转。高角度地层多沿断裂附近分布。造成产状如此混乱，无疑反映了多次、不同方位的构造活动。枢纽起伏不大，轴线方位正常，为一个两翼不对称的背斜。它对该区地下水及地表水的富集规律影响不明显。

该库段北西向的小断层比较发育，有正断层，也有逆断层，规模一般都不大，延伸长度在5km以内，表现为逆断性质的断层往往成对出现。这组北西向的断层，切断了占主导地位的北东向断裂带，如金阳断层、臭水井断层及莲峰断裂，这从一个侧面说明了北西向的这组断层，虽然规模不大，但其形成时代应晚于上述大断裂。该区由于新生代地层不发育，缺乏确定其形成时代的地质证据。但从地质构造发展史来看，北西向断层的形成与青藏高原的隆起有一定的内在联系。本地区的发震构造多半是北西向就是一个很好的例证。

该区段在库水影响的范围内，虽然碳酸盐岩所占比重较大，尤其是金阳河口至牛栏江段，河谷地层主要由寒武系和奥陶系地层组成。但由于这两套地层的岩层厚度较薄，岩性以碳酸盐岩与碎屑岩成互层状产出，这样的沉积韵律组合，隔断了不同层位之间地下水的水力联系，不利于岩溶的发育。另外，本库段北东向断裂与北西小断层相互交切，也不利于形成规模较大的地下水系。总体而言，本库段的岩溶管道系统不发育。

在本库段的金阳河口，莲峰断裂与金阳断层交汇的部位有温泉群出露，宽度约300m，水温47℃，初步估算其循环深度在1km以上，这说明沿断裂带向深部具有一定的导水性，水库达到正常高水位后，该处水头增加百米左右，由于库水所产生的附加孔隙水压力，不仅对温泉原有的水动力条件产生影响，而且还可能沿断层带向深部传递，进而降低深部水文地质结构面的抗剪强度，是诱发构造型水库诱发地震的重点地段之一。

本库段较大的支流有金阳河和牛栏江，库水沿其回水分别为6km和8km，金阳河两岸在库水影响的范围内出露地层主要为志留系、奥陶系及寒武系。库水部分与金阳断层接触。牛栏江两岸出露地层主要为寒武系，该支库内岩溶不发育。

综上所述，本库段岸坡稳定性较好，岩溶管道系统不发育。断层带多处与库水交切，并且沿断层带有温泉出露，具有较深水文地质结构面的特性，具备诱发构造型水库诱发地震的条件，但由于莲峰断裂和金阳断裂在Q_3以来，活动性不强，因此诱发中等以上强度地震的可能性较小。若发生水库诱发地震，也只是应力的局部调整，强度以微震、弱震为主。

6.3.7　对坪—白鹤滩（Ⅶ库段）

本库段全长约39.5km，金沙江主要沿着松树坪向斜的西翼自南向北流，到西溪河口后转为东南方向。出露地层从上二叠系峨眉山玄武岩至前震旦系黄草岭组千枚岩，其中缺失石炭系。河谷从对坪到西溪河河口，长约16km的库段，为横向谷，库段稳定性较好；西溪河河口以下到白鹤滩，河谷主要为斜向谷，右岸为逆向坡，库岸稳定性较好，左岸为顺向坡，尤其在志留系出露的地段，库岸稳定性较差，发育麻地湾、冯家坪、恩子坪等大型顺层滑坡体。该库段的典型剖面见图6.14。

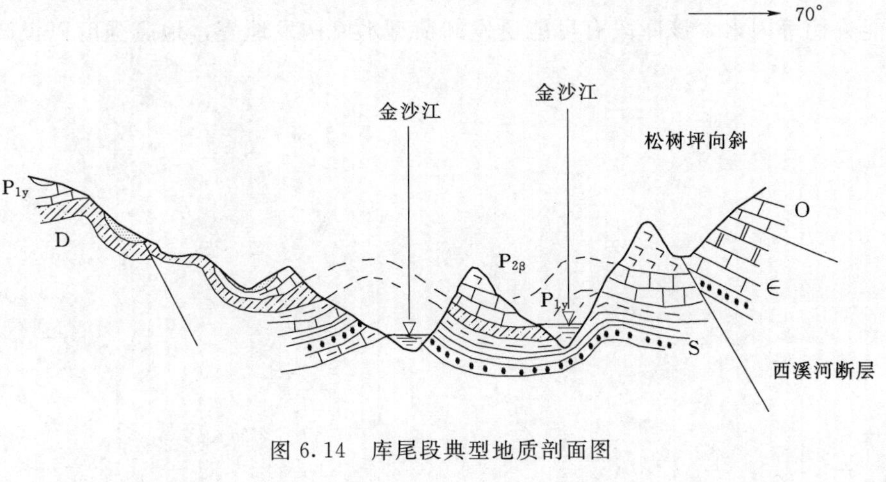

图6.14　库尾段典型地质剖面图

该库段构造相对简单，只有西溪河断层在牛圈坪一带穿过库区，褶皱也相对宽缓，现将主要的断层及褶皱分述如下。

（1）西溪河断层：南起其德，往北经药普、四期、马日德，全长 18km。所切割地层主要为古生界。断层上盘为震旦系白云岩，下盘为二叠系峨眉山玄武岩。断面向东倾，倾角 40°左右，沿断裂附近地层产状混乱，在地貌上断层所经之处表现为负地形。

（2）松树坪向斜：轴向北北东，长 28km，宽 3km 左右。核部出露最新地层为中生界三叠系上统白果湾组，南东翼由于西溪河断层的切割，地层缺失，北西翼较完整，地层倾角比较平缓，一般 0°～20°。金沙江就是沿着该向斜的北西翼自南向北，到西溪河河口转为南东向。由于该向斜的核部为一套碎屑岩地层，不利于大气降水渗入地下，一般是通过地表水系排入金沙江。该库段有二叠系下统阳新灰岩出露，但其分布的高程在正常库水位以上，再加上该套地层出露面积十分有限，汇水面积也不大，因而其本身的岩溶发育程度较低，水库蓄水不会对其产生影响。

在西溪河入口处的峡谷地段，河谷出露的地层主要是奥陶系灰岩，地层产状近水平，形成高达 200m 的绝壁。由于高陡边坡的存在，重力卸荷现象表现明显，峭壁上可见纵张裂缝，沿江公路旁也有现代崩落体存在。在奥陶系灰岩中不曾见到大的岩溶洞穴。牛角湾—白鹤滩段主要为单斜构造，地层向上游缓倾。江左岸为顺向坡，志留系地层出露的地方，存在规模较大的滑坡体，如麻地湾和冯家坪滑坡，方量都在 2500 万 m^3 以上，但它们的前缘高程都在 600m 左右，水库蓄水后只淹没其中的一小部分，对其本身的稳定性不会产生太大影响。右岸为逆向坡，库岸比较稳定。

水库正常高水位时，沿西溪河回水长度在 4km 左右，新增水头约 40m。该支库内的地层主要是奥陶系灰岩间夹碎屑岩，库岸陡峭，岩溶不发育。其基本地质条件与主库相似。

通过上面的分析可知，本库段在库水影响范围内，岩溶管道系统不发育；断层规模也相对较小，又不是现代活动断层，所以本库段不存在诱发岩溶塌陷型及构造型水库诱发地震的可能。但是由于个别地段高陡边坡的存在，以及部分地段边坡在库水的影响下，可能失稳等因素，该库段有可能诱发卸荷型水库诱发地震，地震强度以极微震和微震为主。

第 7 章
重点库段水库诱发地震危险性评价

7.1　水库诱发地震危险性分析的必要性

通过第 6 章库坝区基本地质条件的论述，以及对各库段诱震条件的分析与可能性评价，我们认为溪洛渡水库蓄水后诱发地震的可能性是存在的：诱发地震类型将以构造型水库诱发地震为主，个别区段也可能诱发岩溶塌陷型水库诱发地震；水库诱发地震的强度一般为弱震至极微震；库首段不存在诱发 4.0 级以上地震的可能性，即使发生水库诱发地震，也不会对坝区产生明显影响。

然而，水库诱发地震的研究至今尚处于积累震例资料、进行工程类比和方法探索阶段，不同的研究者提出的种种水库诱发地震的因素、判据或预测方法，无一不带有相当大的不确定性。即使是天然地震的预测、预报，虽然投入了大量的人力物力，在世界范围内至今还未能取得突破性进展，漏报和虚报的情况比比皆是。我们从工程地震角度考虑，结合当前的科技水平，按照各种条件的最不利组合，估计水库各个库段可能发生的、合理、可信的最大水库诱发地震的地点和强度，以及它们对大坝、水库运行和库区环境地质可能带来的危害，从上限来匡算水库诱发地震对工程的极限影响，为工程的抗震设计提供技术依据。这就是最大可能水库诱发地震危险性分析的目的。

7.2　水库诱发地震危险区的确定

水库诱发地震的地震危险区，指的是从水库蓄水开始，直至达到最高水位的一段时间内，在重点库段中发生 4.0 级以上水库诱发地震可能性最大的地点。根据第 6 章对溪洛渡库区各库段水库诱发地震综合分析评价的基础上，我们认为下述 3 个库段诱发水库诱发地震的可能性较大：①Ⅰ库段——坝址至吴家田坝；②Ⅱ库段——吴家田坝至黄华；③Ⅵ库段——三坪子至对坪。

其中Ⅰ库段的诱震类型为岩溶塌陷型，Ⅱ、Ⅵ库段的诱震类型为构造型（即断层破裂型）。在这 3 个重点库段中，又进一步圈定了 4 个水库诱发地震的危险区（图 7.1 和图 7.2）。主要依据如下：

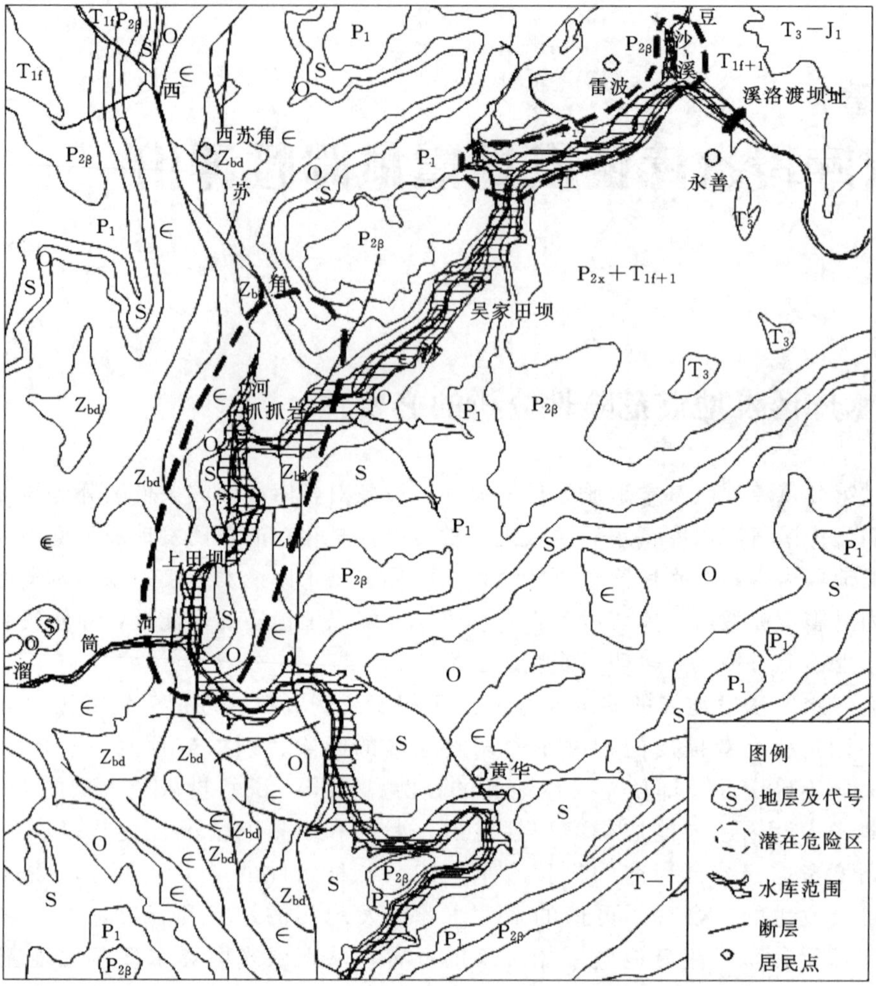

图 7.1　Ⅱ库段水库诱发地震危险区

(1) 豆沙溪沟岩溶塌陷型水库诱发地震危险区。虽然Ⅰ库段诱发岩溶塌陷型水库诱发地震的可能性并不大。由于豆沙溪沟距离坝址很近，即使诱发个别微震，坝区就可能有感，故此将其列入重点库段进行评价。

(2) 抓抓岩-硝滩构造型水库诱发地震危险区。马颈子断层、上田坝断层及硝滩断层多处与库水直接交切，马颈子断层和硝滩断层上均有温泉出露，说明存在向深部导水的深水文地质结构面，而且该断裂带现今仍有微弱活动，因此，该库段具备发生构造型水库诱发地震的可能性。

(3) 金阳河口构造型水库诱发地震危险区。金阳断裂与莲峰断裂在金阳河口上游不远处交汇，并斜切金沙江。莲峰断裂与金阳断层交汇的部位有温泉群出露，这说明沿断裂带向深部具有一定的导水性。水库达到正常高水位后，该处水头增加百米左右，对温泉原有的水动力条件会产生一定的影响，而且还可能沿断层带向深部传递，进而降低深

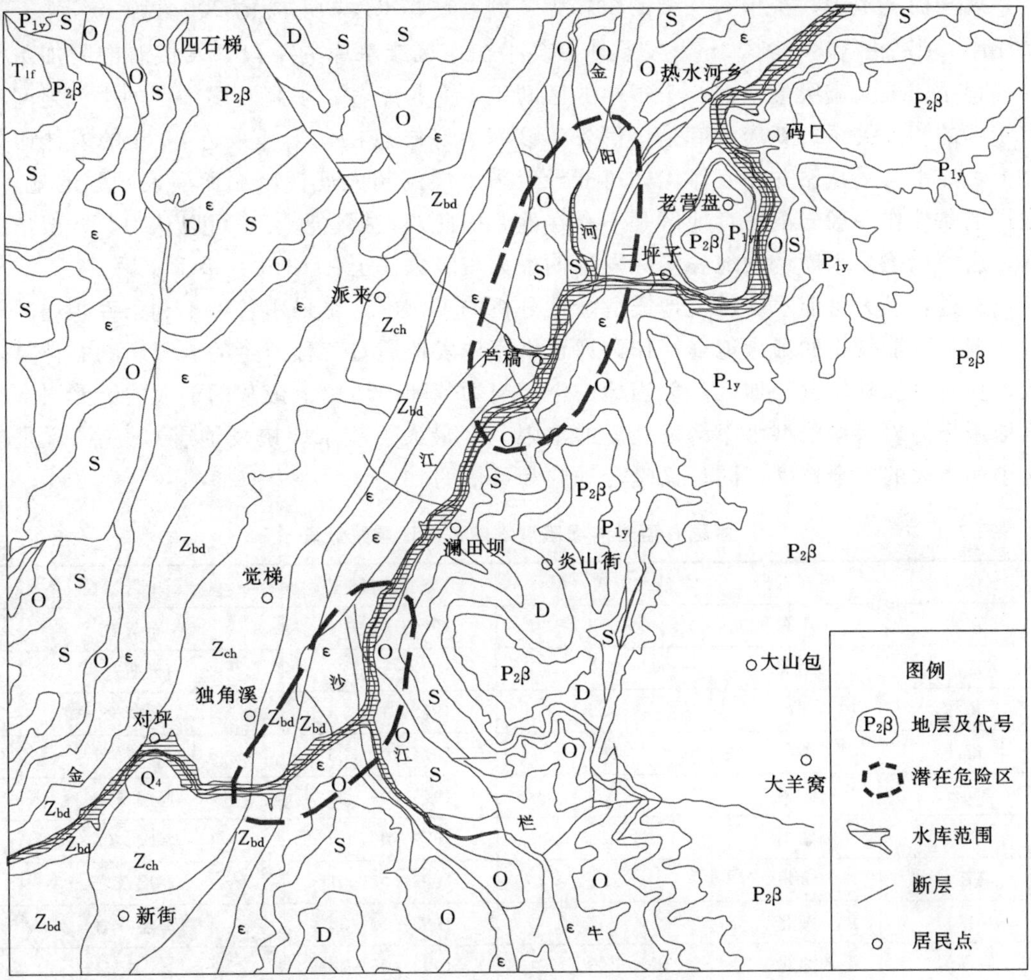

图 7.2　Ⅵ库段水库诱发地震危险区

部水文地质结构面的抗剪强度，是诱发构造型水库诱发地震的重点地段之一。

(4) 牛栏江口构造型水库诱发地震危险区。臭水井断层和莲峰断裂在对坪至牛栏江口之间垂直穿过金沙江，沿牛栏江口发育数条北西向断层，与臭水井断层及莲峰断裂在此段交汇。

7.3　最大可能震级

7.3.1　岩溶塌陷型水库诱发地震危险区震级上限

中国在碳酸盐岩地区兴建的水电工程中，被认为确实诱发了岩溶塌陷型水库诱发地震的有 9 例，按其发震时间列入表 7.1 中。从表中可见，除四川新店水库为 Ms4.2 级外，10 例水库诱发地震的最大震级均在 3.2～2.1 级范围内，其中 3.0 级以上的有 3

例，属于弱震范围；小于 3.0 级的微震为 7 例。这些水库的库容由 $209\times10^{8}m^{3}$ 到 $35\times10^{4}m^{3}$，坝高由 163m 到 13m，发震地点多半在库尾或水库的中段，发震时的附加水头一般很小，最大震级集中在一个很小的区间里，而与库容、坝高及震中区的水深之间没有明确的相关关系。新店水库是个例外，该库恰好修建在一座开采近 30 年的岩盐矿区之上，库水与采盐钻井相互作用，可能导致采空层的超大规模垮塌而引发较强的地震。这样的条件在一般岩溶发育地区是不存在的。因此，根据这些资料可以认为，一般情况下，岩溶塌陷型水库诱发地震实际发生的最大震级大体上在 Ms3.0 级上下。

在进行最大可能水库诱发地震危险性分析的工作中，将采用各种不利条件相遇的极端情况下可能发生的最大地震，作为评价水库诱发地震对工程产生的极限影响的计算参数。在岩溶强烈发育的地区，以当地一个相当大范围内历史上记载的最大的天然岩溶塌陷地震作为岩溶塌陷型水库诱发地震的上限（即最大可能水库诱发地震），应该说是包含了相当大的安全裕度，同时又是合理的和可信的。

表 7.1　　中国典型岩溶塌陷型水库诱发地震统计表

水库名称	所在省份	最大震级（Ms）	发震时间	震中区岩性
南水	广东	2.3	1970-02-26	石灰岩
前进	湖北	3.0	1971-10-20	白云质灰岩
柘林	江西	3.2	1972-10-14	石灰岩
南冲	湖南	2.8	1974-07-25	石灰岩
黄石	湖南	2.3	1974-09-21	厚层灰岩
新店	四川	4.2	1979-09-15	岩盐、灰岩
乌江渡	贵州	2.1	1982-05-21	厚层灰岩
邓家桥	湖北	2.2	1983-10-30	厚层灰岩
隔河岩	湖北	2.6	1993-05-30	白云质灰岩

通过上面的分析可知，虽然豆沙溪沟的岩溶发育属于中等水平，但其现代岩溶并不发育，因此，我们把该处的震级上限定为 3.0 级，已属于偏安全的考虑。

7.3.2　构造型水库诱发地震危险区震级上限

确定构造型水库诱发地震危险区震级上限的基本思路是诱发构造型水库诱发地震的强度一般不会超过可能发生的最大可信地震。这是因为，由于人工水库的作用，使得断裂带的应力累积提前得以释放，这一观点已达成共识。因此，在确定有可能诱发构造型水库诱发地震的震级上限时，最为关键问题就是要深入研究与库水有关断裂带的地震活动性。

峨边-金阳断裂带有史以来发生的最大地震为 1935 年 12 月 19 日位于峨边附近的 6.0 级地震。该处的地震地质构造背景是近南北向的峨边-金阳断裂带与北西向的马边-盐津断裂带的交汇部位，是区域应力易于集中的地方。该断裂带的中段和南段，历史上没有大于 5¼ 的破坏性地震的记载，自 20 世纪 70 年代国家地震台网运行以来，不曾记录到 4.0 级以上的地震发生，而且从图 3.12 库区地震的空间分布也可以看出，沿断裂带微震的分布没有明显成带的现象。因此，我们把Ⅱ库段硝滩、抓抓岩一带有可能诱发构造型水库诱发地震的地段的震级上限定为 5.0 级。

同样，第Ⅵ库段的金阳河口和牛栏江口两个潜在诱发地震危险区的震级上限，通过对历年来该处地震的空间分布和强度综合分析来看，也不会超过 5.0 级。

第 8 章
溪洛渡水电站水库诱发地震统计预测

8.1 数学模型在水库诱发地震危险性评价中的应用

在水库诱发地震危险性预测研究的发展历史上，曾一度普遍采用地震地质、工程地质类比的定性方法。首次采用水库诱发地震预测模型进行定量、半定量预测的是美国地质调查所 Baecher 等，在 20 世纪 80 年代初用贝叶斯公式建立了概率统计检验模型，对水库诱发地震的可能性进行预测。我国在 80 年代中期开始引入数学模型进行水库诱发地震预测。

采用数学模型进行水库诱发地震的预测，主要目的是减少专家主观因素的影响、使预测意见定量化、预测结果更具有可比性并提高其可信度。但是，相关数学模型的概括和选择存在许多困难。目前，在工程实践中用得较多的是统计检验、灰色聚类、模糊判别等几类预测模型。由于整个地学发展水平的限制，水库诱发地震的诱震机制还不明确，其影响因素目前还不能确切的量化，这些都给模型的实现与计算结果带来不利影响。

利用诱震模型进行水库诱发地震危险性预测的基本步骤包括：

（1）选取诱震因素集，确定诱震因素分类方案及预测目标。

（2）对整个库区，按照工程地质分区进行各区诱震因素状态组合。

（3）根据模型分区预测。

在本章里，将采用统计检验与灰色聚类的数学模型对溪洛渡库区进行水库诱发地震危险性预测，预测单元的划分采用与宏观类比预测中相同的分区方案。之后，将进行基于 GIS 的水库诱发地震危险性模型预测。

8.2 水库诱发地震预测模型的建立

水库诱发地震是人类大规模水利水电工程建设与库坝区自然条件相互作用的结果，具有多种成因机制，众多的影响因素，它们的相互关系非常复杂，而统计预测模型的关键就在于对水库诱发地震影响因素的选择与量化，这关系到水库诱发地震的成因理论、判据集等。所以说，对诱震因素的选择与量化是建立统计预测模型的关键和重要内容，其改进与完善在一定程度上就是模型的改进与完善。

8.2.1 水库诱发地震影响因素的选取

经过近 20 年的研究与探索，对水库诱发地震影响因素的选取，影响较大的主要有四种方案。

8.2.1.1 五因子方案

Baecher B. G. 等在 1982 年提出。五个诱震因子是指：库深（因子 D）、库容（V）、应力场状况（S）、断层活动性（F）、地质条件（G）。

预测模型的五因子方案在我国迄今仍被经常引用。然而，该方案只反映了水库诱发地震研究早期（20 世纪 70 年代）人们对其发震机理的一般看法，即认为：水库及其邻区处于一定的区域应力场状况下（通过因子 S 进行量化表达），原来就存在具有一定活动性的断层（因子 F），以及具有积蓄和释放应变能的介质条件（因子 G——用库盆岩石类型间接地表达），在库水造成的孔隙压力（通过因子 D 表达）和对库盆的荷载（通过因子 V 表达）作用下，提前释放其积蓄的应变能，从而引发的地震活动，就是水库诱发地震。

在五因子方案的统计检验模型中，把整个水库看作一个预测对象，因此只考虑了被高度简化的库盆一般地质环境，而没有区分出可能诱发地震的库段之特殊地震地质条件；只考虑了库水的总体作用，而没有反映库水影响向地质体深部传递的特殊性和局部性。这正是该方案主要缺点之所在。事实上，相近的地质环境和相近库深、库容的大量工程中，大部分并没有诱发地震。对此，五因子方案是很难给出令人满意的回答的。

8.2.1.2 六因子方案

胡毓良、孙君秀等（1996）针对三峡水库诱发地震危险性的预测而提出的改进的诱震因子集。六个诱震因子是：库深、库容、区域应力状态、断层活动性、岩性条件、地震活动背景。

六因子方案的主体沿用 Baecher 的五因子方案，但做了三处明显改进：

（1）增加了地震活动背景（因子 E），它可以反映天然构造地震与构造型水库诱发地震之间的某些内在联系，同时对于判断蓄水后库区出现的地震是否为水库诱发地震，也会有一定的意义；

（2）对每个因子都增列一个“未知”状态，从而更确切地反映了震例样本资料的不完整性，但也可能会因而增加预测结果的不确定性；

（3）将五因子方案中的因子 G“地质条件”明确地改为“岩性条件”，并分为四类九个状态，看来研究者想通过这一因子不仅表达介质的力学特征，而且在某种程度上反映其水文地质条件上的差别。不过，状态取得太多，每个状态能进入统计的样本偏小，在实际操作中可能会带来额外的困难。

曾应用六因子方案的模型对三峡库坝区 3 个宏观判定的水库诱发地震危险区进行过验算，这也是对同一水库不同库段按现场条件分别进行验算预测的实例之一。

8.2.1.3 九因子方案

苏锦星、汪雍熙等在广西大藤峡（1992）和四川二滩（1993）等工程的水库诱发地震危险性综合预测研究中，为反映有关水库诱发地震具有多种成因类型的研究成果，实现按具体的地震地质和水文地质条件，对库坝区各工程地质区段分别进行预测的要求，尝试对 Baecher B. G. 等的诱震因子集进行重大改进，提出了九因子方案，即：库水深度、库容、构造应力环境、断层活动性、岩体类型、地震活动背景、断层发育情况（FD）、断层与库水接触关系（FC）、岩溶发育程度（SK）。

该方案除前四个因子沿用五因子方案的提法外，在新增加的因子中力图反映不同库段水文地质条件的差别，以及库水与较大断裂之间的水力联系。这些因子的地质意义及其与水库诱发地震的关系，将在下文中专门论述。

我们在大藤峡和二滩工程的水库诱发地震研究中，按照九因子的诱震判据集方案，采用统计检验和灰色聚类两种数学模型，首次实现了全库分区段的水库诱发地震危险性预测，取得了较满意的结果。

8.2.1.4　八因子方案

在三峡水库三斗坪—奉节库段水库诱发地震预测研究中（1999），汪雍熙、苏锦星等总结了应用九因子方案的经验及发现的不足，进一步改进，提出八因子方案。八个诱震因子是：库水深度、构造应力场环境、断层活动性、岩体类型、地震活动背景、水文地质结构面的发育情况和导水深度、水文地质结构面与库水的沟通关系、岩溶发育程度。

与九因子方案相比，八因子方案有以下变化：

（1）取消了“库容”因子，原因：一方面，对已有震例资料的分析，并未发现库容造成的附加荷载与诱发地震之间存在明显的相关性；另一方面，当预测对象细分至水库的某个局部地段时，库容作为一个不变量已丧失其统计意义；

（2）明确规定，因子 FD 和 FC 并非特指较大断裂、而是指各种成因的水文地质结构面的导水深度及与库水的水力联系；

（3）适用于对同一库段发生构造型水库诱发地震和岩溶塌陷型水库诱发地震的危险性，分别进行计算、聚类和预测。

下面就八因子方案中各诱震因素对水库诱发地震的影响简述如下。

1. 库水深度

库水对地质体的影响，主要是蓄水造成附加孔隙压力的水压作用和水体重量的荷载作用这两项。对具有不同诱震条件组合的库段分别进行预测时，每个库段有其各自的库水深度，它等于该库段附加孔隙压力的最大值，同时又反映了库水对库盆的压强，选用它作为独立诱震因素之一是恰当的。

2. 构造应力环境

由构造变形引起的应力积累和释放是天然地震产生的必要条件，也是构造型水库诱发地震的必要条件。有些研究者用数学模型检验了断层在不同性质的构造应力环境下水库蓄水后的效应，发现不同性质构造应力场对水库诱发地震的影响不同。应力状态一般以应力主轴的空间配置加以区分：垂直方向为最小主应力时称逆断层环境；垂直方向为最大主应力时称正断层环境；垂直方向为中间主应力时则为走滑断层环境。

3. 断层活动性

水库诱发地震的震例统计资料表明，绝大部分中等强度以上的构造型水库诱发地震与活动断层有关。活动断层是构造型水库诱发地震的主导诱震因素之一，其作用表现在两个方面，一是控制地震发生的部位，二是使由于蓄水所产生的水压可通过断层带传递到岩体深部，从而改变深部的应力状态。

4. 岩体类型（G）

库区地质体构成水库诱发地震震源区的介质环境，是能否诱发水库诱发地震和决定其强度上限的一个重要条件。以往多采用岩石学的类别划分为三个状态（火成岩、变质岩、沉积岩）。为了能更好地综合反映介质的力学特征和水文地质性状，我们改而采用以岩体性状为主，划分为块状岩体、层状岩体和碳酸盐岩体三个“状态”。块状岩体是指火成岩、混合岩、块状火山岩等；层状岩体是指沉积岩中的碎屑岩、层状火山岩和火山碎屑岩，以及变质岩中的千枚岩、板岩、片岩等；碳酸盐岩体包括碳酸盐岩和其他可溶岩。

5. 地震活动背景

虽然已有的资料表明，水库所在区域的地震活动性与诱发地震的关系并不密切（胡毓良，1981），但一个地区的地震活动水平总体上仍可反映其区域稳定状态。而且在一项工程的最初规划阶段，区域地震活动背景往往是所能提供的有关地震的主要资料。

6. 水文地质结构面发育规模和导水深度

理论上，任何岩石都具有一定的渗透性，但完整岩石的透水性是极低的。从水文地质角度，库水的影响只有通过断层、裂隙等岩体中的不连续结构面，才能向地质体深部传递。因此，断层等各类水文地质结构面的发育规模和可能的导水深度，是能否诱发水库诱发地震的重要影响因素。

7. 水文地质结构面与库水的沟通关系

是否存在深水文地质结构面，其性质及与库水的沟通关系如何，是有无可能诱发中强以上构造型水库诱发地震的最主要条件之一。

8. 岩溶发育程度

在水库诱发地震的震例中，发生在碳酸盐岩地区的占了很大比重，而且与当地岩溶发育程度相关明显。因此，本因子是岩溶塌陷型水库诱发地震的关键诱震因子之一。

8.2.2　水库诱发地震诱震因素分类标准

诱震因子集确定之后，就要对模型中的各因子进行一定的量化。由于地学发展水平的限制，目前还不能对许多地学要素进行绝对量化。根据诱震因子的某种性质所处状态按照某种规则（即诱震因子分类标准）进行分档归类，是对诱震因素的一种相对量化过程。上面介绍的几种诱震因素选择方案均有自己的因素分类标准，即不同的诱震因素量化规则。八因素方案诱震因素分类标准见表8.1，每种因素分为3种状态。

表 8.1　　水库诱发地震影响因素及分类标准（苏锦星、汪雍熙等，1999 年）

诱震因素	状态		
	1	2	3
库水深度（D）	D1：＞150m	D2：92～150m	D3：＜92m
构造应力环境（S）	S1：逆断层环境	S2：正断层环境	S3：走滑断层环境
断层活动性（F）	F1：活动的	F2：不活动的	
岩石类型（G）	G1：块状岩体	G2：层状岩体	G3：碳酸盐岩体
地震活动背景（E）	E1：强	E2：中等	E3：弱
水文地质结构面发育情况（FD）	FD1：导水深度＞2km	FD2：导水深度 500～2000m	FD3：导水深度＜500m
水文地质结构面与库水接触关系（FC）	FC1：直接接触	FC2：不直接接触但有沟通	FC3：不沟通
岩溶发育程度（SK）	SK1：强	SK2：弱	SK3：不发育

对各因素的具体量化规则做以下简要说明。

（1）库水深度根据具体库水深度值进行分类，水深处在哪个范围内，就将“库水深度”因子归为那个范围所属的状态类别。在表 8.1 中，沿用了五因子方案中对库水深度三分的分类标准。

（2）构造应力环境指断层在目前的区域应力场作用下所处的应力状态，而不是指它在历史上曾经表现过的性质。在这里，我们根据断层与区域应力场间的夹角来确定其所属状态。

（3）断层活动性根据断层（断裂）最近一次活动的时间确定其目前所属活动性。在这里我们将 Q_3 以来活动的断层定为活动的，其他均为不活动。

（4）岩石类型：具体指岩体性状所属状态，块状、层状（包括碳酸盐岩）以及松散碎屑岩。

（5）地震活动背景根据烈度区划来确定地震活动背景的强弱，基本烈度≥Ⅷ为地震活动强；Ⅶ≤基本烈度＜Ⅷ为地震活动中等；基本烈度≤Ⅵ为地震活动微弱。

（6）水文地质结构面发育情况根据断层等级确定此项因子所属状态，一般，区域性断裂带为一级断层 FD1，导水深度在 2km 以上；构造单元内部长度不超过 10～20km 的地区性断层为二级断层 FD2，导水深度从地表 500m 至 2km；表层的小断层和节理裂隙等为 FD3，一般导水深度在地表 500m 以内。

（7）水文地质结构面与库水接触关系：根据研究区到水库的距离确定。分为直接接触、不直接接触但有沟通、不沟通三种状态。

（8）岩溶发育程度根据研究单元内岩溶的具体发育状况确定。

8.2.3　水库诱发地震预测目标的确定

这里的预测目标是指对预测的水库诱发地震震级上限进行分档的方案。不同的诱震因素选择方案对应有各自的预测目标。

(1) 五因子方案的预测目标：发生水库诱发地震、不发生水库诱发地震。

(2) 六因子方案预测目标：M_1（发生 Ms≥5.0 级的水库诱发地震）、M_2（4.9～4.0 级）、M_3（3.9～3.0 级）、M_4（2.9～0.0 级）、M_5（未发生水库诱发地震）。

(3) 九因子方案预测目标：M_1 强震（Ms≥6.0 级）、M_2 中等强度地震（5.9～4.5 级）、M_3 弱震（4.4～3.0 级）、M_4 微震（Ms<3.0 级）、M_5（不发震）。

(4) 八因子方案预测目标：与九因子方案的诱震预测目标相同。

8.2.4 先验概率的统计

在统计检验、灰色聚类等诱震预测模型中，先验概率的统计即诱震因子不同状态的发震概率统计非常重要。统计样本的选取是先验概率统计的关键。

各诱震因子选择方案中统计样本的选择情况如下。

(1) 五因子方案中，选取 234 座大型水库，其中未发震 205 座，占 87.61%，发震的是 29 座，占 12.39%。

(2) 六因子方案中，根据不同的具体数学模型，样本的选取有 3 种情况：

①模糊聚类，选取 71 座水库诱发地震震例；

②灰色聚类，选取 308 座水库，其中未发震的是 208 座，占 67.53%，发震的是 100 座，占 32.47%；

③概率预测，选取 268 座深大水库，其中未发震的是 208 座，占 77.61%，发震的是 60 座，占 22.39%。

(3) 九因子方案中，选取 251 座大型水库，其中未发震的 205 座，占 81.67%，发震的是 46 个，占 18.33%。

(4) 八因子方案预测模型中，沿用九因子方案中的先验概率统计结果。

8.3 溪洛渡库区水库诱发地震预测模型及分区

8.3.1 研究区预测模型的建立

在本项目中建立溪洛渡水库诱发地震预测模型时，根据该库区的地震地质、水文地质等具体条件，采用了八因子方案，包括诱震因素的确定、诱震因素分类标准、诱震预测目标、先验概率的统计等。分别预测两种主要成因类型的水库诱发地震，即构造型和岩溶塌陷型。岩溶塌陷型水库诱发地震的预测中采用八个因子，而构造型水库诱发地震的预测中采用其中除了“岩溶发育程度”之外的其他七个因子。八个诱震因子的分类标准见表 8.1。

有关预测目标，将预测水库诱发地震震级上限分为“强、中强、弱、微、无震”5 个状态，具体标准如下：状态 M_1——强烈水库诱发地震（M≥6.0 级）；状态 M_2——中等强度水库诱发地震（6.0>M≥4.5 级）；状态 M_3——弱震（4.5>M≥3.0 级）；状态 M_4——微震（M<3.0 级）；状态 M_0——不发生水库诱发地震。

按照表 8.1 中的八项诱震因子分状态对 251 座大型水库样本进行统计，统计参数结果见表 8.2。

表 8.2　诱震因子不同状态的发震概率

诱震因素及状态		M_1	M_2	M_3	M_4	M_0
库水深度（D）	1	0.00	0.22	0.46	0.36	0.18
	2	1.00	0.70	0.46	0.54	0.60
	3	0.00	0.08	0.08	0.10	0.22
构造应力状况（S）	1	0.00	0.10	0.23	0.32	0.17
	2	0.40	0.41	0.62	0.50	0.68
	3	0.60	0.49	0.15	0.18	0.15
断层活动性（F）	1	0.90	0.70	0.38	0.21	0.10
	2	0.10	0.30	0.62	0.79	0.90
岩性类型（G）	1	0.70	0.48	0.46	0.21	0.48
	2	0.05	0.10	0.15	0.47	0.36
	3	0.25	0.42	0.39	0.32	0.16
地震活动背景（E）	1	0.25	0.20	0.31	0.21	0.24
	2	0.25	0.40	0.46	0.53	0.47
	3	0.50	0.40	0.23	0.26	0.29
水文地质结构面发育情况（FD）	1	0.75	0.60	0.57	0.31	0.21
	2	0.20	0.30	0.38	0.50	0.28
	3	0.05	0.10	0.05	0.19	0.51
水文地质结构面与库水接触关系（FC）	1	0.80	0.80	0.69	0.61	0.38
	2	0.10	0.10	0.23	0.29	0.31
	3	0.10	0.10	0.08	0.10	0.31
岩溶发育程度（SK）	1	1.00	0.42	0.55	0.50	0.16
	2	0.00	0.33	0.35	0.17	0.34
	3	0.00	0.25	0.10	0.33	0.50

注　M_1 的统计样本量偏小（4 个），使用时须十分谨慎。

根据选取样本集的统计，发生强震、中强震、弱震、微震和不发震五个状态的先验概率分别为：

状态 M_1——强烈水库诱发地震（M≥6.0 级）　$P(M_1)=0.02$；
状态 M_2——中等强度水库诱发地震（6.0>M≥4.5 级）　$P(M_2)=0.04$；
状态 M_3——弱震（4.5>M≥3.0 级）　$P(M_3)=0.05$；
状态 M_4——微震（M<3.0 级）　$P(M_4)=0.07$；
状态 M_0——不发生水库诱发地震　$P(M_0)=0.82$。

8.3.2　研究区预测单元划分及诱震因素状态组合

用宏观类比方法对溪洛渡库区进行水库诱发地震危险性预测时，将整个库区范围划分为七个预测单元，分别根据每个预测单元的构造、岩性、水文地质条件等对它们分别进行预测。在这里用数学模型进行预测时，统一采用上面的分区方案。对于每一个预测单元，确定其中每个诱震因子所属的优势状态，构成该预测单元的诱震因子状态组合。

在预测单元的分区中，尽管已经考虑了每个分区内地层、构造、水文地质条件等的相对完整性、统一性，但在确定每个诱震因子的具体状态时，又会出现两种状态难以取舍的情况，以取优势状态为指导原则。考虑到地层发育的复杂性，多数单元在对“岩性”因子归类时，分别取了两种状态，形成两种组合。在这里出现的主要情况是，预测单元内灰岩、层状岩体都很发育，结合诱震的类型，取两种组合，可能诱发构造型地震的组合中取块状或层状岩体，可能诱发岩溶塌陷型地震的组合中取灰岩状态。各预测单元诱震因子状态组合列入表 8.3 中。

表 8.3　　溪洛渡库区水库诱发地震分区及预测单元诱震因子状态组合表

预测单元编号	预测单元划分	组合方案编号	预测单元诱震因子状态组合
Ⅰ	坝区至吴家田坝	组合 1	D1 S1 F2 G1 E2 FD3 FC1
		组合 2	D1 S1 F2 G3 E2 FD3 FC1 SK2
Ⅱ	吴家田坝至黄华	组合 3	D1 S1 F1 G2 E2 FD1 FC1
		组合 4	D1 S1 F1 G3 E2 FD1 FC1 SK3
Ⅲ	黄华至河口	组合 5	D2 S1 F2 G2 E2 FD2 FC1
		组合 6	D2 S1 F2 G3 E2 FD2 FC1 SK3
Ⅳ	河口至热水河乡	组合 7	D2 S1 F2 G2 E2 FD2 FC1
		组合 8	D2 S1 F2 G3 E2 FD2 FC1 SK2
Ⅴ	热水河乡至三坪子	组合 9	D2 S1 F2 G3 E2 FD2 FC1
		组合 10	D2 S1 F2 G3 E2 FD2 FC3 SK3
Ⅵ	三坪子至对坪	组合 11	D3 S1 F2 G2 E2 FD1 FC1
		组合 12	D3 S1 F2 G3 E2 FD1 FC1 SK3
Ⅶ	对坪至白鹤滩	组合 13	D3 S1 F2 G2 E2 FD2 FC2
		组合 14	D3 S1 F2 G3 E2 FD2 FC2 SK3

确定每个预测单元中诱震因子的所属状态即对该因子的量化，是对该单元的实际状况进行了合理的简化而来，作为预测该单元是否诱发水库诱发地震的客观依据，直接参与模型的计算。

8.4 溪洛渡水库诱发地震数值模型预测

8.4.1 概率统计检验法预测

8.4.1.1 方法简介

水库诱发地震预测的统计检验模型可表达为

$$P(M_i)=\frac{P(M_i)P(A|M_i)}{P(A)} \tag{8.1}$$

式中：M_i 为震级的类别（$i=0$，1，2，3，4），即预测目标（地震震级上限所属状态）；A 代表各诱震因子及其相应的状态；$P(M_i)$ 为各不同震级地震类别的先验概率；$P(A|M_i)$为不同诱震因子组合条件下不同震级的条件概率；$P(A)$ 为水库诱发地震的全概率，由式（8.2）计算：

$$P(A)=\sum_{i=0}^{4}P(A\mid M_i)P(M_i) \tag{8.2}$$

我们在前人研究的基础上，应用贝叶斯公式建立了预测水库诱发地震的统计检验模型，可分别求出不同强度地震发生的概率。

8.4.1.2　计算结果

根据统计检验模型的数学表达，代入上面统计获得的不同诱震状态的条件概率和先验概率，对表 8.3 中列出的研究区各预测单元诱震因子状态组合方案进行统计检验，计算各单元所属预测目标对应的五个状态的概率，取其中概率值最大的那个预测状态，作为该单元被预测的可能最大发震强度。块状、层状岩体的预测单元组合中只有前七个因子参加计算，灰岩体预测单元中，八个因子全部参加计算。考虑到原始统计资料的不确定性较大，当求得的概率最大的两个状态比较接近时（概率值差小于等于 0.15），将它们同时列入预测结果中。统计检验计算结果列入表 8.4 中。

从上面统计检验结果中看出，预测在Ⅱ区段即吴家田坝至黄华段有可能诱发构造型的微震或强震以及岩溶塌陷型的微震或弱震，在Ⅴ库段可能诱发构造型的微震，而在其他区段基本没有诱发水库诱发地震的可能性。但是，在某些区段的预测中发现，除了概率最大值外，概率次大值也相对较大，比如Ⅳ区段河口至热水河乡及Ⅲ区段黄华至河口，M_4 都比较大，因此在这些区段，不能排除会诱发个别微震。

8.4.2　灰色聚类法预测

8.4.2.1　方法简介

水库诱发地震可以看作是一个灰色系统，其中部分信息为已知，而部分信息未知，可用灰色聚类分析方法来预测水库诱发地震的可能性。

表 8.4　　　　统计检验计算结果

预测单元分区		组合方案编号	统计检验预测计算结果					可能发震强度
			M_1	M_2	M_3	M_4	M_0	
Ⅰ	坝址至吴家田坝	组合 1	0.001	0.003	0.022	0.075	0.900	M_0
		组合 2	0.000	0.006	0.050	0.151	0.793	M_0
Ⅱ	吴家田坝至黄华	组合 3	0.300	0.032	0.217	0.317	0.135	M_4、M_1
		组合 4	0.105	0.157	0.264	0.333	0.140	M_4、M_3
Ⅲ	黄华至河口	组合 5	0.000	0.004	0.028	0.338	0.630	M_0
		组合 6	0.000	0.020	0.032	0.333	0.615	M_0

续表

预测单元分区		组合方案编号	统计检验预测计算结果					可能发震强度
			M_1	M_2	M_3	M_4	M_0	
Ⅳ	河口至热水河乡	组合 7	0.000	0.004	0.028	0.338	0.630	M_0
		组合 8	0.000	0.036	0.152	0.236	0.630	M_0
Ⅴ	热水河乡至三坪子	组合 9	0.001	0.030	0.120	0.383	0.467	M_0，M_4
		组合 10	0.000	0.004	0.006	0.097	0.892	M_0
Ⅵ	三坪子至对坪	组合 11	0.004	0.002	0.033	0.176	0.785	M_0
		组合 12	0.001	0.011	0.038	0.175	0.775	M_0
Ⅶ	对坪至白鹤滩	组合 13	0.000	0.000	0.007	0.135	0.857	M_0
		组合 14	0.000	0.001	0.008	0.136	0.855	M_0

水库诱发地震的灰色聚类分析，是将要预测的水库（聚类对象）按不同聚类指标（即诱震因子）分别归入不同的聚类类别（按水库诱发地震震级分类）的一种方法。具体方法介绍如下。

1. 灰色聚类分析的要素

（1）聚类对象——需预测的水库，或同一水库不同聚类指标的组合（预测单元），记作：

$$i \in \{1,2,\cdots,m\} \tag{8.3}$$

式中：m 为所要预测的预测单元数。

（2）聚类指标——基于对水库诱发地震形成机制和条件的认识，以及收集资料的可能性，选用 8 个诱震因子（表 8.4）作为聚类指标，记作：

$$j \in \{1^{\#},2^{\#},\cdots,8^{\#}\} \tag{8.4}$$

聚类指标的状态分档标准亦见表 8.1。

（3）聚类类别——共分五类，记作：

$$K \in \{M_1, M_2, M_3, M_4, M_0\} \tag{8.5}$$

式中：M_1 为诱发 $Ms \geqslant 6.0$ 级强震；M_2 为诱发 $4.5 \leqslant Ms < 6.0$ 级的中等强度地震；M_3 为诱发 $3.0 \leqslant Ms < 4.5$ 级的弱震；M_4 为诱发 $Ms < 3.0$ 级的微震；M_0 为不发震。

2. 具体步骤

（1）给出聚类的白化数 X_{ij}。X_{ij} 与普通聚类方法不同，灰色聚类是根据灰色统计和决策权进行聚类，而不是基于等价关系，所以先要给出各聚类指标的白化函数。X_{ij} 是 i 类聚类对象对 j 个聚类指标所拥有的白化数。每个聚类指标又有 2～3 种不同的状态作为分指标。

（2）确定灰类白化函数。灰类白化函数功效函数 $Y_{kj}(X_{ij})$，是指 X_{ij} 属于第 K 类地震类别的权重。

以分类标准为基础，根据各灰类对不同指标值的“接受程度”和各指标对评判等级的相对重要程度，可确定功效函数。

(3) 求标准聚类权。由白化函数可求得“临界值”λ_{kj}，然后由式（8.6）计算标准聚类权 η_{kj}。

$$\eta_{kj}=\frac{\lambda_{kj}}{\sum_j \lambda_{kj}} \tag{8.6}$$

(4) 求聚类系数。聚类系数 σ_{ik} 可按式（8.6）计算：

$$\sigma_{ik}=\sum_j Y_{kj}(X_{ij})\eta_{kj} \tag{8.7}$$

式中：σ_{ik} 为第 i 个预测单元关于 k 种类别的系数；$Y_{kj}(X_{ij})$ 属于第 K 类地震的权重，即功效函数；η_{kj} 为标准聚类权。

(5) 构造聚类行向量。对 i 个预测单元构造聚类行向量：

$$\sigma_i=\{\sigma_{i1},\sigma_{i2},\sigma_{i3},\sigma_{i4},\sigma_{i5}\} \tag{8.8}$$

(6) 聚类。取所判断水库或预测单元的聚类向量中最大者，即为其所属的类型。

8.4.2.2　计算结果

对整个研究区按 14 个组合方案（表 8.3）进行灰色聚类分析。

各种诱震因子组合方案的功效函数从表 8.2 中得来。

块状、层状岩库段的 λ_{kj} 值统计列入表 8.5a 中，灰岩库段的见表 8.5b。

块状、层状岩库段的标准权 η_{kj} 列入表 8.6a 中，灰岩库段的见表 8.6b。

灰色聚类分析计算的结果见表 8.7。对每一个预测单元，取五个聚类类别中聚类系数最大者，即认为是该单元预测的可能发震强度。同样，由于方法有一定的不确定性，当几个较大的聚类系数的数值十分接近（差别不大于 1%）时，将它们按数值大小并列入预测结果栏中。

表 8.5a　　块状、层状岩库段 λ_{kj} 值统计

	1#	2#	3#	4#	5#	6#	7#	$\sum\lambda_{kj}$
M_1	0.45	0.60	0.90	0.55	0.50	0.90	0.90	4.80
M_2	0.45	0.60	0.80	0.55	0.50	0.80	0.80	4.50
M_3	0.40	0.70	0.50	0.55	0.50	0.80	0.60	4.05
M_4	0.40	0.60	0.40	0.55	0.50	0.50	0.60	3.55
M_0	0.25	0.60	0.88	0.55	0.50	0.50	0.55	3.83

表 8.5b　　灰岩库段 λ_{kj} 值统计

	1#	2#	3#	4#	5#	6#	7#	8#	$\sum\lambda_{kj}$
M_1	0.45	0.60	0.90	0.55	0.50	0.90	0.90	0.30	5.10
M_2	0.45	0.60	0.80	0.55	0.50	0.80	0.80	0.30	4.80
M_3	0.40	0.70	0.50	0.55	0.50	0.80	0.60	0.70	4.75
M_4	0.40	0.60	0.40	0.55	0.50	0.50	0.60	0.70	4.25
M_0	0.25	0.60	0.88	0.55	0.50	0.50	0.55	0.50	4.33

表 8.6a　　块状、层状岩库段标准权 η_{kj}

	1#	2#	3#	4#	5#	6#	7#
M_1	0.09	0.13	0.19	0.11	0.10	0.19	0.19
M_2	0.10	0.13	0.18	0.12	0.11	0.18	0.18
M_3	0.10	0.17	0.12	0.14	0.12	0.20	0.15
M_4	0.11	0.17	0.11	0.15	0.14	0.14	0.17
M_0	0.07	0.16	0.23	0.14	0.13	0.13	0.14

表 8.6b　　灰岩库段标准权 η_{kj}

	1#	2#	3#	4#	5#	6#	7#	8#
M_1	0.09	0.12	0.18	0.11	0.10	0.18	0.18	0.06
M_2	0.09	0.13	0.17	0.11	0.10	0.17	0.17	0.06
M_3	0.08	0.15	0.11	0.12	0.11	0.17	0.13	0.15
M_4	0.09	0.14	0.09	0.13	0.12	0.12	0.14	0.16
M_0	0.06	0.14	0.20	0.13	0.12	0.12	0.13	0.12

从表 8.7 灰色聚类分析计算结果来看，第Ⅱ库段诱发中、强地震的可能性较大；第Ⅲ、Ⅳ、Ⅴ、Ⅵ库段诱发地震的强度多以微震为主，其中第Ⅳ库段不排除诱发个别弱震的可能性；第Ⅰ、Ⅶ库段不会诱发任何类型的水库诱发地震。

表 8.7　　灰色聚类分析计算结果

预测单元分区		组合编号	灰色聚类分析结果（×10）					可能发震强度
			σ_{i1}	σ_{i2}	σ_{i3}	σ_{i4}	σ_{i5}	
Ⅰ	坝址至吴家田坝	组合 1	3.495	3.456	3.926	4.169	4.946	M_0
		组合 2	3.190	3.365	3.876	3.889	4.432	M_0
Ⅱ	吴家田坝至黄华	组合 3	6.015	4.620	4.244	4.089	2.548	M_1
		组合 4	5.890	4.847	4.121	3.767	2.664	M_1
Ⅲ	黄华至河口	组合 5	2.955	4.010	4.152	5.191	4.773	M_4
		组合 6	2.965	4.242	4.062	4.679	4.600	M_4
Ⅳ	河口至热水河乡	组合 7	2.955	4.010	4.152	5.191	4.773	M_4
		组合 8	2.965	4.290	4.437	4.423	4.408	M_3，M_4
Ⅴ	热水河乡至三坪子	组合 9	3.065	4.394	4.488	4.966	4.493	M_4
		组合 10	1.705	3.052	3.269	3.965	4.509	M_0
Ⅵ	三坪子至对坪	组合 11	4.000	3.800	4.152	4.441	4.416	M_4
		组合 12	3.955	4.077	4.081	4.055	4.288	M_0
Ⅶ	对坪至白鹤滩	组合 13	1.625	2.000	3.082	4.163	4.409	M_0
		组合 14	1.705	2.377	3.160	3.835	4.281	M_0

第 9 章
溪洛渡水库诱发地震综合评价

9.1 水库诱发地震危险性综合预测

在以上各章节中，我们对溪洛渡工程的水库诱发地震危险性进行了以地震地质类比为主的宏观预测，并选用概率统计检验和灰色聚类等方法，对溪洛渡的诱震危险性进行了数学模型的计算和预测。本章将汇总各种方法取得的结果，对溪洛渡工程的水库诱发地震危险性进行综合预测，评价其对水工建筑物、库区环境及居民点的影响，以满足施工阶段和蓄水初期防震减灾工作的需要。

在我们承担的“九五”国家重点科技攻关项目（96-221-03-01）专题中，结合溪洛渡工程建立了基于 GIS 技术的水库诱发地震危险性预测系统。最初建立的是以地震地质类比法为依据的专家预测模型，后又开发了基于 GIS 的概率统计检验和灰色聚类模型。为了对比，在此一并与本次研究的成果进行综合分析。

将宏观地震地质类比预测结果、统计检验和灰色聚类两种数学模型的预测结果和 GIS 预测系统的 3 种模型预测结果一并列于表 9.1 中。表 9.1 中最后一栏是经过综合分析后确定的最终预测意见。选取其中的宏观地震地质类比法、常规统计检验法、常规灰色聚类法和 GIS 灰色聚类模型 4 种方法对溪洛渡水库各库段诱发地震预测的危险区位置及强度进行对比，按构造型和岩溶型分别绘图 9.1 和图 9.2。

需要说明一点，本报告中常规的概率统计检验和灰色聚类数值模型是以整个库段作为最小预测单位的，对于一个库段而言预测结果只有一个，其概率是一样的。而基于 GIS 的预测模型对库区的划分要精细得多，以 0.1km×0.1km 为基本单元计算其危险性和诱震强度，最后根据每个单元的计算值分档圈画出预测结果。

9.1.1 基本评价

从表 9.1 和图 9.1、图 9.2 中可以看出，这几种方法均认为第Ⅰ、Ⅲ、Ⅴ、Ⅶ库段不可能诱发水库诱发地震或只可能发生 3 级以下微震（构造型或岩溶塌陷型）。这似乎说明，利用数学模型判定不可能发生水库诱发地震或不会诱发超过 3.0 级地震的库段是比较有效和可信的。在有可能发生较强水库诱发地震的库段，比如第Ⅱ、Ⅵ库段，在对震级上限的预测上存在着一定程度的差异。看来，用数学模型预测水库诱发地震的强度还有待改进，目前的可信度并不是很高。令人鼓舞的是，这几种方法预测的构造型水

表 9.1 　　溪洛渡库区水库诱发地震危险性综合预测总表

预测单元编号及分布范围		数学模型组合方案编号	水库诱发地震类型	宏观类比	模型统计预测		基于 GIS 的模型预测			水库诱发地震综合预测	
				极限震级（Ms）	统计检验	灰色聚类	专家系统	统计检验	灰色聚类	极限地震	
										震级（Ms）	烈度
Ⅰ	坝址至吴家田坝	组合 1	构造型	—	M_0	M_0	可能性极小	M_0	M_0	—	—
		组合 2	岩溶型	3.0	M_0	M_0	可能性极小	M_0	M_0	3.0	Ⅳ
			卸荷型	3.0	*	*	*	*	*	<3.0	Ⅳ
Ⅱ	吴家田坝至黄华	组合 3	构造型	5.0	M_4、M_1	M_1	可能性较小	M_1（抓抓岩）	M_1（抓抓岩）	5.0	Ⅵ～Ⅶ
		组合 4	岩溶型	—	M_4、M_3	M_1	可能性极小	M_2（上田坝）	M_1（抓抓岩）	—	—
Ⅲ	黄华至河口	组合 5	构造型	—	M_0	M_4	可能性较小	M_0	M_4（库区）	—	—
		组合 6	岩溶型	—	M_0	M_4	可能性较小	M_4（河口以北）	M_4（河口以北）	—	—
			卸荷型	3.0	*	*	*	*	*	<3.0	Ⅳ
Ⅳ	河口至热水河乡	组合 7	构造型	—	M_0	M_4	可能性较小	M_0	M_4（库区）	<4.5	Ⅴ
		组合 8	岩溶型	—	M_0	M_4、M_3	可能性极小	M_0	M_0	—	—
Ⅴ	热水河乡至三坪子	组合 9	构造型	—	M_0、M_4	M_4	可能性较小	M_0	M_0	—	—
		组合 10	岩溶型	—	M_0	M_0	可能性极小	M_0	M_0	—	—
			卸荷型	3.0	*	*	*	*	*	<3.0	Ⅳ
Ⅵ	三坪子至对坪	组合 11	构造型	5.0	M_0	M_4	可能性较小	M_0	M_4（炎山街）	<5.0	Ⅵ～Ⅶ
		组合 12	岩溶型	—	M_0	M_0	可能性极小	M_0	M_0	—	—
Ⅶ	对坪至白鹤滩	组合 13	构造型	—	M_0	M_0	可能性极小	M_0	M_0	—	—
		组合 14	岩溶型	—	M_0	M_0	可能性极小	M_0	M_0	—	—
			卸荷型	3.0	*	*	*	*	*	<3.0	Ⅳ

注 M_1——强烈水库诱发地震（M≥6.0 级）；M_2——中等强度水库诱发地震（4.5≤M<6.0）；M_3——弱震（3.0≤M<4.5）；M_4——微震（M<3.0 级）；M_0——不发生水库诱发地震；“—”表示“可能性极小”；“*”表示没有进行预测。

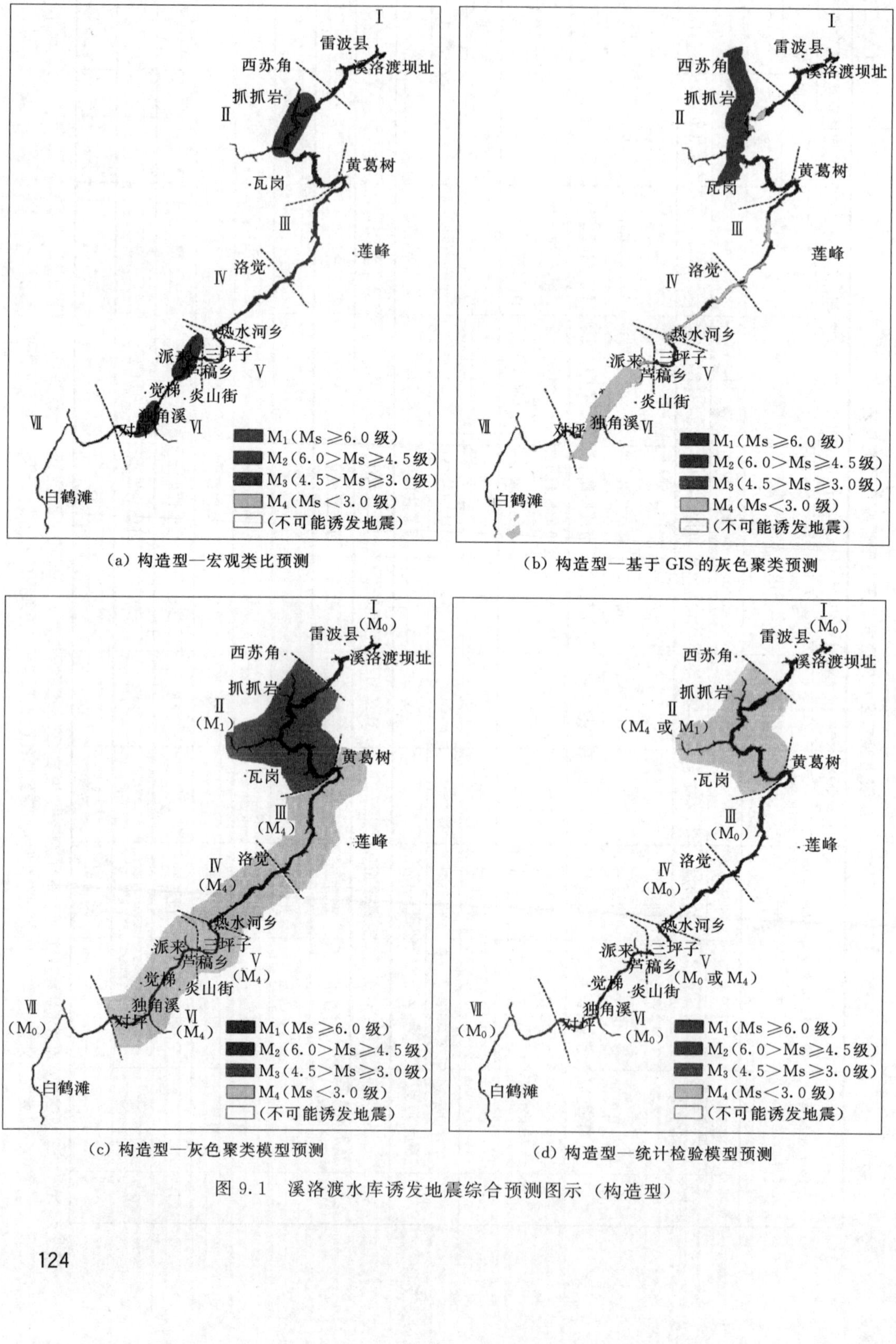

(a) 构造型—宏观类比预测

(b) 构造型—基于 GIS 的灰色聚类预测

(c) 构造型—灰色聚类模型预测

(d) 构造型—统计检验模型预测

图 9.1 溪洛渡水库诱发地震综合预测图示（构造型）

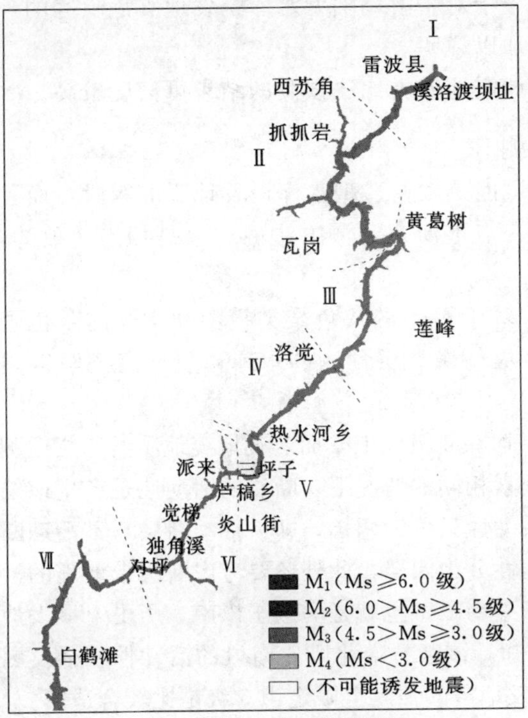

(a) 岩溶塌陷型—宏观类比预测

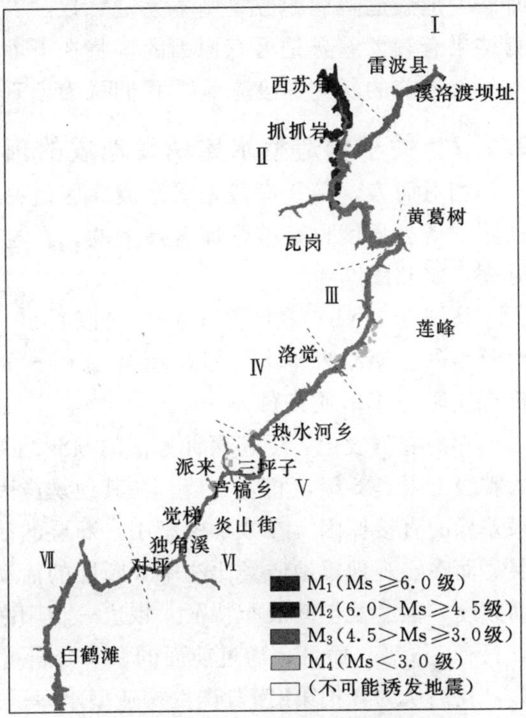

(b) 岩溶塌陷型—基于GIS的灰色聚类预测

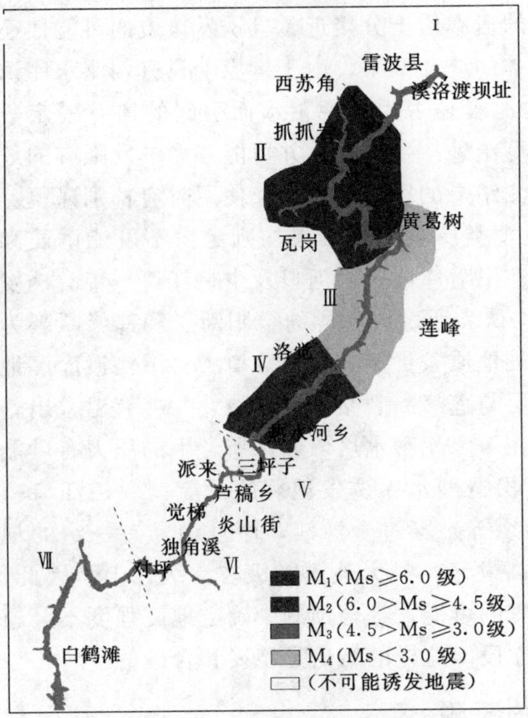

(c) 岩溶塌陷型—灰色聚类模型预测

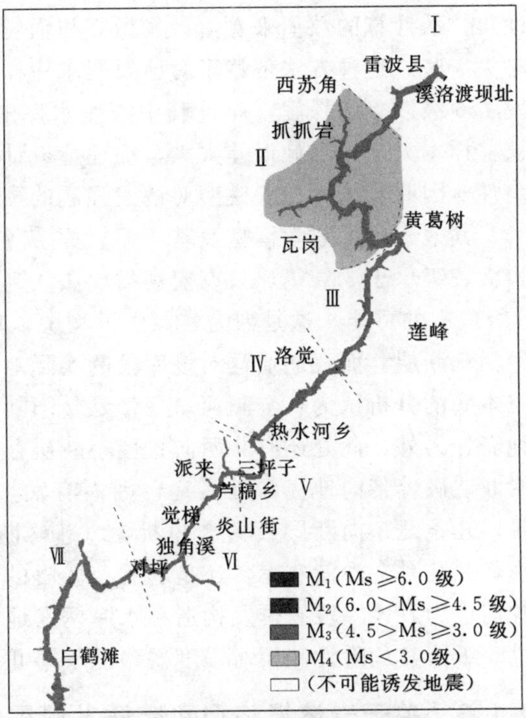

(d) 岩溶塌陷型—统计检验模型预测

图9.2 溪洛渡水库诱发地震综合预测图示（岩溶型）

库诱发地震危险区的位置基本上是一致的。至于对岩溶塌陷型水库诱发地震危险区的预测结果有较大差异是另有原因的，将在下面加以说明。

就目前的研究深度来看，我们认为宏观地震地质类比法预测的结果可信度较高。

9.1.2　关于构造型水库诱发地震的预测

相对而言，第Ⅱ库段是溪洛渡库区最有可能诱发构造型水库诱发地震的区段，而且预测的诱震强度也是整个库区最大的。在这一点上所有预测方法的结果是相当一致的，见表 9.1 和图 9.1。

从图 9.1（b）和图 9.1（c）可以看出，基于 GIS 的灰色聚类模型和常规的灰色聚类模型的预测结果基本一样，而基于 GIS 的灰色聚类所预测的水库诱发地震危险区更符合实际地震地质条件。

在地震强度上，上述两种方法的预测结果均在 6 级以上，而宏观地震地质类比法预测的震级上限是 5 级，相差一档。在其他诱震因素相同的情况下，断层的活动性是产生该结果差异的直接原因。在数学模型中，断层的活动性只分为两档，即：活动断层与不活动断层。而在宏观地震地质类比法中，断层的活动性分为四档，此外还要考虑断层带地震的活动频度、强度及空间展布特征。峨边—金阳断裂南段，也就是马颈子以南，历史上最大地震只有 5¼级，而且，通过前面的章节分析可知，该断裂带北段比南段的活动性稍强。因此，我们认为，把第Ⅱ库段诱发构造型水库诱发地震的强度上限定为 5 级是比较合适的。

常规统计检验模型预测的结果显示，库区只有第Ⅱ库段有可能诱发构造型水库诱发地震。从计算的数值来看，诱发微震与强震的概率值十分接近，且诱发微震的可能性还略大一些。这种方法依赖于对已发震水库样本的统计结果，由于世界上只有四座水库诱发了 6 级以上的强震，而且其中两座水库的地震是否因水库蓄水而引起的还有一定争议，样本太少，统计误差太大，往往造成计算结果产生畸变，并可能夸大诱发强震的危险性。因此，统计检验模型对诱发强震的预测结果的可信度较低，使用时应特别谨慎。

其他库段，数学模型及基于 GIS 的灰色聚类所预测的结果均判定为不可能诱震和最大震级小于 3.0 级，只有宏观类比法认为在第Ⅵ库段金阳河口及牛栏江口一带有诱发 5 级地震的可能。这是因为，数学模型中，均认为通过该库段的金阳断层和莲峰断裂为不活动断层。而我们通过对该库段的实际地震地质条件调查和第 3 章中对溪洛渡库区地震本底的分析认为：金阳河口一带是金阳断层与莲峰断裂交汇的部位，并伴有温泉出露地表。另外，此处还有北西向张性小断层存在，水库蓄水后，库水所产生的压力有可能沿断层破碎带向地壳深处传递，因而有发生构造型水库诱发地震的可能；牛栏江口一带，几条北东向断层（臭水井断层、莲峰断裂等）穿过金沙江，而且均具有一定的规模，尤其是金沙江右岸，还是弱震、微震的高发区，最大地震震级在 4 级以上。因此，我们认为，该库段有诱发构造型水库诱发地震的可能，综合预测中确定地震强度不会超过 5 级，其危险性和相对强度要略低于第Ⅱ库段，这样的结论是稳妥和合理的。

9.1.3　关于岩溶塌陷型水库诱发地震的预测

是否诱发岩溶塌陷型水库诱发地震，取决于岩溶的发育程度。构造条件、水文地质条件及岩相本身的沉积韵律是影响岩溶发育与否的重要因素。表 9.1 和图 9.2 中，有两个库段（Ⅱ和Ⅰ）几种数学模型的计算结果与宏观类比的结论相比，有较大差别。特别是常规数学模型所预测的个别库段，计算所得的震级上限明显高于我国已有震例的最大震级。溪洛渡库区以碳酸盐岩为主，而且主要是奥陶系和寒武系灰岩。这两套地层均以砂页岩与灰岩互层状产出，而且单层厚度较薄，这样的岩性组合是不利于岩溶发育的。现场调查也证实了这样的分析。数学模型计算结果偏高，可能是由于数学模型在岩溶塌陷型水库诱发地震预测时，把断层的活动性作为一个独立的重要诱震因子参与计算，过分夸大了断层活动性在岩溶塌陷型水库诱发地震中的作用，从而导致Ⅱ库段结果严重偏高的现象。这也说明了，用数学模型预测岩溶塌陷型水库诱发地震，模型本身有待进一步完善。

我们通过宏观类比认为，溪洛渡库区只有第Ⅰ库段有诱发岩溶塌陷型水库诱发地震的可能。由于其离坝址区较近，敏感性较强，在第 6 章中针对此问题进行了仔细分析，认为库首段岩溶发育程度属于中等水平，震级上限不会大于 3 级。而在数学模型预测中，并未考虑第Ⅰ库段的敏感性问题，而得出了不可能诱发地震的结论。

9.2 适用于水库诱发地震的衰减规律

一般认为，由于水库诱发地震的震源很浅，震中烈度往往偏高，而随距离的衰减则比天然地震为快。我们曾对水库诱发地震的震级和震中烈度的关系进行过统计分析，发现小于 4 级的水库诱发地震，其震中烈度确实有偏高的现象。有时只有 1～2 级的地震，当地的震感已十分强烈，还造成少量房屋损坏，震中烈度相当于Ⅳ至Ⅴ度。而同样震级的天然地震，人们一般是感觉不到的。然而，现有的资料还表明，随着震级的升高，烈度偏高的程度逐渐减小，至今还没有看到 4.0 级以下水库诱发地震的震中烈度超过Ⅵ度的情况。而当水库诱发地震震级大于 4.0 级时，一般已属构造型水库诱发地震，其震中烈度与天然构造地震大致相同，并没有明显的偏高现象。

至于水库诱发地震随距离的衰减规律，包括岩溶塌陷型水库诱发地震的衰减规律，由于能圈出可靠的等震线图的震例为数极少，难于得出可信的烈度衰减公式。对于构造型水库诱发地震我们所采用的关于烈度衰减的经验公式：

$$\text{长轴：} I_a = 6.874 + 1.344M - 2.237\ln(R+20) \quad \sigma = 0.535 \tag{9.1}$$

$$\text{短轴：} I_b = 8.802 + 1.247M - 2.884\ln(R+17) \quad \sigma = 0.503 \tag{9.2}$$

式中：I 为影响烈度；M 为震级；R 为震中距。

该公式是国家地震局地质研究所 1990 年在《金沙江溪洛渡水电站工程地震综合研究报告》中用于进行地震危险性分析的。我们在对溪洛渡库区构造型水库诱发地震可能对坝址区产生的影响时，也选用了上述两公式。

9.3 水库诱发地震对坝区极限影响的评价

对坝区极限影响的评价，也就是估算库区的每一个潜在危险区发生极限地震时对坝区可能造成的危害程度。

按照 7.2 节在 3 个重点库段中圈出的 4 个危险区以及第 8 章所预测的结果，求出其至坝址的直线距离，用表 9.1 中确定的最大可能水库诱发地震的震级，代入式（9.1）和式（9.2），即可估算出坝区的影响烈度值。具体核算结果见表 9.2。可见，在假设的极端不利的条件下，各危险区段的诱发地震对溪洛渡坝址的极限影响烈度均不会超过Ⅵ度，远远低于坝区的地震基本烈度Ⅷ度。

在第 6.3 节，分析了坝址区一带的岩溶水文地质结构条件，指出其不利于水库诱发地震的发生。然而，坝址区是个十分敏感的地段，备受各方面的关注，需要谨慎对待。在这里我们再考虑一种特殊情况，即万一坝区附近发生岩溶塌陷型的微震，其对工程会产生怎样的影响。由于该库段确实不具备产生巨型岩溶塌陷的地质条件，因此将最大可能水库诱发地震的震级设定为 Ms3.0 级比较合理，考虑到震中烈度高于天然地震的情况而取其为Ⅴ度或Ⅴ度强。在出现这样的极端情况时，坝区受到的影响烈度也不会大于Ⅳ度，职工和当地居民将会强烈有感，但一般工业民用建筑物不会遭受明显损坏，更不致影响水工建筑物的安全。

综上所述，由于按各种极端情况考虑时，水库诱发地震对坝区的影响烈度均远远低于本工程区的基本烈度Ⅷ度，不会对水工建筑物产生不良影响。

表 9.2　　水库诱发地震对坝区极限影响评价表

可能发震区				坝址区	
库段	发震地点	震级（Ms）	震中烈度	距大坝距离 /km	影响烈度 I_a/I_b
Ⅰ	豆沙溪沟	3.0	Ⅴ	3	3.9/3.9
Ⅱ	抓抓岩	5.0	Ⅵ～Ⅶ	24	5.1/4.3
Ⅵ	金阳河口	5.0	Ⅵ～Ⅶ	87	3.1/<3
	牛栏江口	5.0	Ⅵ～Ⅶ	106	<3

9.4 水库诱发地震对库区环境的影响

9.4.1 对库岸稳定的影响

有一种看法认为，有些水库诱发地震的震级虽然不大，但频繁的地震有可能破坏地层的平衡，从而引起库岸的滑坡。H.K. 古普塔等在其专著《水坝与地震》中，就持这种观点，并引用了意大利瓦依昂水库的大滑坡作为例证。

瓦依昂水库的大坝坐落在石灰岩的深峡谷中，坝高达 262m，是当时世界上最高的双曲拱坝，它形成的水库库容为 1.7 亿 m^3。水库蓄水后发现微震活动增加，3 年过后，在一次 4.0 级地震（该水库蓄水以来的最大地震）后一个月，发生了灾难性的大滑坡，2 亿多立方米土石下滑，填塞了水库，所产生的巨大涌浪越过坝顶，冲毁下游一个小镇，造成两千多人丧生。但另一些研究者对此持有完全不同的解释。如著名的奥地利学者缪勒博士就曾指出，在勘测阶段有人发现，该水库左岸存在着一个巨大的活动性滑坡，但并未引起有关工程人员的注意，蓄水使得该滑坡的缓慢活动逐渐加快，并最终导致整体性的剧冲型下滑，而记录到的微震活动正是滑坡发生过程中产生的地震效应。

事实上，除了这个有争议的例子外，在国内外一百多个诱发地震的水库区，迄今还没有看到有关水库诱发地震引起库岸滑坡的报导。我国的新丰江水库，1961 年发生的主震震中烈度达到Ⅷ度，由那之后的 30 年中，记录到大小水库诱发地震 30 余万次，其中包括若干次 5 级以上的地震，但一直没有看到有关大规模边坡失稳的报道。近年来发生诱发地震的一些高坝大库，也没有出现大的边坡失稳现象。其中乌溪江、乌江渡和龙羊峡三座水库进行了比较细致的研究，现作一些介绍。

浙江乌溪江水库，蓄水后在高山村一带出现了诱发地震，最大震级 Ms2.8 级，震中烈度达到Ⅴ度；该水库诱发地震的特点之一是伴随有大量的微震和极微震，最多时一天之中记录到 1000 多次极微震。震中区下游数公里处水库左岸曾发生一个坐落型的滑坡，约 1 万平方米，进行了专门的地质调查和研究工作，证明它属于正常的岸坡再造现象，与水库诱发地震无关。除此之外，没有发现其他明显的地表变形现象。

乌江渡水库下坝村位于河谷左岸，村后三叠系的灰岩陡壁可达数百米，卸荷作用强烈，蓄水前陡壁顶部张开的垂直裂缝长在 150m 以上，并且还在发展中。蓄水后该村恰好处在水库诱发地震的震中区，笔者对村后陡崖进行了详细的补充地质调查，提交了专题研究报告，证明水库诱发地震对天然的岸坡卸荷裂隙未产生明显的影响。

青海龙羊峡水库，库首部位的南岸，在查纳沟左岸于 20 世纪 40 年代发生滑坡，现存的后缘陡壁仍高达 400 余 m。这一带的库岸稳定性经过了长期的细致研究，还布置了先进完善的监测系统。1981 年 11 月围堰挡水期间发生水库诱发地震以来，近十年中已记录到数百次微震和弱震，主要分布在曲沟、查纳沟和龙羊峡峡谷的进口段。也就是说，恰好与这些古滑坡和现代滑坡处在同一地区。1990 年 4 月 26 日，在水库西北方向，距大坝 60km 的塘格木农场一带发生 6.9 级的强烈地震，大坝附近的宏观地震影响烈度为Ⅴ度强。龙羊峡电厂的地震台记录到这次地震的余震五千多次。10 余年来相对频繁的微震活动，均未对库岸稳定带来不良影响。

具体到溪洛渡水电站库区，从其地质条件看，库岸稳定条件与乌江渡水库相近，远比龙羊峡水库优越，应该说，即使出现频繁的微震活动，也不足以使现有的库岸稳定条件明显恶化，更不可能出现像瓦依昂水库那样的大滑坡。

9.4.2 对居民点的可能影响

溪洛渡库区为峡谷型，山高谷深，沿江居民点高程较高，在第Ⅱ和Ⅵ库段内，人口稀少，更无重要城镇和厂矿企业，即便发生上述的 5 级地震，震中烈度达到Ⅵ～Ⅶ度（表 9.3）。震中区一个小范围内的村庄可能会有少数老旧房屋受到轻度破坏，但不可能带来较大的危害，而且随着距离的增加，地震影响将迅速减弱。不过从已发生的震例可见，水库诱发地震的震感往往比较强烈，加之相对频繁的微震和极微震常伴随着隆隆地声，容易引起人们的惊恐；由于其他原因而产生的地表形变现象（如暴雨泥石流和滑坡、库水位升降引起的库岸再造，甚至工程开挖或爆破造成地表裂缝等），也容易误认为是水库诱发地震的危害。因此，在施工和蓄水初期，特别应注意在职工和当地群众中普及地震知识，正确引导，避免因惊慌或谣传而造成不必要的损失。

表 9.3　　中国地震烈度表

烈度	在地面上人的感觉	房屋震害程度	其他震害现象
Ⅲ	室内少数静止中人有感觉	门、窗轻微作响	
Ⅳ	室内多数人、室外少数人有感觉，少数人梦中惊醒	门、窗作响	
Ⅴ	室内普遍、室外多数人有感觉，多数人梦中惊醒	门窗、屋顶、屋架颤动作响，灰土掉落，抹灰出现微细裂缝，有檐瓦掉落，个别屋顶烟囱掉砖	不稳定器物摇动或翻倒
Ⅵ	多数人站立不稳，少数人惊逃户外	损坏——墙体出现裂缝，檐瓦掉落，少数屋顶烟囱裂缝、掉落	河岸和松软土出现裂缝，饱和砂层出现喷砂冒水；有的独立砖烟囱轻度破坏
Ⅶ	多数人惊逃户外，骑自行车的人有感觉，行驶中的汽车驾乘人员有感觉	轻度破坏——局部破坏，开裂，小修或不需要修理可继续使用	河岸出现坍方；饱和砂层常见喷砂冒水，松软土地上出现裂缝，大多数独立砖烟囱中等破坏
Ⅷ	多数人摇晃颠簸，行走困难	中等破坏——结构破坏，需要修复才能使用	干硬土上亦出现裂缝；大多数独立砖烟囱严重破坏；树梢折断；房屋破坏导致人畜伤亡
Ⅸ	行动的人摔倒	严重破坏——结构严重破坏，局部倒塌，修复困难	干硬土上出现许多地方有裂缝；基岩可能出现裂缝、错动；滑坡塌方现象常见；独立砖烟囱许多倒塌

注　摘自《中国地震烈度表》（GB/T 17742—1999）。

下篇

金沙江溪洛渡工程水库诱发地震分析与验证

第 10 章
溪洛渡水电站蓄水后震情变化

10.1 金沙江下游梯级水电站水库诱发地震监测系统概况

金沙江下游梯级水电站水库诱发地震监测系统测震系统由 73 个固定测震台站（其中 42 个含强震测项）（已建 53 个）、28 个强震动观测台站组成（已建 20 个）、4 个管理分中心和 1 个网络管理总中心组成，沿金沙江两岸分布。

自 2008 年 8 月水库诱发地震监测台网投入运行以来，经历了 2008 年 8 月 30 日攀枝花市 6.1 级、2010 年 8 月 29 日巧家 4.8 级、2012 年 9 月 7 日昭通 5.7 级和 5.6 级、2013 年 2 月 19 日巧家 4.9 级、2014 年 4 月 5 日永善 5.3 级、8 月 3 日鲁甸 6.5 级和 8 月 17 日永善 5.0 级地震的考验，取得地震记录约 1 万 7 千余次，强震记录 1 千余条，最大峰值加速度为 234.4gal，启动流动观测 3 次，现场宏观地震调查 6 次，为金沙江下游区域的抗震安全提供了技术支撑。

10.2 初期蓄水震情变化

2012 年 11 月 16 日至 2013 年 5 月 3 日为电站第一阶段蓄水，水位由 391.5m 抬升至 440m。在第一阶段蓄水期间，发生在库首区的地震频次有所增加，溪洛渡第一阶段蓄水库水位与地震频次关系如图 10.1 所示，库水位与地震时序关系曲线如图 10.2 所

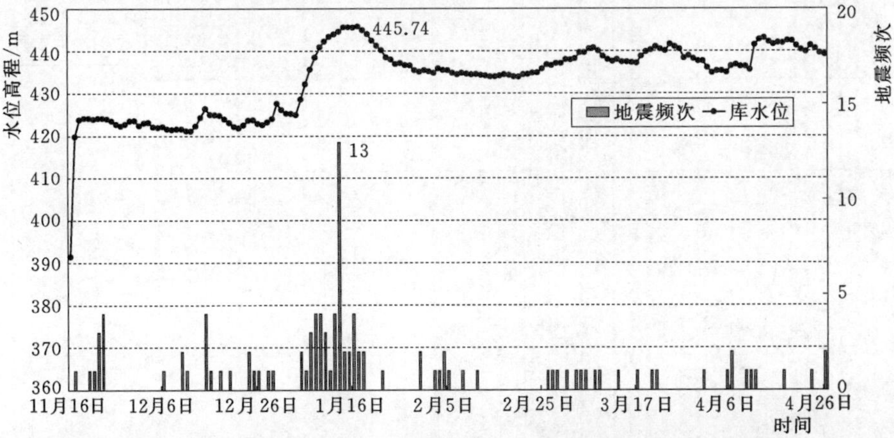

图 10.1 溪洛渡第一阶段蓄水库水位与地震频次关系曲线图

示，空间分布见图 10.3。

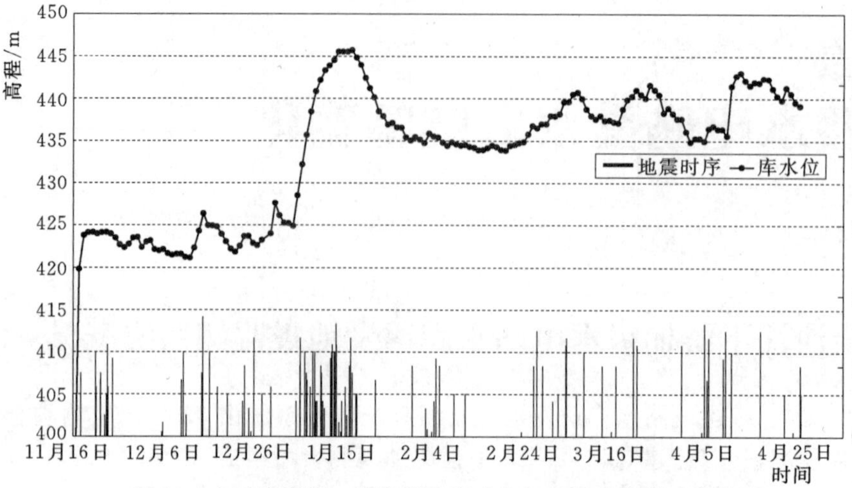

图 10.2　溪洛渡第一阶段蓄水库水位与地震时序关系曲线图

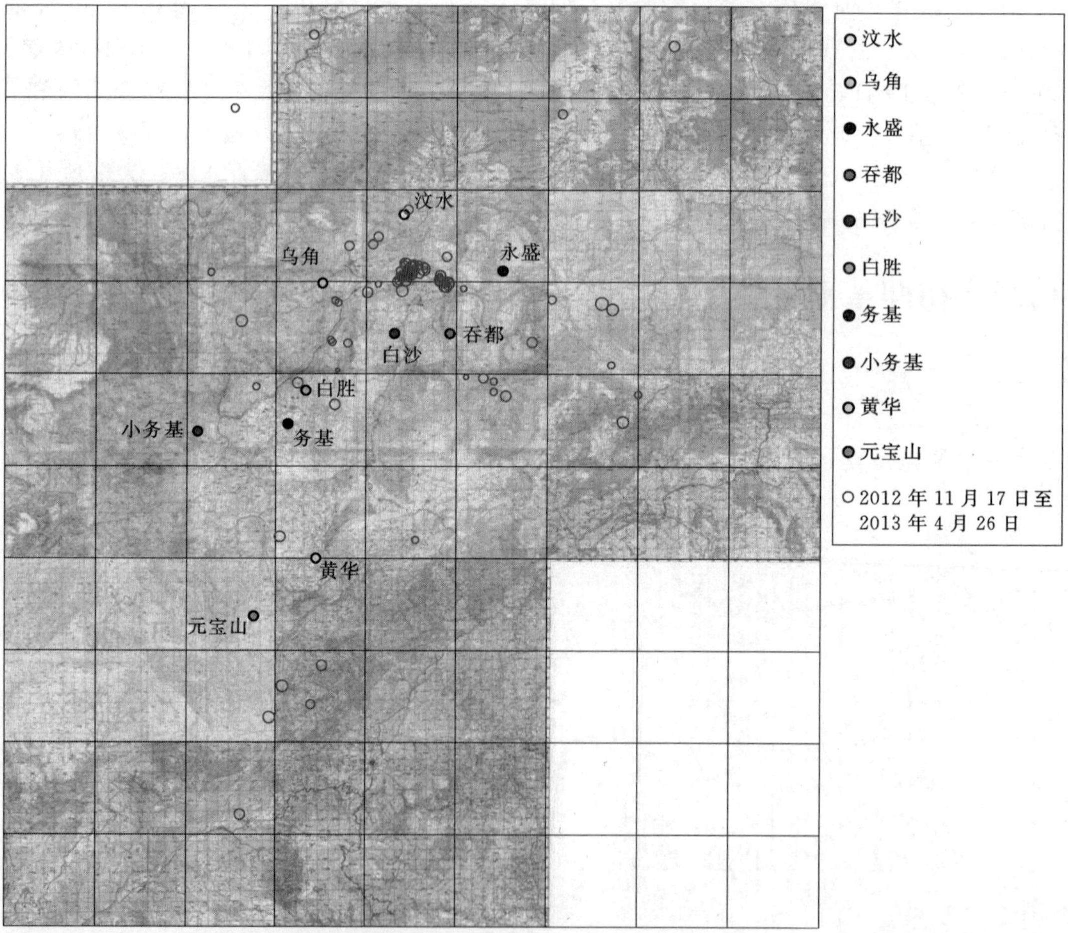

图 10.3　溪洛渡第一阶段蓄水地震空间分布图

10.3 溪洛渡第二阶段蓄水震情变化

10.3.1 蓄水阶段划分

2013年5月4日，溪洛渡水电站开始第二阶段蓄水，水位从440.87m不断抬升，至2013年6月25日，水位升至目标蓄水位540.01m。6月26日至10月15日，库水位保持在540m运行，其间有两个时间水位有所上升，最高水位达到554m，之后又回落到540m。

第三阶段水库蓄水从2013年10月26日的540m开始，12月9日到达目标蓄水位560m。2013年12月10日至2014年3月27日，库水位基本保持在560m左右。从3月28日库水位从562.43m开始回落，至5月21日至540.55m。5月22日至6月6日，水位在540～543m之间运行。6月7日，库水位从541.5m开始抬升，至8月31日至583.15m。

10.3.2 震情概述

2013年5月4日至2014年8月31日，金沙江下游地震台网在溪洛渡库区范围共记录到13982次地震，其中第一、第二库段M_L0.5级以上地震7120次，分别为M_L0.5～0.9级地震4789次，M_L1.0～1.4级地震1633次，M_L1.5～1.9级地震490次，M_L2.0～2.4级地震147次，M_L2.5～2.9级地震33次，M_L3.0～3.4级地震16次，M_L3.5～3.9级地震6次，M_L4.0～4.4级地震3次，M_L4.5～4.9级地震1次，M_L5.0级以上地震2次，最大地震为2014年5月4日发生在白胜乡附近的M_L5.6级地震。其震中分布如图10.4所示。

从图上可以看出，地震的分布极不均匀，主要集中坝址区的上、下游。白胜和务基等地方，其他地方密集成带的现象不明显。在水库蓄水过程中的不同阶段，地震在空间分布、强度和频度上也各具特点。

10.3.3 不同蓄水阶段震情特点

2013年5月4日到6月25日，库水从440.87m抬升到540.01m，水位上升约100m，其间共发生M_L 0.5级以上地震1324次，分别为M_L 0.5～0.9级地震1006次，M_L 1.0～1.4级地震248次，M_L 1.5～1.9级地震64次，M_L 2.0～2.4级地震5次，M_L 2.5～2.9级地震1次，该时段没有M_L 3.0级以上地震发生。其震中分布如图10.5所示。

从图上可以看出，第二阶段库水位抬升过程中，地震主要集中分布于豆沙溪至油房沟金沙江的左岸，且距江边不超过5km的范围。地震强度均以微震和极微震为主。油房沟至务基段金沙江的右岸该时段也有微震发生，但密集成带分布的现象不明显。沿西苏角河支流也有零星的微震发生。

2013年6月26日到10月15日，库水位基本保持在540m左右，其间有两次水位抬升后又回落到540m的过程，抬升最高水位到554.41m。其间共发生M_L 0.5级以上地震 1837 次，分别为 M_L 0.5～0.9 级地震 1349 次，M_L 1.0～1.4 级地震 380 次，M_L 1.5～1.9 级地震 91 次，M_L 2.0～2.4 级地震 13 次，M_L 2.5～2.9 级地震 3 次，M_L 3.0～3.4 级地震 1 次，最大地震为 2013 年 6 月 29 日发生在白胜乡附近的 M_L 3.0 级。其震中分布如图 10.6 所示。

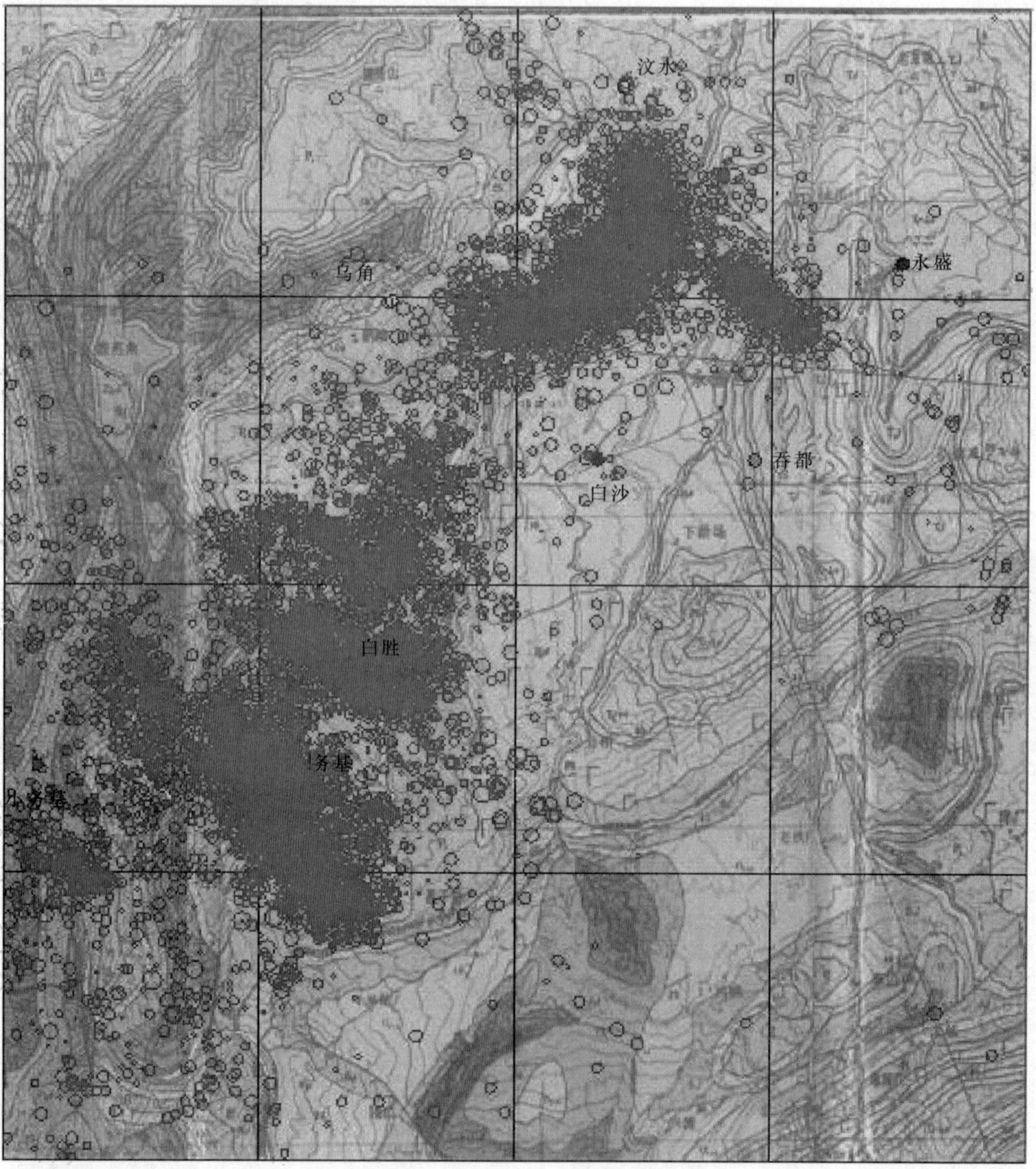

图 10.4　第一、第二库段地震震中分布图

2013 年 5 月 4 日至 2014 年 8 月 31 日

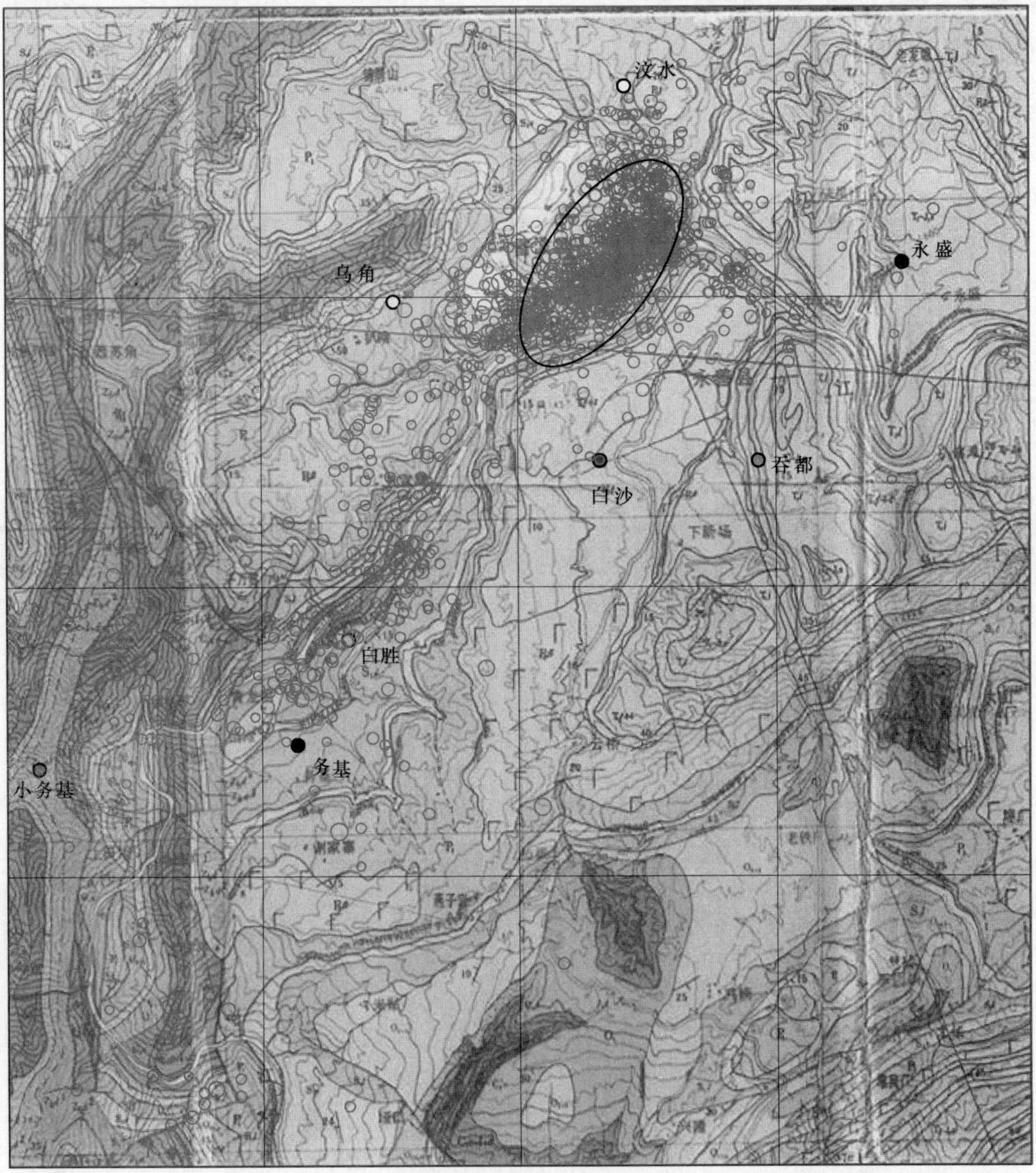

图 10.5　第一、第二库段第二阶段库水位抬升过程中地震震中分布图
2013 年 5 月 4 日至 6 月 25 日

从图中可以看出，该段时间内发生在第一库段的地震震中空间分布与第二阶段库水位抬升过程中地震震中分布基本相同，地震的强度也没有太大变化。但在第二库段出现两到三个微震相对密集的区域，如图中标示的 B 区、C 区以及沿美姑河支流等。2013 年 6 月 29 日发生在白胜乡附近的 M_L3.0 级地震位于 C 区。

2013 年 10 月 16 日，溪洛渡库水位从 540.8m 开始缓慢抬升，到 12 月 9 日升至 560.43m，55 天增加水头约 20m，平均每天上升 36cm。其间共发生 M_L 0.5 级以上地

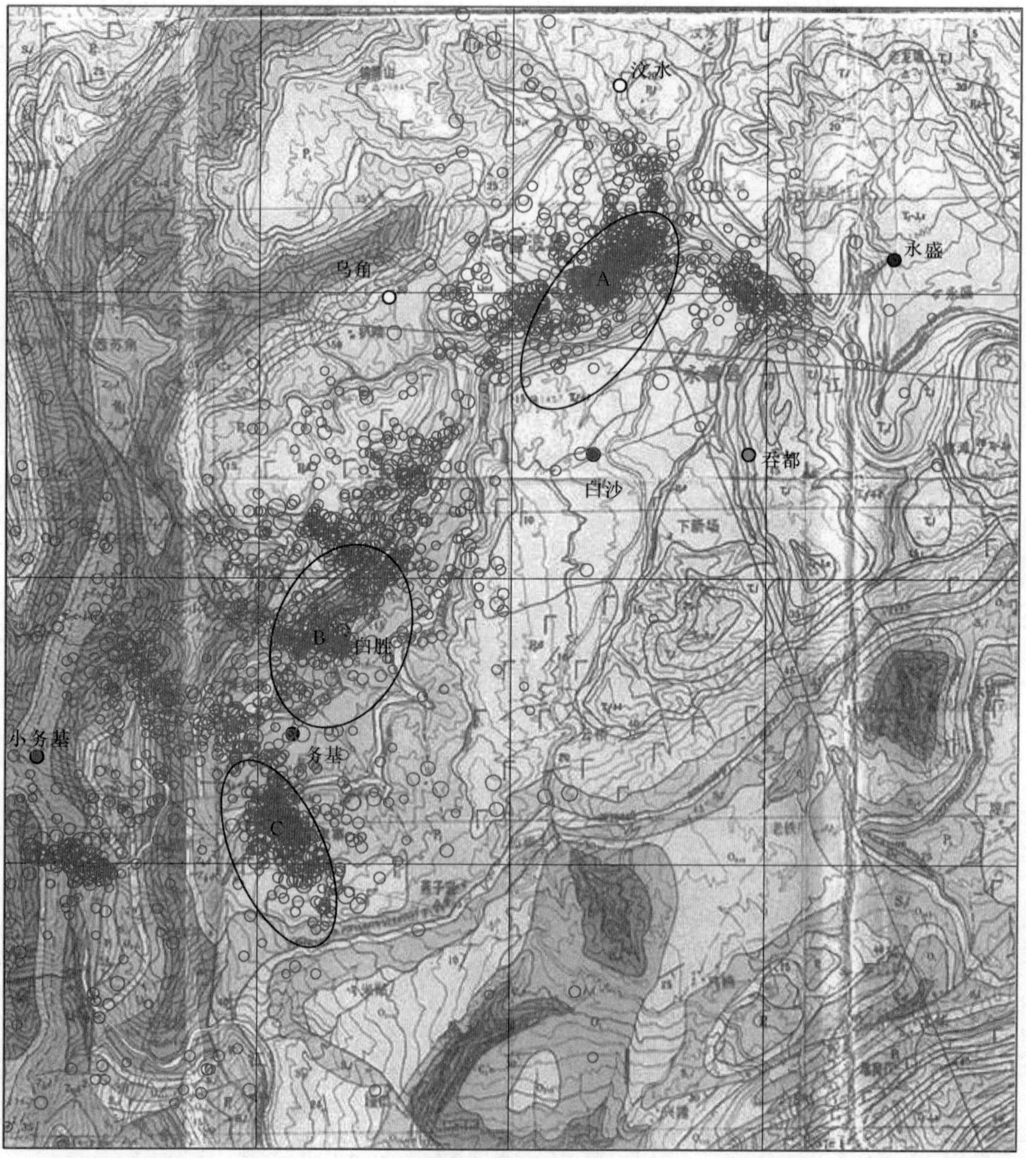

图 10.6　水库蓄水期间第一、第二库段震中分布图

2013 年 6 月 25 日至 10 月 15 日

震 300 次，分别为 M_L 0.5～0.9 级地震 226 次，M_L 1.0～1.4 级地震 57 次，M_L 1.5～1.9 级地震 14 次，M_L 2.0～2.4 级地震 3 次，没有 M_L 2.5 级以上地震发生。其震中分布如图 10.7 所示。

从图上可以看出，该段时间内地震以极微震为主，主要分布于坝址到油房沟江的左岸一侧和五官寨至抓抓岩段，抓抓岩到黄华段和油房沟至五官寨段则很少发生地震。

2013 年 12 月 10 日至 2014 年 3 月 27 日，库水位在 557～562.58m 之间平稳运行。其间共发生 M_L0.5 级以上地震 599 次，其中 M_L 0.5～0.9 级地震 409 次，M_L 1.0～1.4

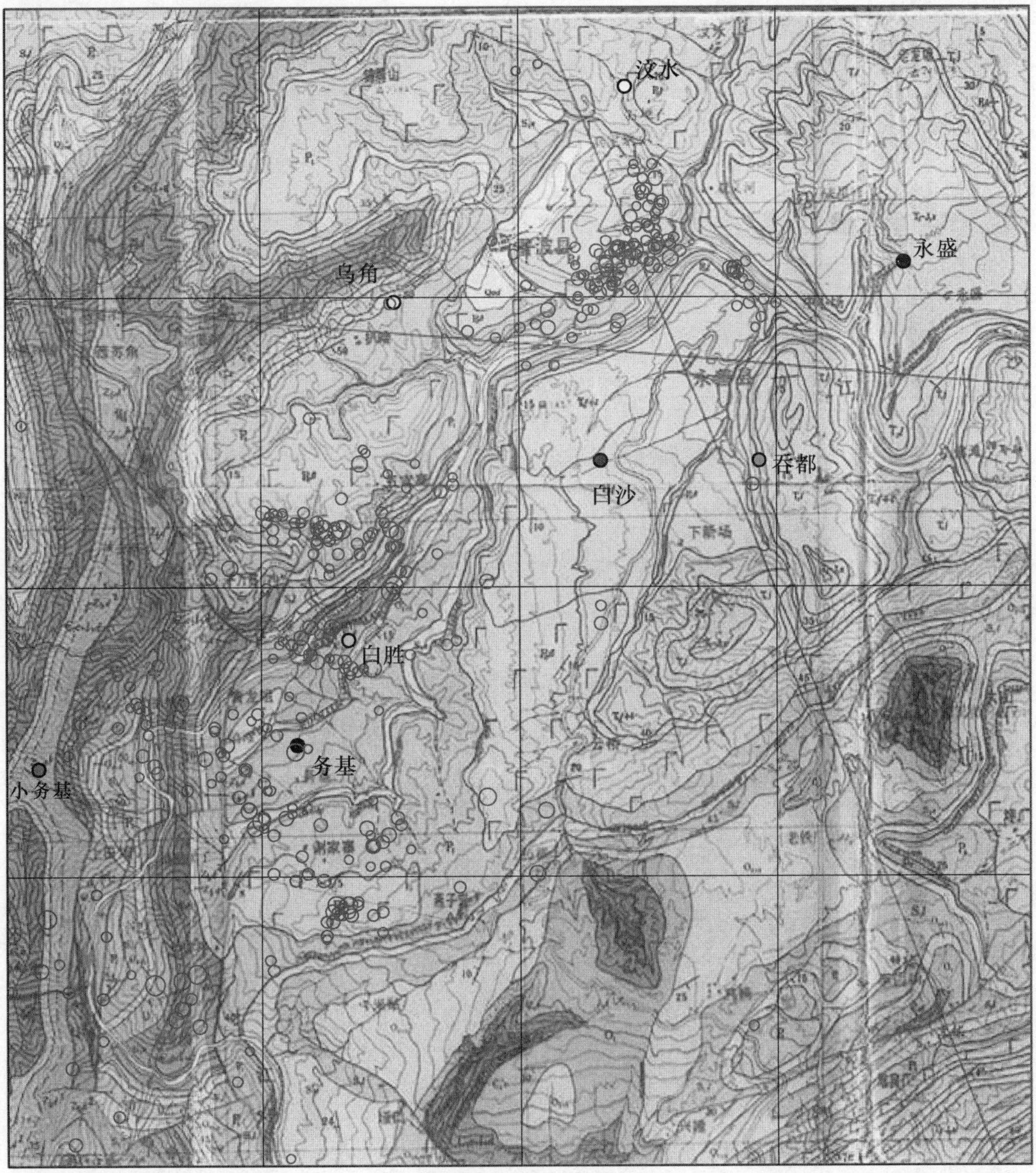

图 10.7 水库蓄水期间第一、第二库段震中分布图
2013 年 10 月 16 日至 12 月 9 日

级地震 140 次，M_L 1.5～1.9 级地震 39 次，M_L 2.0～2.4 级地震 11 次，仍没有 M_L 2.5 级以上地震发生。其震中分布如图 10.8 所示。

本时间段内，地震强度仍以极微震为主。从图上可以看出，震中主要集中分布于图中所示的 A、B、C 三个区域。11 次 M_L 2.0～2.4 级地震，其中 C 区有 5 次、A 区有 4 次、B 区 2 次。C 区即务基一带，微震震中呈北北西向条带状展布，且该时间段内微震的频度明显高于 A、B 两区。

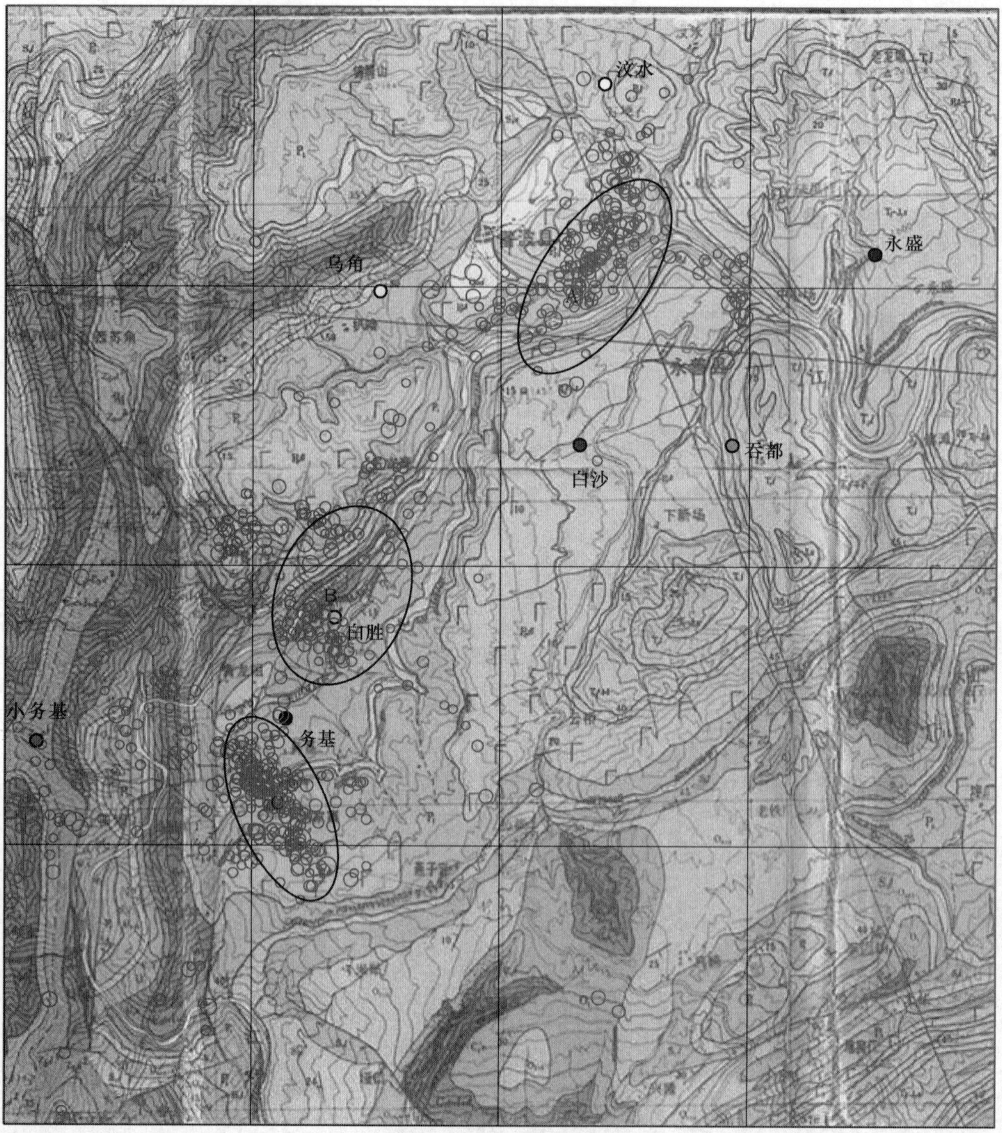

图 10.8　水库蓄水期间第一、第二库段震中分布图
2013 年 12 月 10 日至 3 月 27 日

2014 年 3 月 28 日，库水位从 562.11m 开始回落，至 4 月 4 日，回落到 559.77m。这 9 天时间，共发生 M_L0.5 级以上地震 179 次，分别为 M_L 0.5～0.9 级地震 126 次，M_L 1.0～1.4 级地震 42 次，M_L 1.5～1.9 级地震 7 次，M_L 2.0～2.4 级地震 2 次，M_L 3.0～3.4 级地震 1 次，M_L3.5～3.9 级地震 1 次，震中分布如图 10.9 所示。

本时间段内，地震强度有所增强。从图上可以看出，震中主要集中分布于图中所示的 C 区，2 次 M_L 3.0 级地震均发生在该区域内，最大地震为 3 月 31 日的 M_L 3.7 级。2 次 M_L 2.0～2.4 级地震发生在 B 区，A 区范围只有极个别的极微震发生。C 区微震、弱震震中仍呈北北西向条带状展布，与上个时间段该区微震的空间分布基本相同。

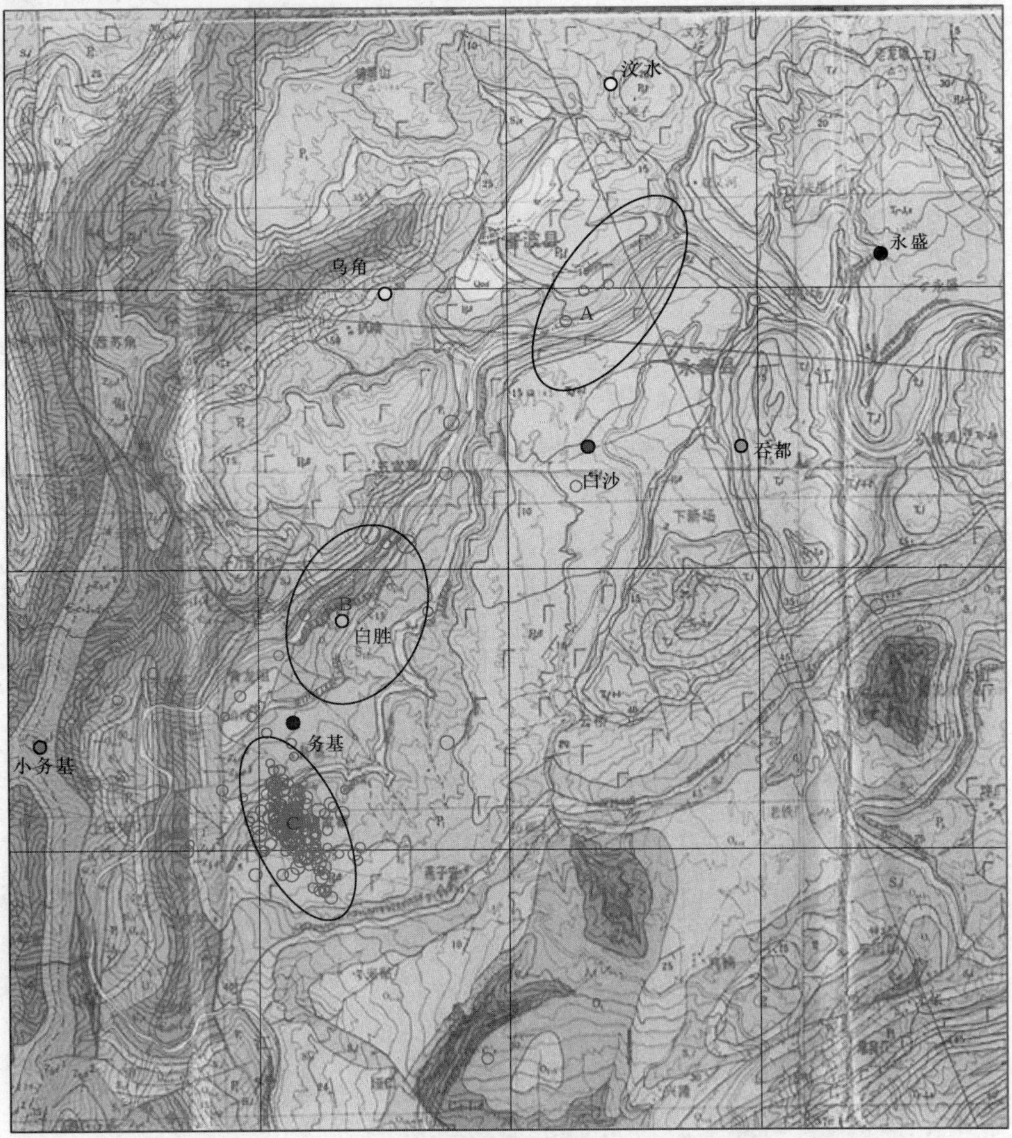

图 10.9 水库蓄水期间第一、第二库段震中分布图

2014 年 3 月 28 日至 4 月 4 日

2014 年 4 月 5 日，库水位从 559.32m 继续回落，至 5 月 21 日，回落到 540.55m。这期间共发生 M_L 0.5 级以上地震 1423 次，分别为 M_L 0.5～0.9 级地震 992 次，M_L 1.0～1.4 级地震 312 次，M_L 1.5～1.9 级地震 74 次，M_L 2.0～2.4 级地震 29 次，M_L 2.5～2.9 级地震 11 次，M_L 3.0～3.4 级地震 3 次，M_L 3.5～3.9 级地震 1 次，M_L 5.0 级以上地震 1 次。最大地震是 4 月 5 日发生在白胜乡的 M_L 5.6 级地震。震中分布如图 10.10 所示。

从图中可以看出，M_L5.6 级地震发生后至库水位回落到 540.55m 这段时间内，地震主要集中发生在图中的 B 区和 C 区，A 区相对较为平静，只有少量的微震发生。第

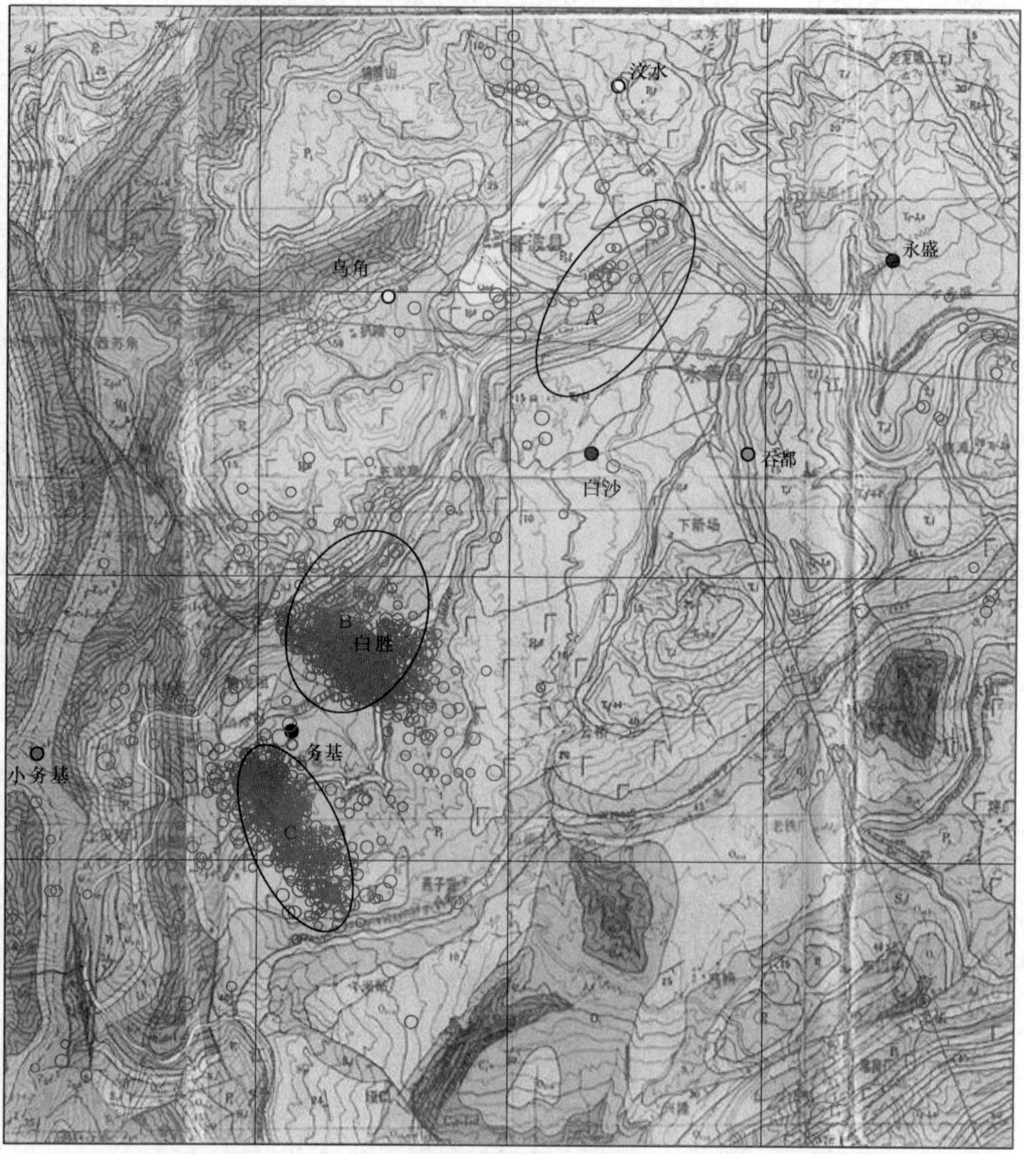

图 10.10　水库蓄水期间第一、第二库段震中分布图
2014 年 4 月 5 日至 5 月 21 日

二库段 B 区、C 区的外围，也有零星的微震发生，呈现随机分布的特点。B 区和 C 区在 M_L 5.6 级地震发生后 M_L 3.5 级以下各震级档的地震发生次数基本相当，具体为 M_L 0.5～0.9 级地震 B 区 519 次、C 区 453 次，M_L 1.0～1.4 级地震 B 区 149 次、C 区 145 次，M_L 1.5～1.9 级地震 B 区 36 次、C 区 36 次，M_L 2.0～2.4 级地震 B 区 14 次、C 区 15 次，M_L 2.5～2.9 级地震 B 区 5 次、C 区 6 次，M_L 3.0～3.4 级地震 B 区 2 次、C 区 1 次，M_L 3.5～3.9 级地震有 1 次，发生在 C 区。该段时间内没有生发 M_L 4.0～5.4 级地震。B 区弱震、微震的发生应为 M_L 5.6 级余震无疑，但 C 区地震若认为也是 M_L 5.6

级余震，但从余震的强度上根据统计结果，C区稍强于B区，且C区自从2013年12月10日以来，微震、弱震呈北北西向条带状分布的现象亦十分明显，B区则没有这种现象。B区在发生 M_L 5.6级地震之前，最大地震只有 M_L 3.0级。

2014年5月22日至6月6日，库水位在540～543m之间平稳运行。继续回落，至5月21日，回落到540.55m。这近半个月的时间共发生 M_L 0.5级以上地震128次，分别为 M_L 0.5～0.9级地震86次，M_L 1.0～1.4级地震28次，M_L 1.5～1.9级地震7次，M_L 2.0～2.4级地震7次，没有 M_L 2.5级以上地震发生。震中分布如图10.11所示。

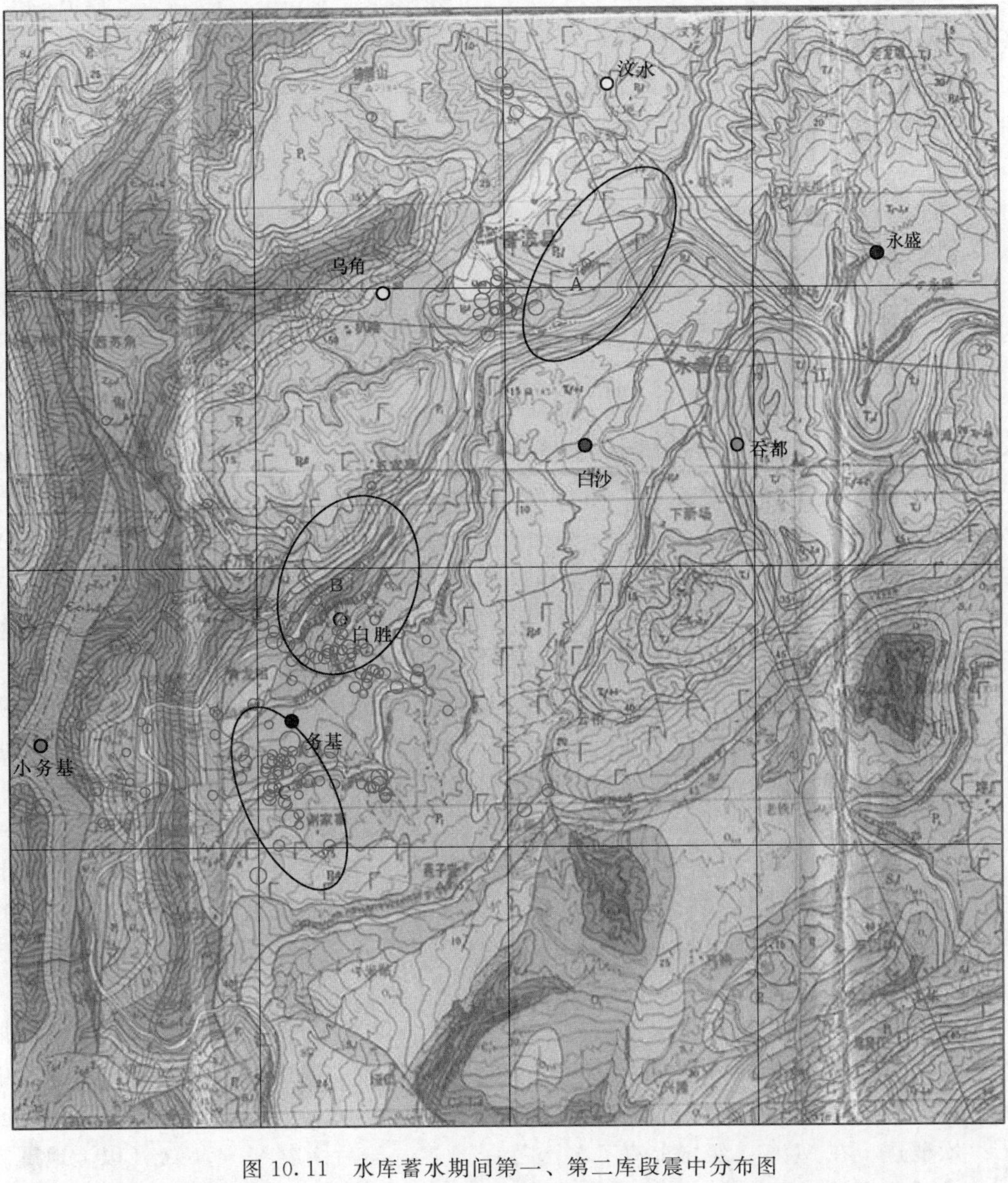

图10.11　水库蓄水期间第一、第二库段震中分布图

2014年5月22日至6月6日

从图上可以看出，该时间段震情较为平稳，但微震震中的空间分布仍集中在图中的B区和C区。A区范围极为平静，只在雷波县城附近有10余次微震分布。M_L 1.5～2.4级地震共有14次，其中有13次发生在C区，1次发生在B区。第二库段B区、C区的外围区域，地震以极微震为主，且呈随机性零星分布的特征。

2014年6月7日至8月16日，库水位从在541.5m开始抬升，至8月16日升至573.24m，库水位上升31.74m。这两个多月的时间共发生M_L 0.5级以上地震541次，分别为M_L 0.5～0.9级地震297次，M_L 1.0～1.4级地震171次，M_L 1.5～1.9级地震55次，M_L 2.0～2.4级地震12次，M_L 2.5～2.9级地震3次，M_L 3.0～3.4级地震3次。震中分布如图10.12所示。

从图中可以看出，在水位继续抬升的过程中，第一库段的微震活动又有所增加，该时间段内，共发生M_L 0.5～0.9级地震92次，M_L 1.0～1.4级地震91次，M_L 1.5～1.9级地震30次，M_L 2.0～2.4级地震6次，从地震频次、强度上明显高于2014年4月28日至6月6日时段的微震活动水平。空间分布上，与水库第二阶段蓄水至540m以及库水位560m运行期间基本相同。

大于M_L 2.5级地震有6次，均发生在图中的C区。B区内与C区外第二库段的地震活动水平基本相当，均表现为地震强度以极微震为主，随机零星分布的特点。

2014年8月17日至8月31日，库水位从572.49m开始抬升，至8月31日升至583.15m，库水位上升10.66m。其间共发生M_L L0.5级以上地震541次，分别为M_L 0.5～0.9级地震789次，M_L 1.0～1.4级地震255次，M_L 1.5～1.9级地震139次，M_L 2.0～2.4级地震65次，M_L 2.5～2.9级地震15次，M_L 3.0～3.4级地震8次，M_L 3.5～3.9级地震4次，M_L 4.0～4.4级地震3次，M_L 4.5～4.9级地震1次，M_L 5.0～5.4级地震1次。最大地震为2014年8月17日发生在务基乡高家岩村的M_L 5.3级地震。震中分布如图10.13所示。

自2014年8月17日务基乡高家岩村发生M_L 5.3级地震以来，余震集中分布于务基乡一带，余震震中的空间展布大致呈北西向，这与此前发生在该处微震、弱震的空间分布呈北北西向的特点略有不同。从石板滩到坝址江两岸，该时段内地震则少有发生，且以极微震为主。

从M_L 5.6级和M_L 5.3级地震后续地震的空间分布来看，两者有着明显的不同：M_L 5.6级地震之后，在图中的B区和C区，地震的频度、强度基本相当，且有C区地震强度略强于B区的特点；M_L 5.3级发生在C区，但其之后的余震仅限于C区，B区的地震活动对于本次地震没有任何反映。

另外，自水库第二阶段蓄水以来，分别发生在B区和C区的两次M_L 5.0级以上地震，地震发生前后弱震的次数也存在明显的差异：除两次M_L 5.0级上地震外，发生M_L 3.0级及以上地震共26次，其中有23次震中位于C区，只有3次位于B区。C区的23次弱震，在M_L 5.3级之前有7次，之后16次，震后余震M_L 4.0级及以上地震有4次，最大震级为M_L 4.5级；B区的3次弱震，在M_L 5.6级之前有1次，之后2次，

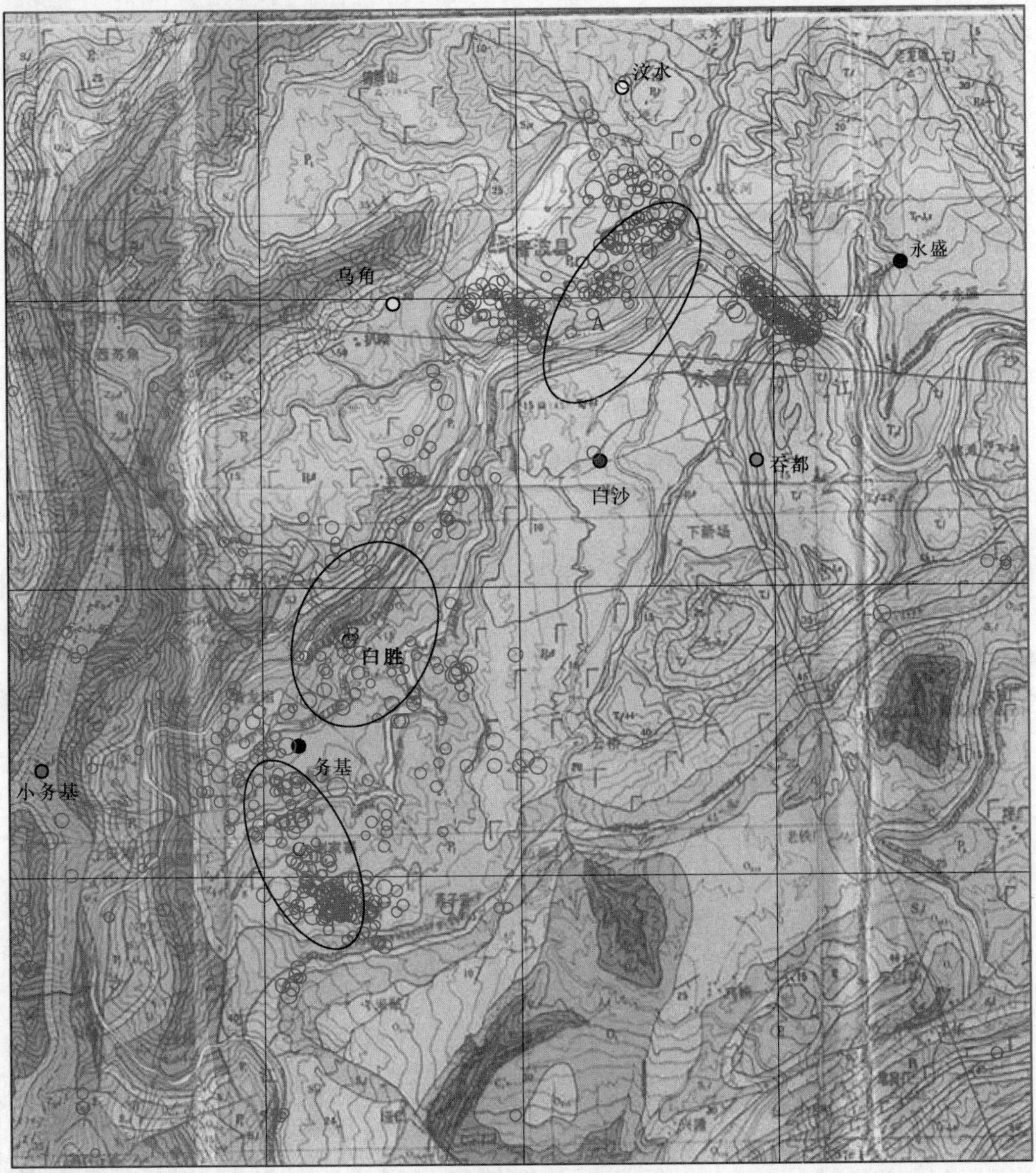

图 10.12 水库蓄水期间第一、第二库段震中分布图
2014 年 6 月 7 日至 8 月 16 日

余震最大震级只有 M_L 3.6 级。从这两次地震前后弱震的活动特点来看，M_L 5.6 级地震具单发特征，M_L 5.3 级地震则具前震—主震—余震的特征。

由此可以推断，发生在 B 区和 C 区的地震基本上是相互独立的，存在关联的可能性不大。

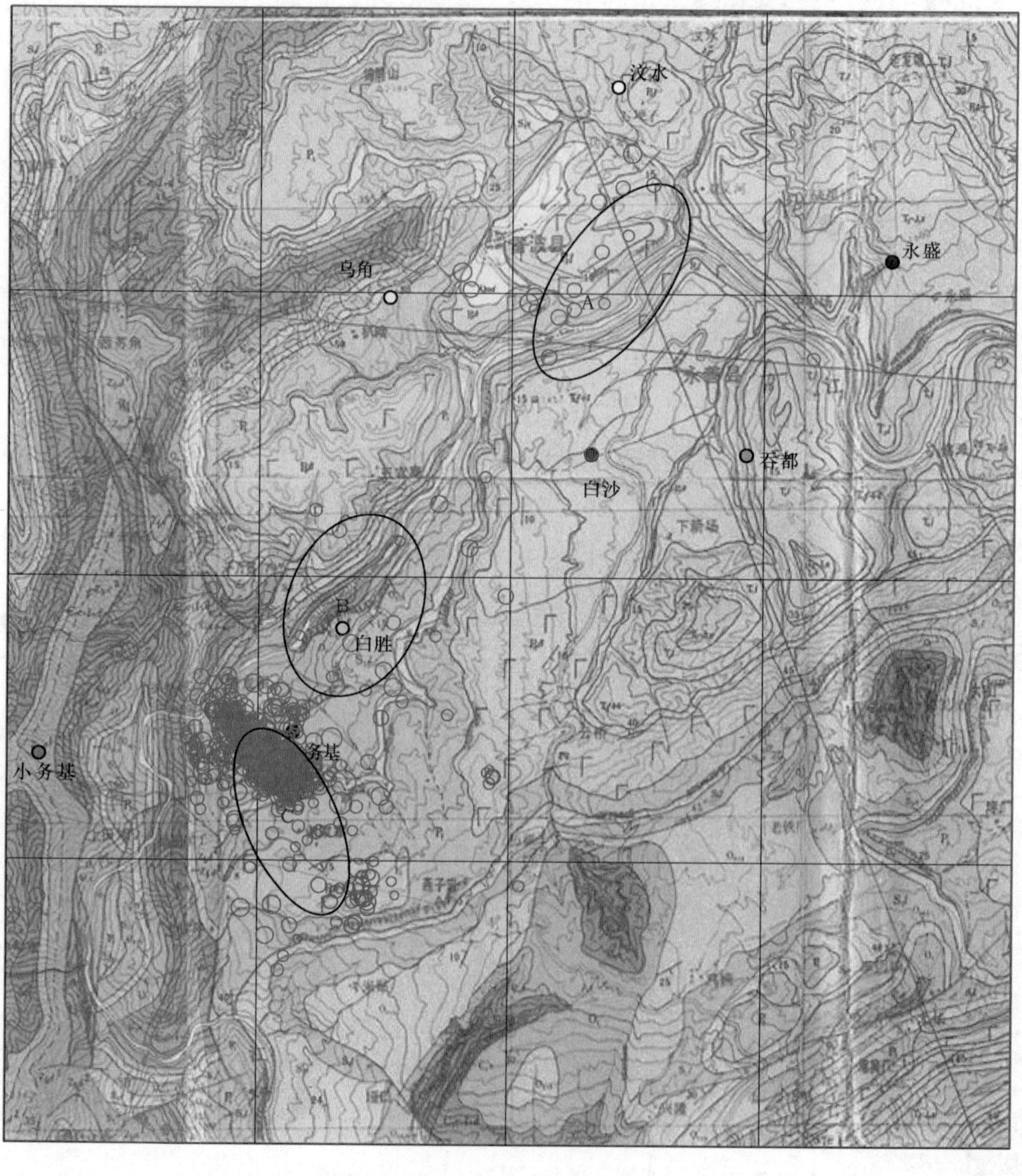

图 10.13　水库蓄水期间第一、第二库段震中分布图

2014 年 8 月 17 日至 8 月 31 日

10.3.4　不同震级档地震频次统计

溪洛渡水库自 2013 年 5 月 4 日第二阶段蓄水以来，发生在 A 区、B 区和 C 区各震级档的统计结果见表 10.1。

表 10.1　　不同震级档的统计结果（2013 年 5 月 4 日至 2014 年 8 月 31 日）

时间段 ＼ 震级档	0.5～0.9			1.0～1.4			1.5～1.9			2.0～2.4			2.5～2.9			3.0～3.4			3.5～3.9			4.0～4.4			4.5～4.9			5.0～5.4			5.5～5.9		
区	A	B	C	A	B	C	A	B	C	A	B	C	A	B	C	A	B	C	A	B	C	A	B	C	A	B	C	A	B	C	A	B	C
2013 年 5 月 4 日至 6 月 25 日	851	109	46	207	23	18	56	3	5	5	0	0	0	1	0	0	0	0	0	0	0	0	0	0	0	0	0	0	0	0	0	0	0
2013 年 6 月 26 日至 10 月 15 日	490	359	500	160	110	110	36	29	26	8	4	1	2	1	0	0	1	0	0	0	0	0	0	0	0	0	0	0	0	0	0	0	0
2013 年 10 月 16 日至 12 月 9 日	90	66	70	27	8	22	1	9	4	1	2	0	0	0	0	0	0	0	0	0	0	0	0	0	0	0	0	0	0	0	0	0	0
2013 年 12 月 11 日至 2014 年 3 月 27 日	143	99	167	47	31	62	14	10	15	4	2	5	0	0	0	0	0	0	0	0	0	0	0	0	0	0	0	0	0	0	0	0	0
2014 年 3 月 28 日至 4 月 4 日	5	5	116	0	2	40	1	0	6	0	2	0	0	0	0	0	0	1	0	0	1	0	0	0	0	0	0	0	0	0	0	0	0
2014 年 4 月 5 日至 5 月 21 日	20	519	453	18	149	145	2	36	36	0	14	15	0	5	6	0	2	1	0	0	1	0	0	0	0	0	0	0	0	0	0	1	0
2014 年 5 月 22 日至 6 月 6 日	4	35	47	10	9	9	1	0	6	0	1	6	0	0	0	0	0	0	0	0	0	0	0	0	0	0	0	0	0	0	0	0	0
2014 年 6 月 7 日至 8 月 16 日	92	59	146	91	27	53	30	9	16	6	1	5	0	0	3	0	0	3	0	0	0	0	0	0	0	0	0	0	0	0	0	0	0
2014 年 8 月 17 日至 8 月 31 日	3	10	285	7	8	240	7	5	127	1	1	63	0	0	15	0	0	8	0	0	4	0	0	3	0	0	1	0	0	1	0	0	0

注　A 区：(103.639，28.331)，(103.719，28.275)，(103.63，28.155)，(103.509，28.254) 四点所围限的范围。
B 区：(103.509，28.254)，(103.63，28.155)，(103.587，28.076)，(103.454，28.197) 四点所围限的范围。
C 区：(103.454，28.197)，(103.587，28.076)，103.526，28.026)，(103.422，28.144) 四点所围限的范围。

第 11 章
地震时序、频次与库水位的关系

溪洛渡水库第二阶段蓄水，库水位从 2013 年 5 月 4 日的 440.87m，到 2014 年 8 月 31 日的 583.15m，库水位共抬升 142.28m。根据金沙江下游梯级水电站水库诱发地震监测系统台网中心记录到的地震共计 17624 次，其地震震中的空间分布如图 11.1 所示。

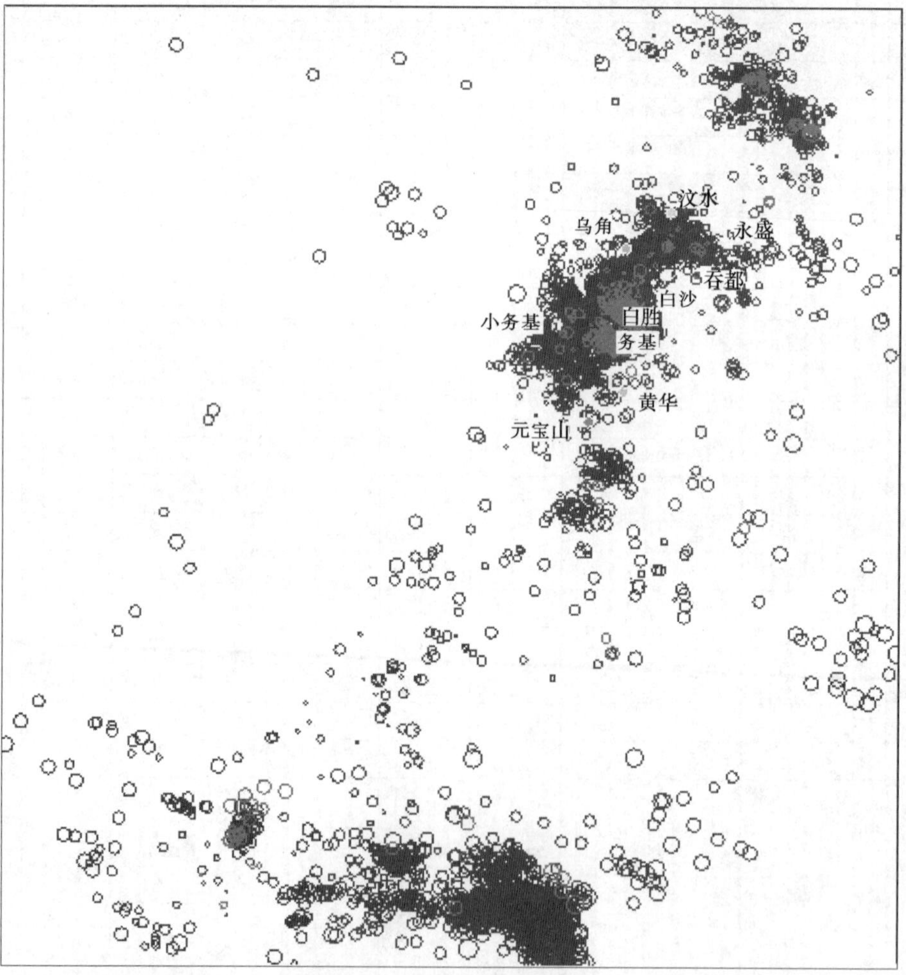

图 11.1　水库蓄水以来，溪洛渡库区及周边地区地震震中空间分布图

2013 年 5 月 4 日至 2014 年 8 月 31 日

从图中可以看出，溪洛渡水库自第二阶段开始蓄水至2014年8月31日，地震主要集中分布于溪洛渡水库的第一、第二库段，第三库段在峨边—金阳断裂与莲峰断裂的复合部位也有少量分部。第四～第七库段地震强度以极微震为主，具随机零星分布的特点。

基于上述地震震中空间分布极不均匀的特点，重点就溪洛渡第一、第二库段的地震时序、地震频次随库水位的变化进行分析。

11.1 库水位与地震时序关系

从2013年5月4日溪洛渡水库第二阶段蓄水以来库水位与地震时序的对应关系如图11.2所示。

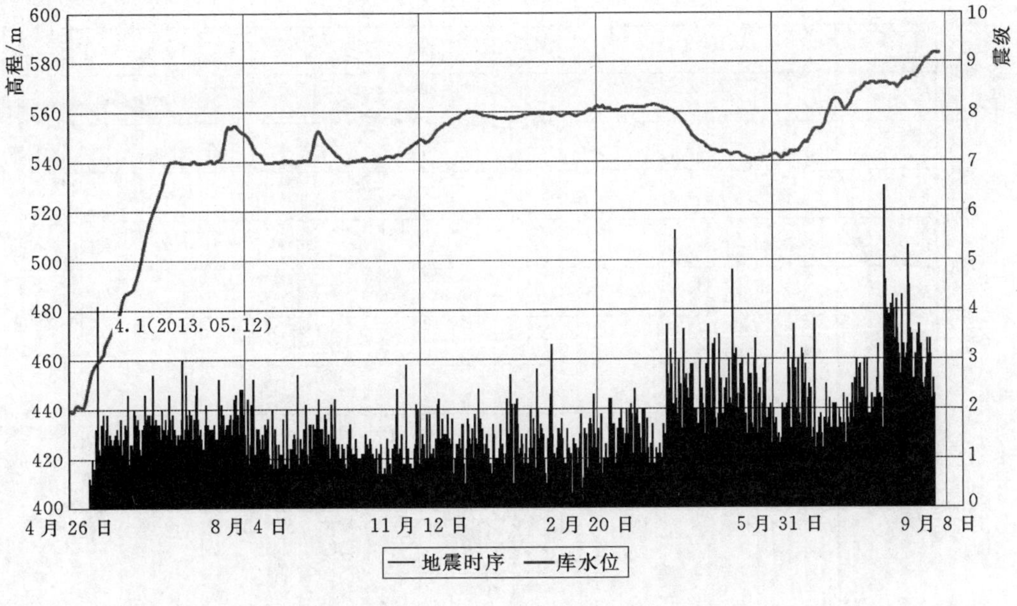

图11.2 溪洛渡第一、第二库段库水位与地震时序关系图
2013年5月4日至2014年8月31日

从图中地震强度的变化大致可以分为三个时段：

(1) 2013年5月4日至6月29日

该时间段，地震的强度随着库水位的增加，而逐渐增强。从最初的极微震，到M_L 3.0级有感地震。在此时间段，发生在库首区M_L 2.0级左右的地震，即可听到隆隆的地声和明显的震感。

(2) 2013年6月30日至2014年3月28日

该段时间，库水位在540～563m之间运行，地震强度总体表现平稳，以微震和极微震为主，没有 M_L 3.0 级以上地震发生。

(3) 2014 年 3 月 29 日至 2014 年 8 月 31 日

从图上可以看，此段时间是水库第二阶段蓄水以来，地震强度显著增强，其间发生了两次 M_L 5.0 级以上的地震。另外，M_L 3.0 级及以上地震，也均发生在该时间段内。库水位的变动幅度也较第二个时段大，从 562.11m 回落到 540m，之后又从 540m，到 8 月 31 日上升到 583.15m。

结合前述溪洛渡水库第一、第二库段空间分布极不均匀的特点，为厘清地震震中空间分布上三个密集带（即库首区、白胜区和务基区，对应于地震震中空间分布图中的 A 区、B 区和 C 区）地震时序与库水位的关系，有必要分别进行分析。

1. 库首区（第一库段）

2013 年 5 月 4 日到 2014 年 8 月 31 日，库首区库水位与该段的地震时序如图 11.3 所示。

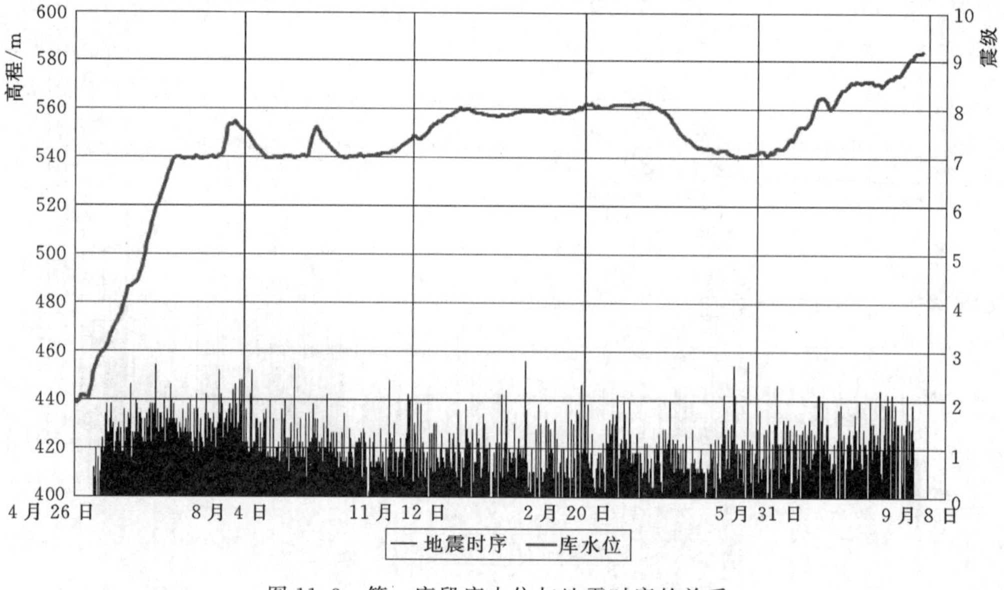

图 11.3　第一库段库水位与地震时序的关系

库首区自水库第二阶段蓄水以来，从图上可以看出如下特点：

(1) 地震的强度小于 M_L 3.0 级，最大震级只有 M_L 2.7 级。

(2) 地震时序的疏密度与库水位的升降关系明显。具体表现为：在库水位的抬升段，该区段的地震明显增多，如 2013 年 5 月 4 日至 6 月 24 日，库水位从 540m 抬升到 539.97m，7 月 19 日至 30 日，库水位从 540.26m 抬升到 554.41m，2013 年 10 月 16 日至 2013 年 12 月 9 日，库水位从 540.8m 抬升到 560.43m 以及 2014 年 6 月 6 日至 8 月 31 日，库水位从 541.5m 抬升到 583.15m 均是如此；在下降段和平稳运行段，地震则较为平静。

(3) 库水位快速抬升阶段，M_L2.0 级以上地震明显多于平稳上升段。

2. B 区（第二库段）

2013 年 5 月 4 日到 2014 年 8 月 31 日，B 区库水位与该段的地震时序如图 11.4 所示。

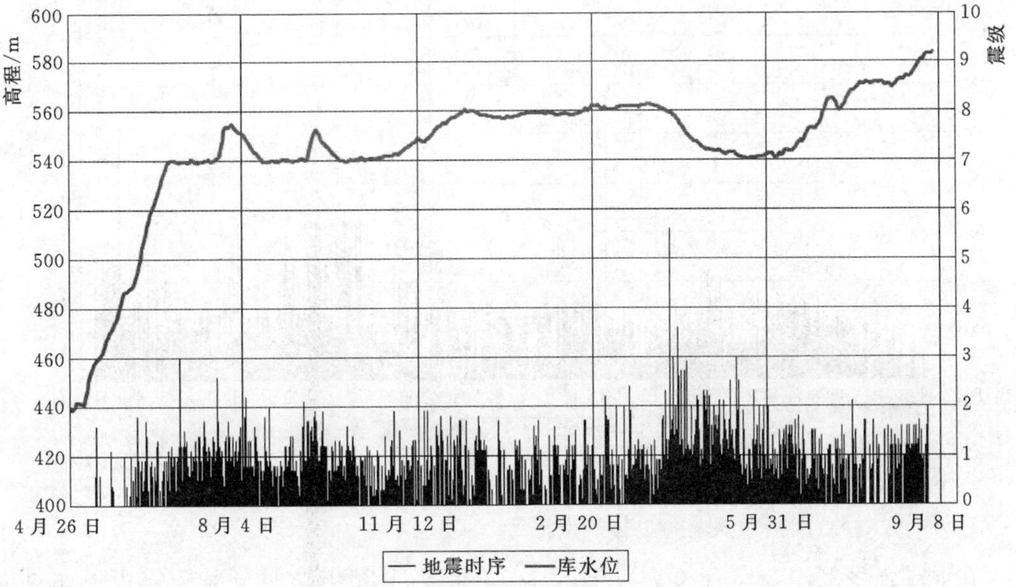

图 11.4　第二库段 B 区库水位与地震时序的关系

从图上可以看，B 区地震强度存在明显变化的是水库蓄水初期库水位快速抬升段和库水位从 560m 回落到 540m 段。在其他时间段，地震的强度均未超过 M_L 2.5 级。

在水库蓄水的初期阶段，当库水位到达 540m 目标蓄水位 5 天后，即 2013 年 5 月 29 日，于白胜乡附近发生了 M_L 3.0 级地震。在此之后到 2014 年 3 月 27 日近 10 个月的时间，虽然库水位在 540～563m 之间波动，但在 B 区范围 M_L 2.0 级及以上地震只有 8 次，最大震级为 M_L 2.2 级。当库水位从 563m 回落到 540m 期间，发生了监测区内最大的 M_L 5.6 级地震。在 6 月 7 日到 8 月 31 日这段蓄水期间，当库水位超过前期最高水位后，该区 M_L 1.0 级以上地震又有明显增多的现象。

3. C 区（第二库段）

2013 年 5 月 4 日到 2014 年 8 月 31 日，C 区库水位与该段的地震时序如图 11.5 所示。

从图上可以看出，C 区地震序列随着水库蓄水时间的推移和库水位的抬升，地震强度有逐渐增强的趋势。如 2013 年 6 月 3 日库水位到 491.88m 时，发生 M_L1.8 级地震；9 月 14 日库水位 551.2m 时，发生 M_L 2.2 级地震；12 月 14 日库水位 557.81m 时，发生 M_L 2.4 级地震；2014 年 3 月 31 日库水位 561.23m 时，发生 M_L 3.7 级地震；8 月 17 日库水位 572.49m 时，发生 M_L 5.3 级地震。

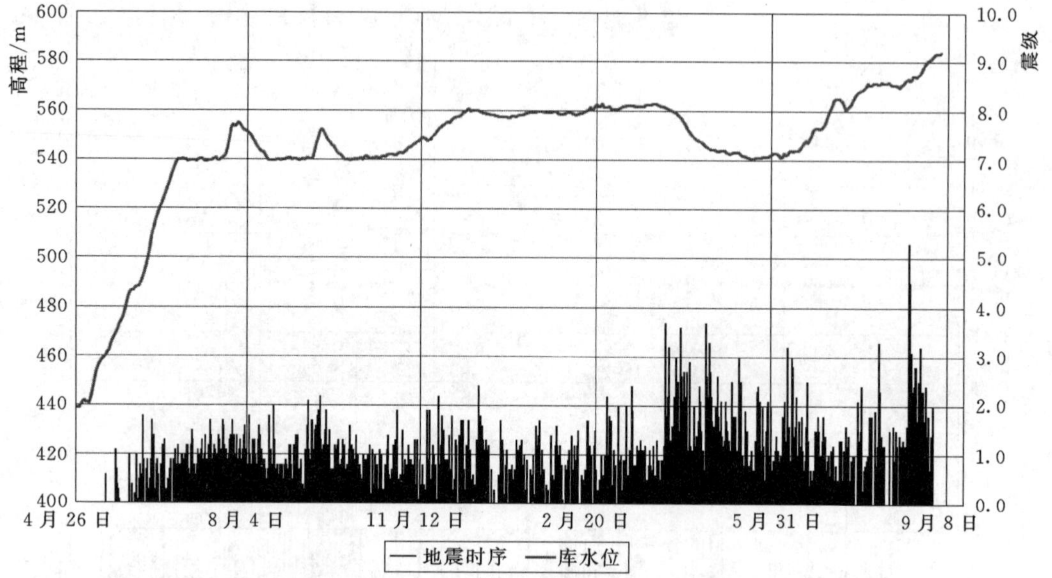

图 11.5　第二库段 C 区库水位与地震时序的关系

在地震强度上，2013 年 5 月 4 日至 2014 年 3 月 28 日之间，地震震级不超过 M_L 2.5 级，但从 2014 年 3 月 29 日到 8 月 31 日，地震的强度明显增强，其间发生 M_L 3.0 级及以上地震共 24 次，其中 M_L 3.0～3.9 级 19 次，M_L 4.0～4.9 级 4 次，M_L 5.0～5.9 级 1 次。

11.2　库水位与地震月频次统计分析

11.2.1　溪洛渡水库区地震本底

在溪洛渡水电站水库正式蓄水前，关于溪洛渡库区地震活动频次以及各个库段不同震级的频次统计结果见表 11.1 和表 11.2。

11.2.1.1　库区地震活动频次

表 11.1　　金沙江溪洛渡蓄水前库区地震活动频次统计表

(2007 年 9 月 1 日至 2012 年 10 月 31 日)

震级分档	0～0.9	1.0～1.9	2.0～2.9	3.0～3.9	4.0～4.9	5.0～5.9	合计
地震次数	275	345	36	4	1	0	661
年频次	55.0	69.0	7.2	0.8	0.2	0	
累计年频次		$M_L \geq 1.0$	$M_L \geq 2.0$	$M_L \geq 3.0$	$M_L \geq 4.0$		
		77.2	8.2	1.0	0.2		

11.2.1.2 库区分段地震活动频次和月均地震频度

表 11.2 金沙江溪洛渡水电站库区分段地震活动频次统计和月均地震频度表
(2007 年 9 月 1 日至 2012 年 10 月 31 日)

库区分段	0～0.9	1.0～1.9	2.0～2.9	3.0～3.9	4.0～4.9	合计	月均频度 ($M_L \geq 0$)
Ⅰ	82	122	4	1	0	209	3.37
Ⅱ	96	60	6	1	0	163	2.63
Ⅲ	38	56	10	1	0	105	1.69
Ⅳ	16	28	3	0	0	47	0.76
Ⅴ	9	4	0	0	0	13	0.21
Ⅵ	13	31	5	0	0	49	0.79
Ⅶ	21	44	8	1	1	75	1.21
合计	275	345	36	4	1	661	10.66

11.2.2 溪洛渡蓄水期间地震活动频次统计

根据溪洛渡水电站水库蓄水以后地震震中的空间分布特征，在水库第三库段～第七库段，地震没有出现密集成带、成丛分布的现象，且所发生的地震均以极微震为主，空间公布呈现随机、零星的特点。基于此，从第三库段到第七库段，在库水影响范围内，地震活动与水库蓄水前地震本底对比，没有发生变化，后续的分析只限于第一库段和第二库段。

根据第一库段和第二库段地震震中空间分布的特点，又将第二库段分为两个区分别进行统计，溪洛渡水电站水库蓄水以来，库首区（A 区）、白胜区（B 区）和务基区（C 区）各震级档月均频次统计结果分别见表 11.3、表 11.4、表 11.5。

表 11.3 溪洛渡水电站库首区蓄水以来不同震级档月频次统计结果

A 区												
震级分档	0.5～0.9	1.0～1.4	1.5～1.9	2.0～2.4	2.5～2.9	3.0～3.4	3.5～3.9	4.0～4.4	4.5～4.9	5.0～5.4	5.5～5.9	合计
2013 年 5 月	247	67	14	1								329
2013 年 6 月	666	156	45	4	0							871
2013 年 7 月	298	106	27	7	0							438
2013 年 8 月	76	17	3	1								97
2013 年 9 月	46	19	3	0	1							69
2013 年 10 月	25	4	0	0								29

续表

A区											
震级分档	0.5～0.9	1.0～1.4	1.5～1.9	2.0～2.4	2.5～2.9	3.0～3.4	3.5～3.9	4.0～4.4	4.5～4.9	5.0～5.4	5.5～5.9	合计
2013 年 11 月	55	16	1	1								73
2013 年 12 月	48	20	1	0								69
2014 年 1 月	31	13	6	1								51
2014 年 2 月	43	8	4	1								56
2014 年 3 月	42	15	3	1								61
2014 年 4 月	12	9	1	0	0							22
2014 年 5 月	14	15	3	0	0							32
2014 年 6 月	14	30	6	0								50
2014 年 7 月	61	45	11	3								120
2014 年 8 月	20	27	20	4								71

表 11.4　　溪洛渡水电站白胜区蓄水以来不同震级档月频次统计结果

B区												
震级分档	0.5～0.9	1.0～1.4	1.5～1.9	2.0～2.4	2.5～2.9	3.0～3.4	3.5～3.9	4.0～4.4	4.5～4.9	5.0～5.4	5.5～5.9	合计
2013 年 5 月	18	3	1									22
2013 年 6 月	119	28	3		1	1						152
2013 年 7 月	149	42	16		1							208
2013 年 8 月	95	27	8	3								133
2013 年 9 月	65	18	3	1								87
2013 年 10 月	40	20	1									61
2013 年 11 月	42	7	7	2								58
2013 年 12 月	43	17	6									66
2014 年 1 月	23	10	0									33
2014 年 2 月	12	4	2									18
2014 年 3 月	29	7	4	2								42
2014 年 4 月	358	87	16	13	3	1	1				1	480
2014 年 5 月	183	69	20	4	2	1						279
2014 年 6 月	32	13	1									46
2014 年 7 月	36	9	7	1								53
2014 年 8 月	17	16	6	1								40

表 11.5　　　　溪洛渡水电站务基区蓄水以来不同震级档月频次统计结果

C 区												
震级分档	0.5～0.9	1.0～1.4	1.5～1.9	2.0～2.4	2.5～2.9	3.0～3.4	3.5～3.9	4.0～4.4	4.5～4.9	5.0～5.4	5.5～5.9	合计
2013 年 5 月	8	2										10
2013 年 6 月	47	22	5									74
2013 年 7 月	109	32	3									144
2013 年 8 月	79	13	7									99
2013 年 9 月	245	41	15	1								302
2013 年 10 月	90	29	1									120
2013 年 11 月	29	7	2									38
2013 年 12 月	35	20	5	1								61
2014 年 1 月	51	17	3									71
2014 年 2 月	24	13	5	1								43
2014 年 3 月	98	28	6	3			1					136
2014 年 4 月	489	155	34	16	5	2	1					702
2014 年 5 月	79	25	11	6	1							122
2014 年 6 月	106	32	13	3	3	2						159
2014 年 7 月	44	13	2	1		1						61
2014 年 8 月	297	250	130	64	15	9	4	3	1	1		774

A 区、B 区和 C 区各震级档月均频次对比见图 11.6～图 11.9。

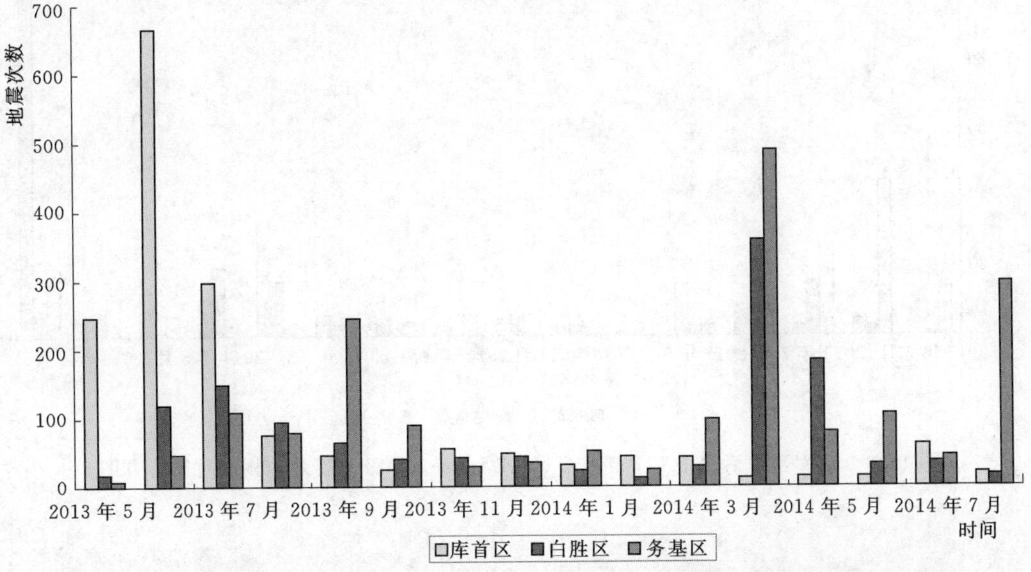

图 11.6　水库蓄水后 A 区、B 区、C 区 M_L0.5～0.9 级地震月均频次对比直方图

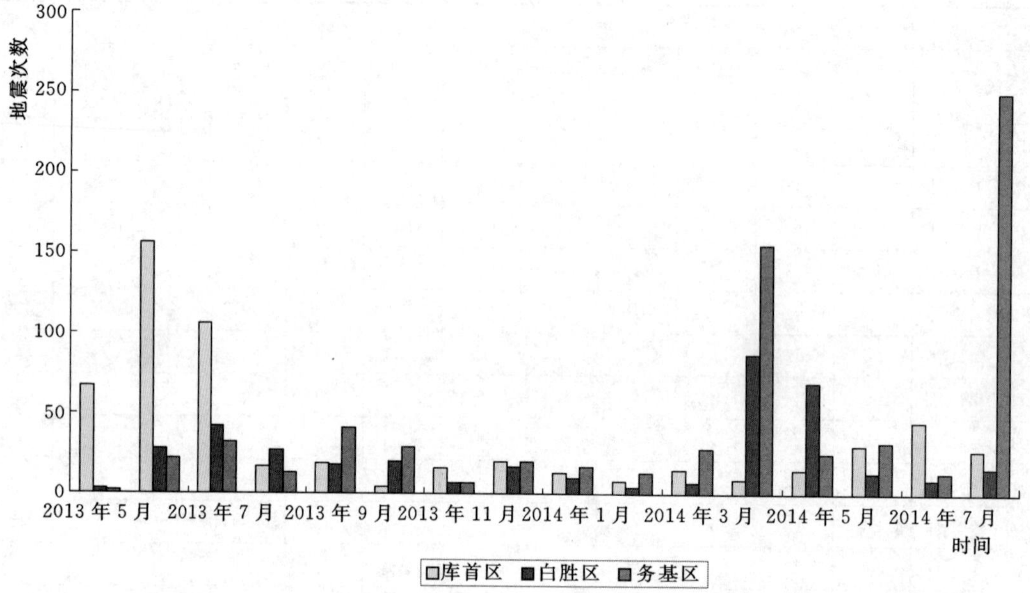

图 11.7　水库蓄水后 A 区、B 区、C 区 M_L1.0～1.4 级地震月均频次对比直方图

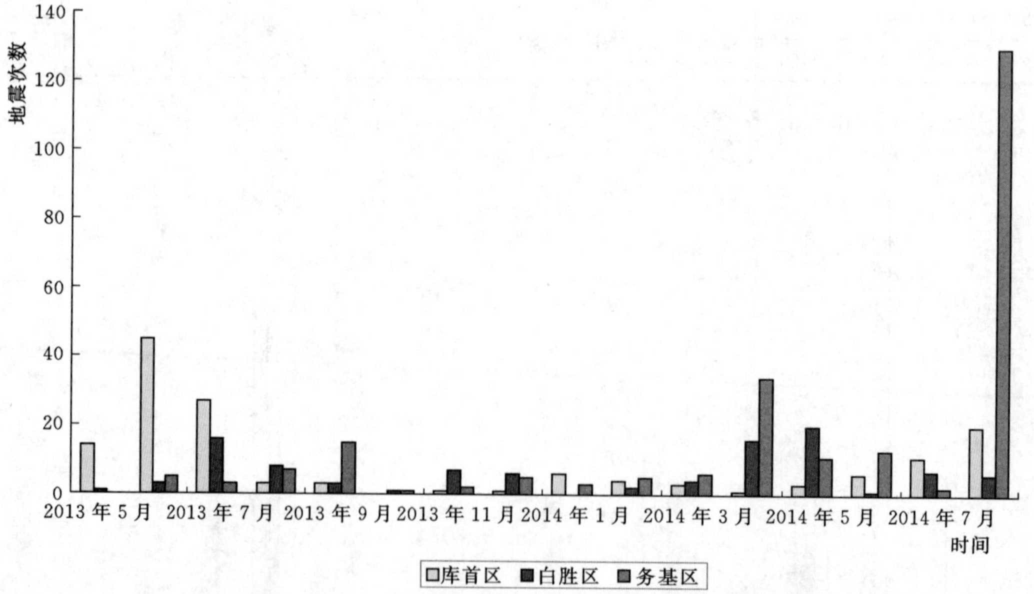

图 11.8　水库蓄水后 A 区、B 区、C 区 M_L1.5～1.9 级地震月均频次对比直方图

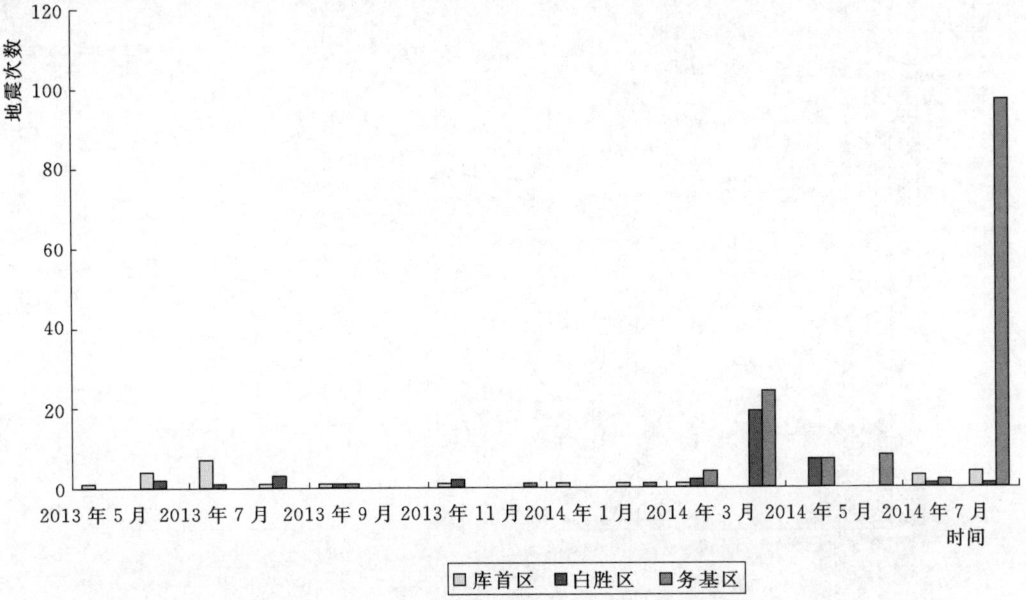

图 11.9　水库蓄水后 A 区、B 区、C 区 M_L2.0 级及以上地震月均频次对比直方图

溪洛渡水电站水库蓄水自 2013 年 5 月 4 日到 2014 年 8 月 31 日，库区第一、第二库段不同震级档的地震次数见表 11.6。

表 11.6　溪洛渡水电站库区分段地震活动频次统计和月均地震频度水库蓄水前后对比表

		0～0.9	1.0～1.9	2.0～2.9	3.0～3.9	4.0～4.9	5.0～5.9	合计	月均频度
Ⅰ	蓄水前	82	122	4	1	0	0	209	3.37
	蓄水后	1698	715	27	0	0	0	2440	152.5
Ⅱ	蓄水前	96	60	6	1	0	0	163	2.63
	蓄水后	3091	1408	153	22	4	2	4680	292.5

从表中可以看出，库区第一段 $M_L \geqslant 0.0$ 级地震月均频度为 3.37，而水库蓄水后的 16 个月，月均频度为 152.5，后者是前者的 45 倍。库区第二段 $M_L \geqslant 0.0$ 级地震月均频度为 2.63，蓄水后月均频度为 292.5，后者是前者的 111 倍。而且第一、第二库段没有把 $M_L \leqslant 0.4$ 的地震包括在内。从水库蓄水前后地震月均频度的对比来看，溪洛渡水库蓄水后，库区第一、第二库段较蓄水之前的地震本底有显著的变化。

11.3　*b* 值统计

在溪洛渡水电站水库正式蓄水前，关于溪洛渡库区第一、第二库段 *b* 值的统计结果见图 11.10，其中第一库段的 b 值为 0.90，第二库段的 b 值为 0.81。

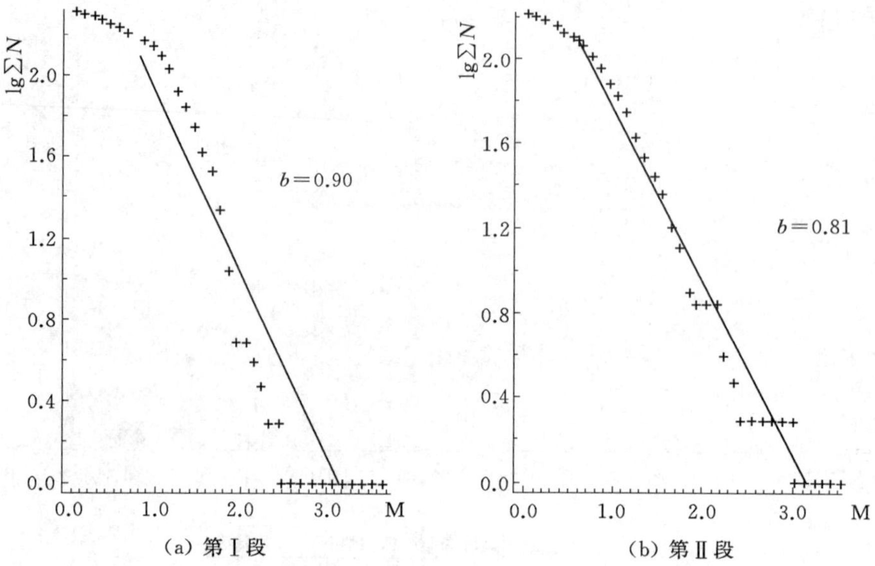

图 11.10　溪洛渡水库蓄水前，第一、第二库段震级与频次关系曲线

震级与频度关系，尤其是其中的 b 值，是地震活动性研究的一个重要参数。图 11.11～图 11.14 是溪洛渡库坝区水库蓄水以来，2013 年 5 月 4 日到 2014 年 8 月 31 日时间段，地震次数的统计结果见表 11.7，震级与累积频次的关系曲线，用最小二乘法拟合求得的 b 值，分别为：库首区 b 值为 1.52；第二库段的 b 值为 0.73。对于第二库段的白胜区和务基区又分别进行了统计计算，结果为：白胜区 b 值为 0.68，务基区 b 值为 0.77。

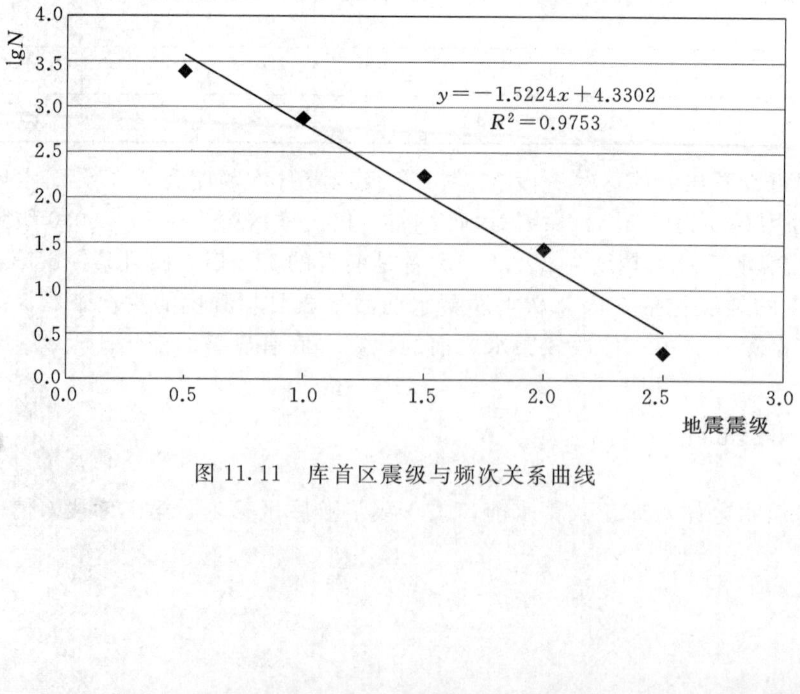

图 11.11　库首区震级与频次关系曲线

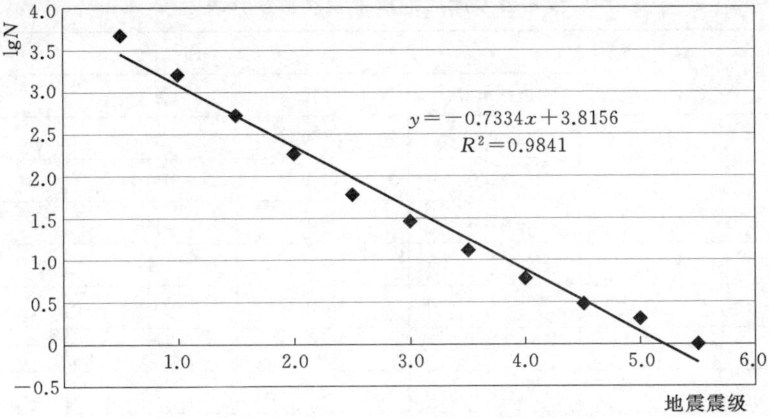

图 11.12 溪洛渡水库第二库段震级与频次关系曲线

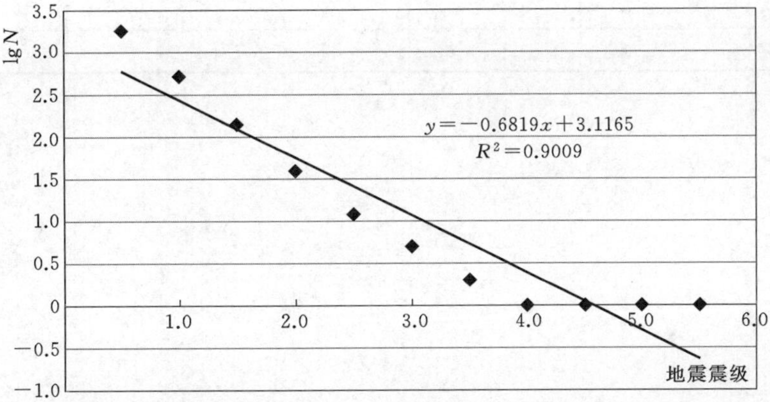

图 11.13 溪洛渡水库第二库段白胜区震级与频次关系曲线

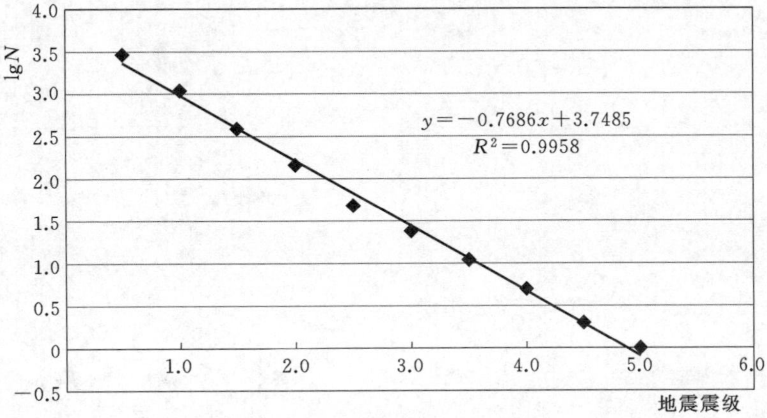

图 11.14 溪洛渡水库第二库段务基区震级与频次关系曲线

表 11.7　　　　　　溪洛渡水库后地震累积次数统计表

第一库段		第二库段			
		震级分档	白胜	务基	合计
≥0.5	2440	≥0.5	1778	2915	4693
≥1.0	742	≥1.0	517	1085	1602
≥1.5	175	≥1.5	140	386	526
≥2.0	27	≥2.0	39	144	183
≥2.5	2	≥2.5	12	48	60
3.0		≥3.0	5	24	29
		≥3.5	2	11	13
		≥4.0	1	5	6
		≥4.5	1	2	3
		≥5.0	1	1	2
		≥5.5	1		1

第 12 章
地震成因分析

12.1 库首区

12.1.1 基本地质构造条件

第一库段全长约 23km，从吴家田坝向下游，金沙江总体沿石板滩背斜的核部自南西向北东流，到豆沙溪沟口处，江水急转，呈南东方向流经坝区。出露的地层吴家田坝、干海子一带为志留系，干海子至豆沙溪沟口为二叠系下统阳新灰岩，豆沙溪至坝址为二叠系峨眉山玄武岩。岩层产状比较平缓，倾角一般 15°～20°，典型剖面见图 6.1。本库段基本地质构造条件请参见本书 6.3.1.1 节内容。

12.1.1.1 马家河坝断层

马家河坝断层是库首段工程设计部门最为关心的工程地质问题之一，对其做了大量的地质勘探及专题研究工作，见图 12.1。

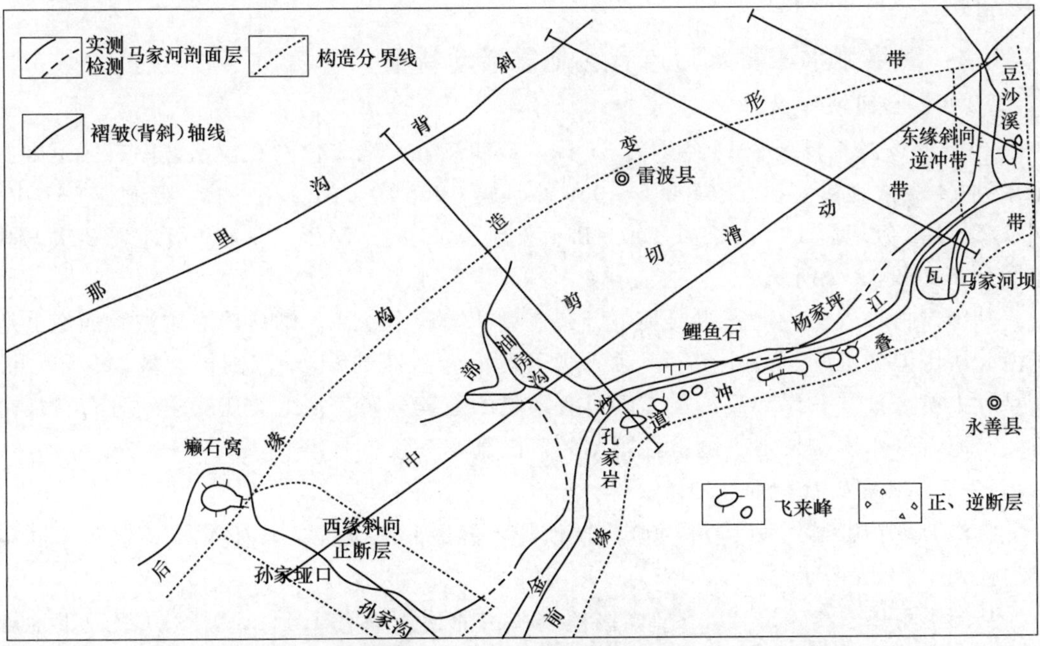

图 12.1 马家河坝断层分布图

该断层的断层面在金沙江右岸马家坪村的1号、2号平硐内清晰可见。在2号平硐内断层带宽70m左右，由一系列近似平行的小断层组成，其中一条断层的糜棱岩带宽达9m。该断层总体产状N45°E/SE/∠70°左右，断层带两侧比较发育的两组节理产状分别为105°∠78°和40°∠60°。从断层带中的微构造可以看出，该断层经历多次活动，最新一次活动迹象表明，该断层具逆冲性质。钻探资料显示该断层为一浅层断层，因而断层的应力积累程度不高，不具深水文地质结构面的特征，水库蓄水后不会对其现今的应力状态产生明显改变，因而也就不存在诱发构造型水库诱发地震的可能。

12.1.1.2 豆沙溪中岩溶发育特征分析

豆沙溪沟两岸主要出露二叠系下统阳新灰岩地层，该套地层质纯，厚度大，岩溶比较发育，在沟内（2km左右）可见溶洞10多处，其中较大的岩溶管道系统有八仙洞、芭蕉洞、何家洞和张家岩洞。豆沙溪中岩溶发育特征请参见本书6.3.1.3节内容。

本库段的油房沟、燕子岩一带，由于受志留系相对隔水层对地下水运移控制作用的影响，在下二叠系阳新灰岩与志留系碎屑岩的接触带有利于地下水的富集，从而促使岩溶的发育。但由于自然地形条件与豆沙溪沟一带相当，属于高山峡谷区，单个水文地质单元的汇水面积均较小，这制约了现代大型岩溶管道系统的发育，因而只可能形成一些小型岩溶洞穴。

综上所述，本库段虽有马家河坝断层通过库区，豆沙溪沟、油房沟及燕子岩的岩溶也有一定程度的发育，还存在一定数量的危岩体及滑坡体，但并不具备诱发中等强度地震的条件。水库蓄水后，在个别地方不排除诱发个别微震及极微震的可能，最大震级不超过3级。危险区的范围如图7.1所示。

12.1.2 溪洛渡水库蓄水后库首区地震活动特征

12.1.2.1 空间展布特征

2013年5月4日至2014年8月31日，金沙江下游地震台网在溪洛渡库首区范围共记录到2440次地震，其中M_L0.5～0.9级地震1698次，M_L1.0～1.4级地震567次，M_L1.5～1.9级地震148次，M_L2.0～2.4级地震25次，M_L2.5～2.9级地震2次，其空间分布如图12.2所示。

从图中可以看出，地震主要集中分布在豆沙溪、金沙江、油房沟和雷波第四纪盆地东南缘所围限的范围。另外在溪洛渡大坝下游沿金沙江约3km范围也有微震分布。而在坝址上游金沙江右岸和豆沙溪东侧只有零星的地震分布。从地震震中空间分布特征来看，与库首区水库诱发地震危险性预测的范围基本一致。

12.1.2.2 地震强度特征

溪洛渡库首区虽然发生了2000多次地震，但最大地震震级只有M_L2.7级。不同震级占比如图12.3所示。

从图上可以看出，M_L2.0～2.9级地震所占的比例只有1.1%，M_L2.0级以下地震占比高达98.9%。说明库首区的地震活动以极微震为主。

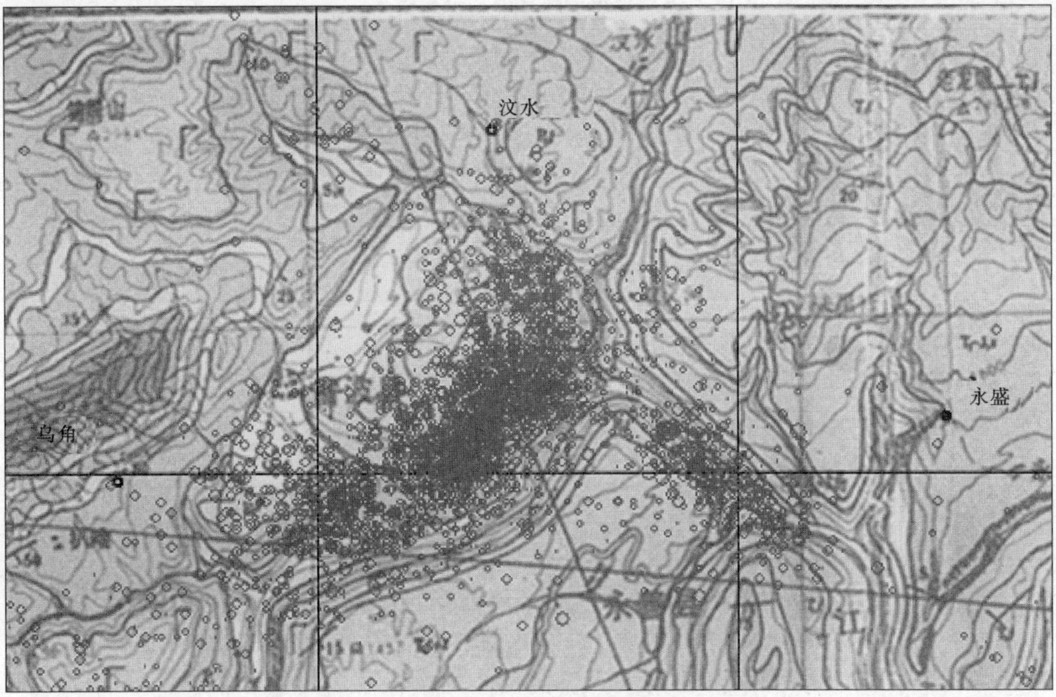

图 12.2 溪洛渡库首区蓄水以来震中分布图

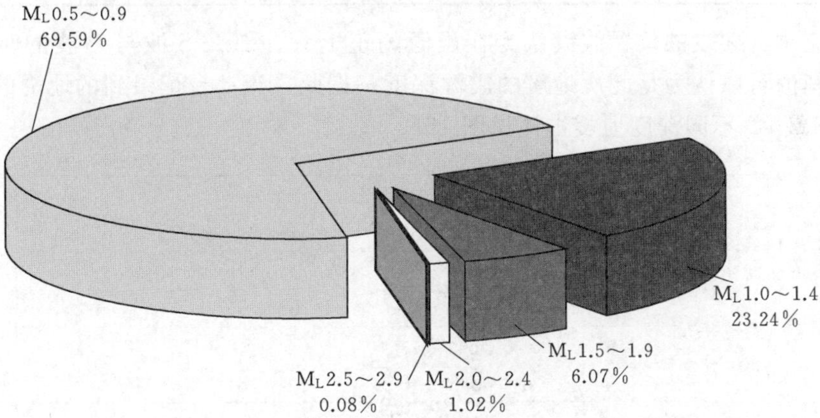

图 12.3 溪洛渡库首区不同震级档占比示意图

12.1.2.3 震源深度分布特征

自从溪洛渡水电站第二阶段蓄水以来，库首区震感十分明显，且常伴有隆隆的响声，在排除爆破施工因素外，为进一步查清库首区地震多发区域的震源深度，在地震多发区架设了三个流动台。

从 2013 年 6 月 5 日流动台架设到 7 月 4 日，对 161 次地震事件 P 波、S 波到时及时差进行了处理分析，结果见表 12.1。

表 12.1 流动台记录数据处理分析结果

地震时间		纬度			经度			震级	流动 2	流动 1
年-月-日	秒	度	分	秒	度	分	秒	M_L	S-P	S-P
2013-06-05	182126.2	28	14	46.3	103	36	24.8	1.1	0.1	0.7
2013-06-05	213517	28	15	23.4	103	36	40	0.9	0.1	0.5
2013-06-05	220319.8	28	15	23.8	103	36	7.6	1	0.1	0.8
2013-06-05	220429.5	28	15	12.2	103	36	47.9	1	0.1	0.5
2013-06-05	224655.3	28	14	57.8	103	36	10.4	0.4	0.1	0.7
2013-06-06	3343.6	28	14	59.3	103	36	10.4	1	0.1	0.5
2013-06-06	20040.2	28	14	57.1	103	35	12.5	0.7	0.4	0.6
2013-06-27	33159.5	28	17	33	103	37	39	1.5	0.91	0.23
2013-06-27	91607	28	15	39.6	103	37	2.6	1.4	0.25	0.31
2013-06-27	180632.8	28	16	17.8	103	37	18.1	1.2	0.46	0.18
2013-06-27	224616.1	28	17	16.8	103	37	30	1.1	0.65	0.31
2013-06-28	131609.9	28	15	30.6	103	36	52.9	1.5	0.15	0.4
2013-06-28	163336.6	28	15	13.7	103	36	24.5	1.2	0.09	0.57
2013-06-28	220110.6	28	14	58.2	103	36	16.9	0.9	0.07	0.78
2013-06-28	220151.3	28	16	11.3	103	36	59.8	1.2	0.38	0.31
2013-06-28	230346.3	28	17	17.9	103	37	32.2	1.8	0.77	0.23
2013-06-29	50747.6	28	15	5	103	36	14.4	1.2	0.13	0.78
2013-06-29	142900.1	28	15	0.7	103	36	23.8	1	0.13	0.73

对于流动台架设的位置假设认为在震源的正上方，那么 S 波与 P 波的时差乘以虚波速度，其值可以认为是此次地震的震源深度。据此，流动台记录到的地震的震源深度分布见图 12.4，不同深度地震占比见图 12.5。

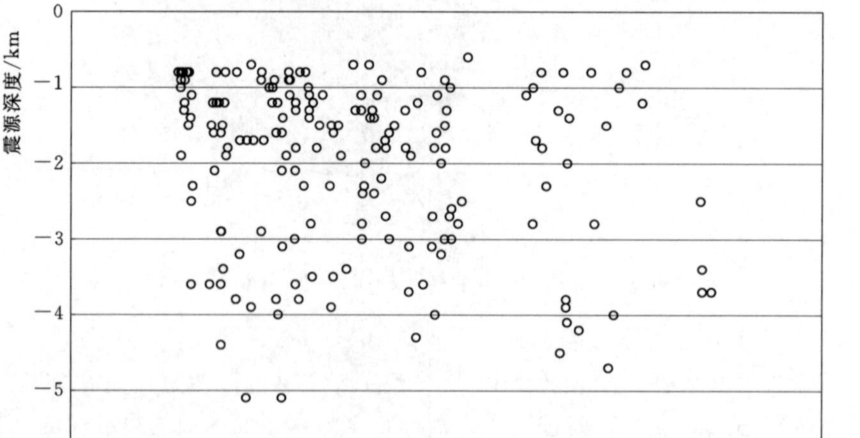

图 12.4 流动台记录的地震的震源深度分布图

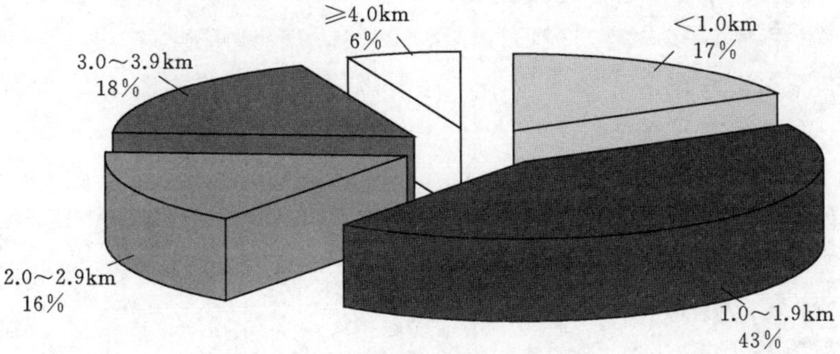

图 12.5 不同深度地震所占比例

从图中可以看出，流动台记录到的库首区地震震源深小于 3km 的比例达到 76%，这还是在假设是直下型的地震所得的结果，实际情况应高于 76%。因此可以认为，库首区地震的震源深度绝大部分应小于 3km。

12.1.2.4 *b* 值

根据前面章节对库首区 *b* 值的计算结果为 1.52，相关系统为 0.98 反映库首区地震活动背景以微震、弱震为主的特征。

综合以上溪洛渡库首区地震活动的各项特征——震源深度比较浅，一般不超过 3km，震级不高，不超过 M_L3.0 级以及地震频次与库水位的抬升相关性明显，且地震震中的空间分布与阳新灰岩的分布范围基本一致，可以认为，库首区极微震、微震的发生是由于库水作用于阳新灰岩中的岩溶系统，导致岩溶洞穴塌陷所致。

12.2 第二库段

12.2.1 基本地质构造特征

该库段全长约 33km，金沙江总体沿上田坝向斜的核部自南向北流。出露的地层全是古生代地层，其中缺失泥盆系和石炭系；另外，具逆冲性质的峨边—金阳断裂带穿越整个库区，造成部分地层的缺失。典型剖面见图 6.7。

从本书 6.3.2 节内容的分析可知，本库段出露地层主要是古生代地层，岩层多数倾角较陡，虽然灰岩成分较重，但由于岩层厚度较薄，且与砂页岩互层，河谷陡峻，汇水面积不大，岩溶不发育，因而出现岩溶塌陷型水库诱发地震的可能性很小。马颈子断层、上田坝断层及硝滩断层多处与库水直接交切，马颈子断层和硝滩断层上均有温泉出露，说明存在向深部导水的深水文地质结构面，而且该断裂带现今仍有微弱活动，因此，该库段具备发生构造型水库诱发地震的可能，震级上限不超过 Ms5.0 级。水库诱发地震危险性评价预测的水库诱发地震危险区见图 7.1。

12.2.2　水库蓄水以来地震序列特征

溪洛渡水库蓄水以来，第二段库段的震情较其本底地震相关参数也有明显的变化。

溪洛渡水库第二库段水库蓄水以来，地震震中空间分布如图 12.6 所示，水库蓄水之前地震震中空间分布见图 12.7。

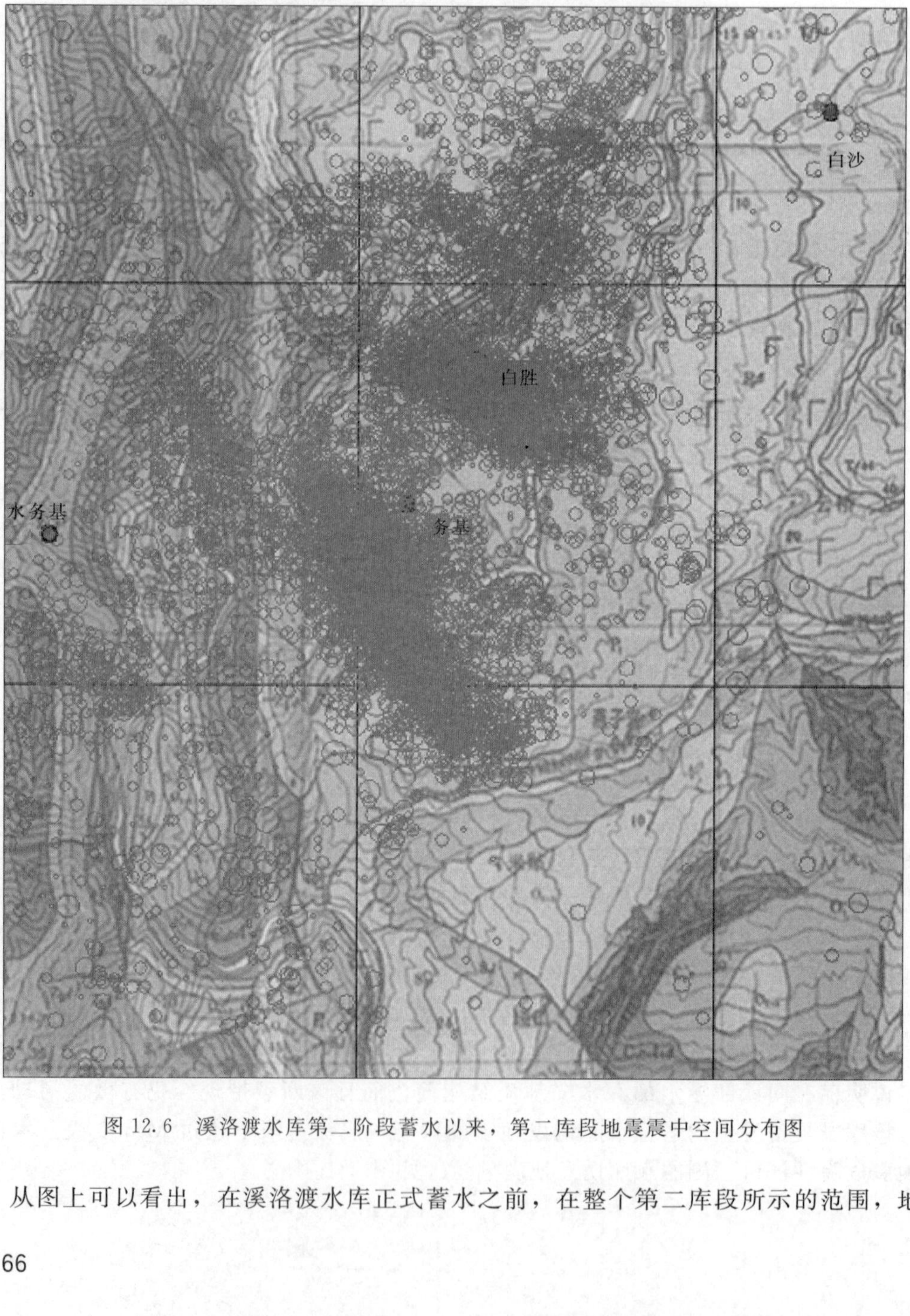

图 12.6　溪洛渡水库第二阶段蓄水以来，第二库段地震震中空间分布图

从图上可以看出，在溪洛渡水库正式蓄水之前，在整个第二库段所示的范围，地震

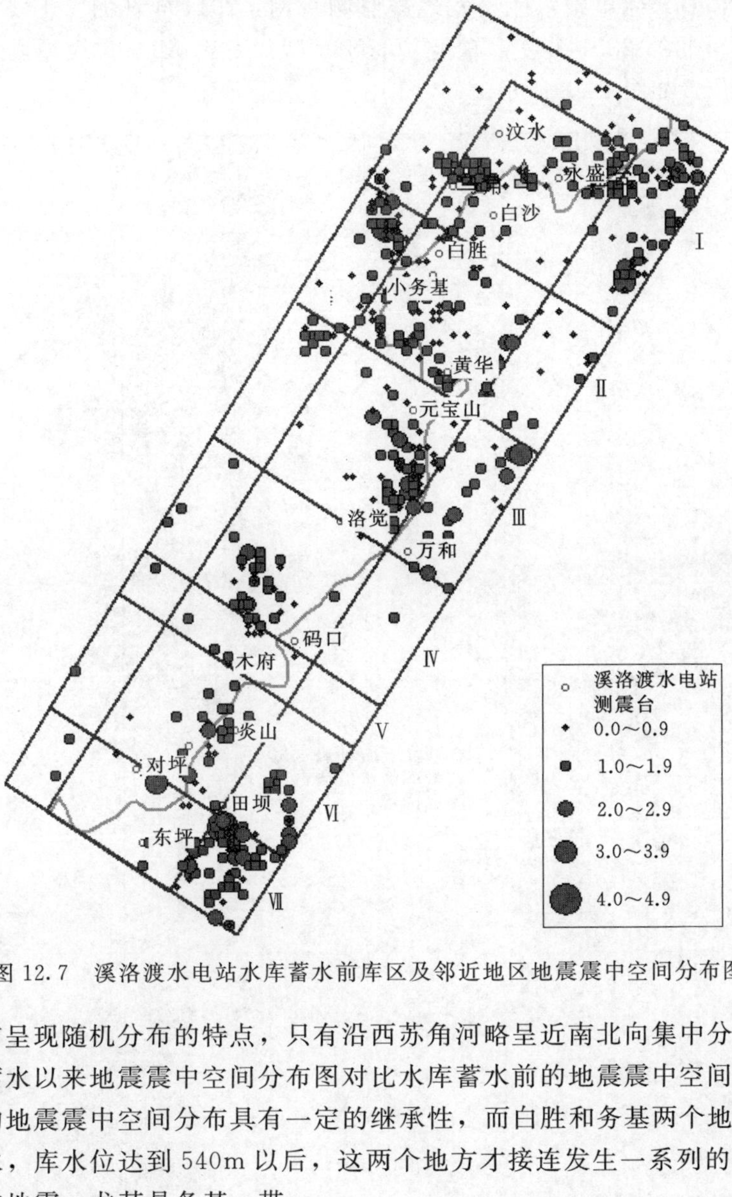

图 12.7　溪洛渡水电站水库蓄水前库区及邻近地区地震震中空间分布图

震中空间分布呈现随机分布的特点，只有沿西苏角河略呈近南北向集中分布的现象。从溪洛渡水库蓄水以来地震震中空间分布图对比水库蓄水前的地震震中空间分布，只有西苏角河沿线的地震震中空间分布具有一定的继承性，而白胜和务基两个地方则是在第二阶段水库蓄水，库水位达到540m以后，这两个地方才接连发生一系列的微震、弱震以及中等强度的地震，尤其是务基一带。

在溪洛渡水库蓄水过程不同阶段及其相应的库区震情变化章节中，已对白胜区和务基区的地震特征进行了详细分析，下面重点对4月5日 $M_L5.6$ 级地震和8月17日 $M_L5.3$ 级地震序列特征进行分析。

12.2.3　永善 $M_L5.6$（Ms5.3）级地震

12.2.3.1　地震参数

国家地震台网：2014年4月5日6时40分，在云南省昭通市永善县（北纬28.1°，东经103.6°）发生5.3级地震，震源深度约13km。

金沙江下游梯级水电站水库诱发地震监测台网：2014 年 4 月 5 日 6 时 40 分 31.7 秒，云南永善（北纬 28.141 度，东经 103.536 度）发生 M_L5.6 级地震，震源深度约 5.5km，震中位置如图 12.8 所示。

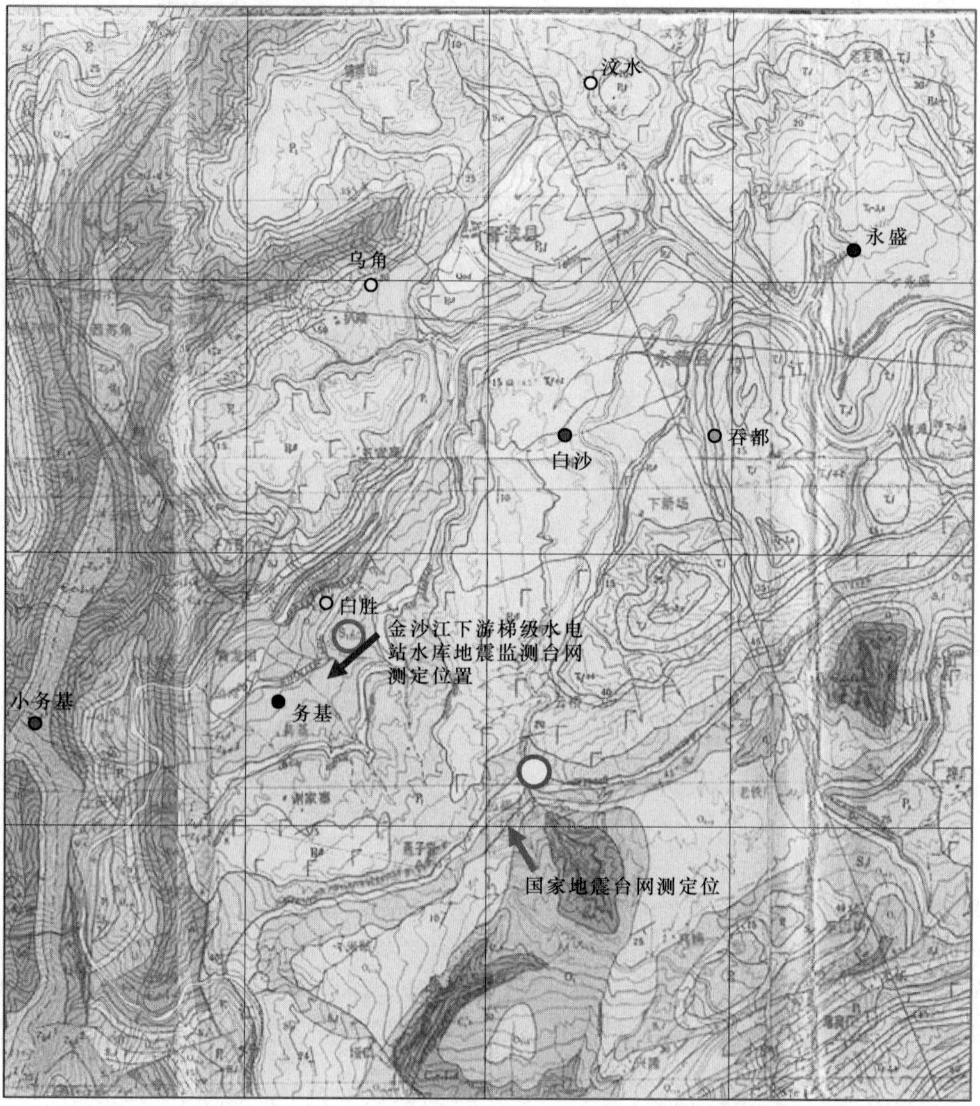

图 12.8　2014 年 4 月 5 日永善 Ms5.3 级地震震中位置图

从图上可以看出，金沙江下游梯级水电站水库诱发地震监测台站测定的地震震中位于永善向斜的北西翼，西距硝滩断层约 6km，距离金沙江约 3km，震中位置地表出露的为志留系砂页岩地层。

12.2.3.2　余震序列

地震发生以后，到 2014 年 8 月 31 日，震中附近共发生 $M_L \geqslant 0.5$ 级地震 890 次，

其中 M_L0.5～0.9 级地震 623 次，M_L1.0～1.9 级地震 243 次，M_L2.0～2.9 级地震 22 次，M_L3.0～3.9 级地震 2 次，其空间分布如图 12.9 所示。$M_L \geqslant 2.0$ 级余震震中空间分布如图 12.10 所示。

从图 12.9、图 12.10 余震震中空间分布图上可以看出，余震的分布范围大致呈北西向条带状展布，地震 $M_L \geqslant 2.0$ 级的余震，此现象更为明显。

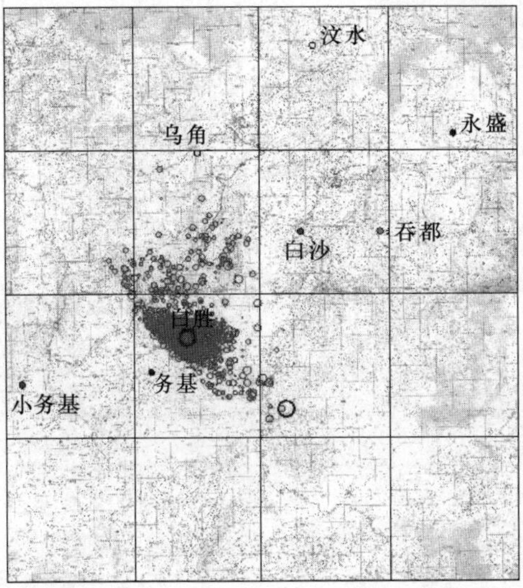

图 12.9　永善 Ms5.3 级地震余震震中空间分布图

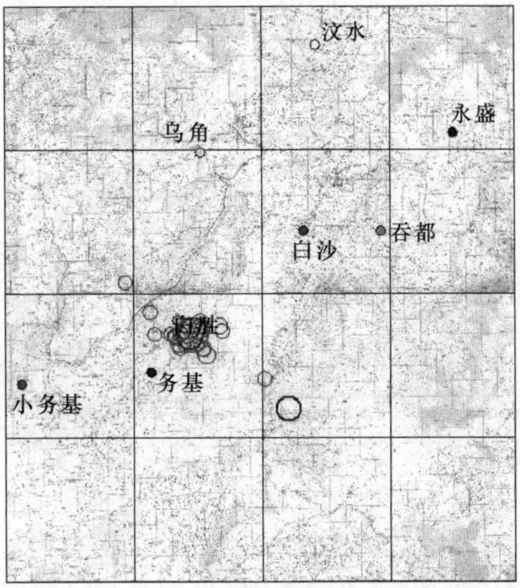

图 12.10　永善 Ms5.3 级地震 $M_L \geqslant 2.0$ 级余震震中空间分布图

余震序列 M－T 如图 12.11 所示。从图上可以看出，余震震级的衰减较快，自

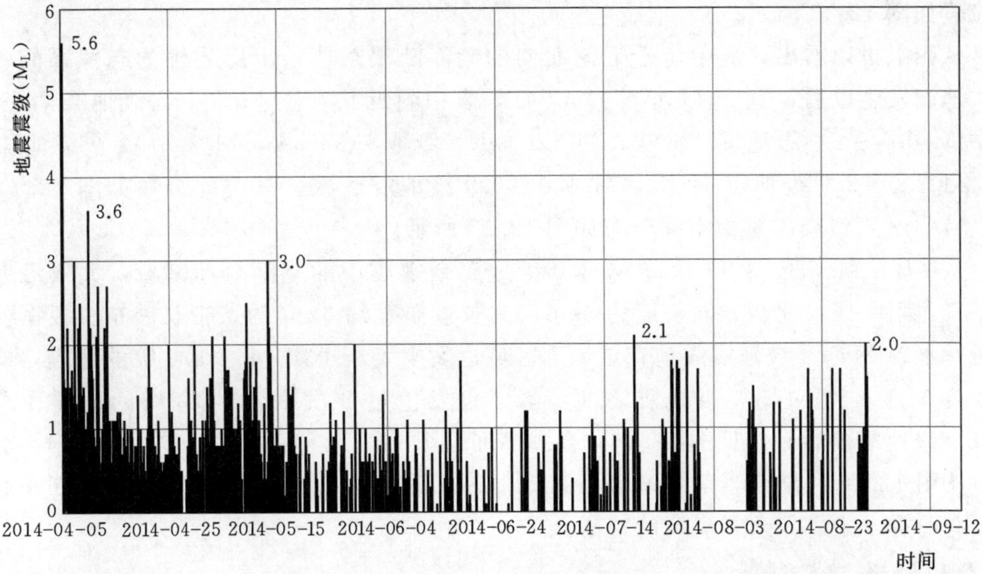

图 12.11　永善 Ms5.3 级地震余震序列 M－T 图

2014 年 5 月 13 日发生 M_L3.0 级余震之后，再没有发生过 M_L≥2.5 级的余震。

12.2.3.3　震源机制解

采用层状介质点源位错模型，由金沙江下游水库诱发地震台网垂直向记录的直达波 P、S 的最大振幅比值，拟合理论地震图，反演震源机制的方法得到永善地震的震源机制解投影如图 12.12 所示。

从震源机制解的结果来看，主压应力方向为北西西向，两个节面的走向为北东东和北西，陡倾角，结合余震的空间分布特征，西北方向的节面应为本次地震的主滑动面。

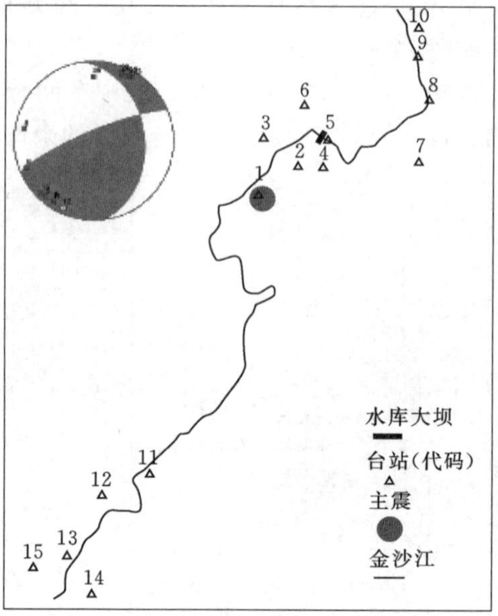

图 12.12　强震台站分布、永善地震和震源机制

12.2.4　永善 M_L5.3(Ms5.0)级地震

12.2.4.1　M_L5.3（Ms5.0）级地震序列特征

根据中国地震台网测定：2014 年 8 月 17 日 6 时 18 分在云南省昭通市永善县发生 M_S5.0 级地震，震中经度 103.5°，纬度 28.1°，震源深度为 7.0km。

金沙江下游梯级水电站水库诱发地震监测台网：2014 年 8 月 17 日 6 时 7 分 58.5 秒，云南永善（北纬 28.12°，东经 103.49°）发生 M_L5.3 级地震，震源深度约 8km，震中位置如图 12.13 所示。

从图上可以看出，震中位于近南北向的硝滩断层东侧，出露岩性为志留系的砂页岩。地震发生以后，到 2014 年 8 月 17 日，震中附近共发生 M_L≥0.5 级地震 746 次，其中 M_L0.5～0.9 级地震 285 次，M_L1.0～1.9 级地震 367 次，M_L2.0～2.9 级地震 78 次，M_L3.0～3.9 级地震 12 次，M_L4.0～4.9 级地震 4 次，其空间分布如图 12.14 所示。M_L≥2.0 级余震震中空间分布如图 12.15 所示。

从图 12.14、图 12.15 永善 Ms5.0 级地震余震震中的空间分布来看，大致沿大梁子—青龙咀一线，北西方向长度约 6km，北东方向宽约 3km 的条带状展布。根据前述分析，永善 Ms5.0 级地震震前在该局部区域也发生了若干次 M_L≥3.0 级的地震，即使在 4 月 5 日永善 Ms5.3 级地震之前，本区也发生过 2 次 M_L≥3.0 级的地震。永善 Ms5.0 级地震前后时序见图 12.16，余震序列见图 12.17。

从图 12.17 并结合当前务基区仍有 M_L≥3.0 级地震发生的事实，永善 Ms5.0 级地震具有前震—主震—余震类型的特征。

12.2.4.2　震源机制解

永善 Ms5.0 级地震震源机制解参数见表 12.2。

表 12.2　　永善 Ms5.0 级地震的震源机制解参数

震级 (M_S)	拟合深度 H/km	节面 1/(°)			节面 2/(°)			P 轴/(°)		T/轴(°)		B 轴/(°)	
		走向	倾角	滑动角	走向	倾角	滑动角	方位	俯角	方位	俯角	方位	俯角
5.0	8	319	62	0	229	90	152	278	19	180	19	49	62

注　H 为算法中最佳拟合深度。

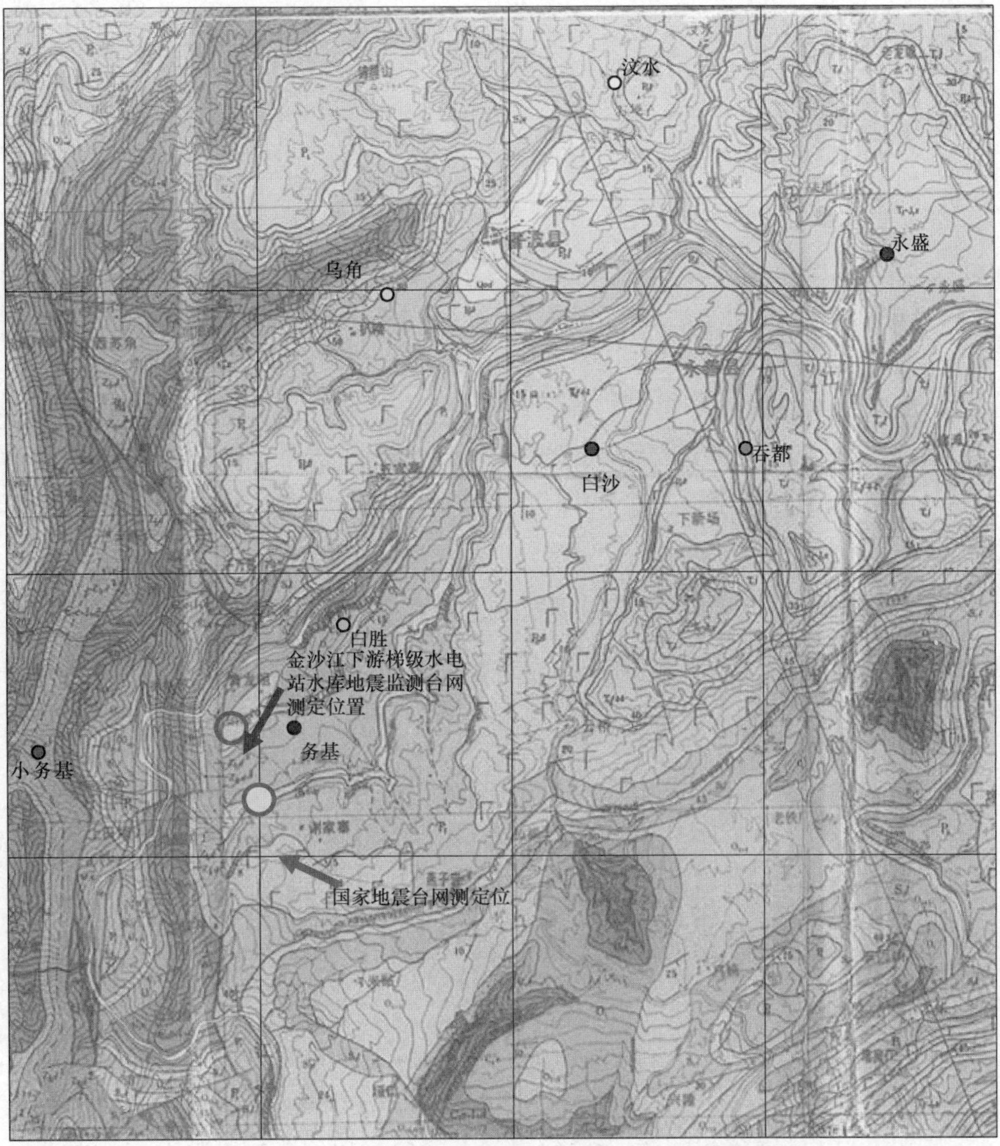

图 12.13　2014 年 8 月 17 日永善 Ms5.0 级地震震中位置图

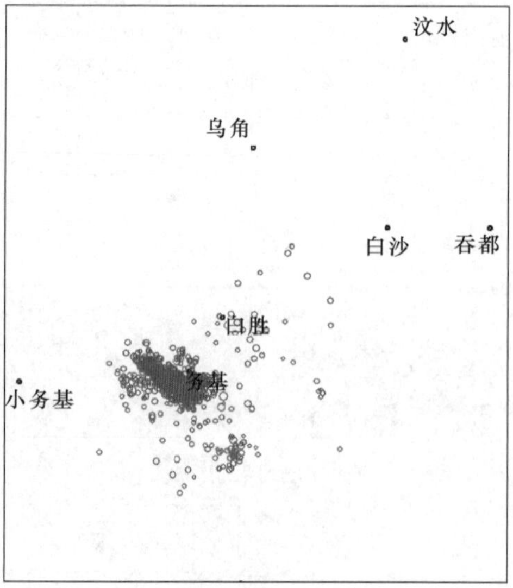

图 12.14　永善 Ms5.0 级地震余震震中空间分布图

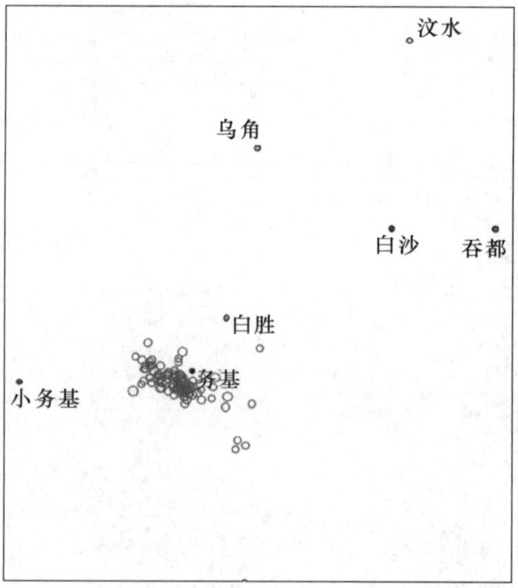

图 12.15　永善 Ms5.0 级地震 $M_L \geqslant 2.0$ 余震震中空间分布图

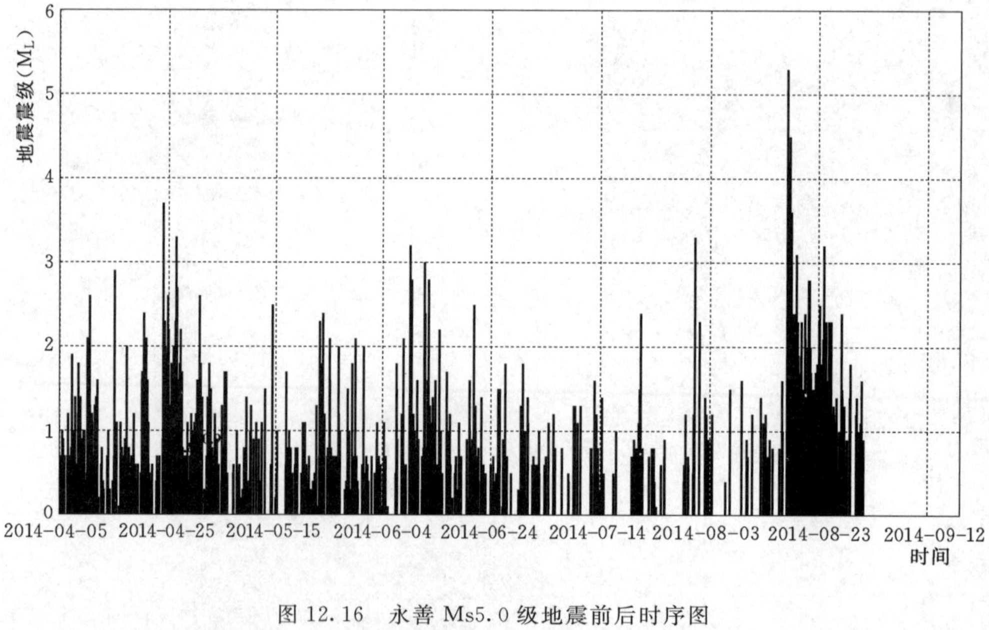

图 12.16　永善 Ms5.0 级地震前后时序图

震源机制（图 12.18）由中国地震局地球物理所网站发布：余震呈 NW 条带，自 NW 向 SE 发展，NW 向破裂面（走向 319°）为断层面，滑动角 0°，纯左旋走向滑动性质，倾角 62°，倾向 NE，矩心深度 8km。

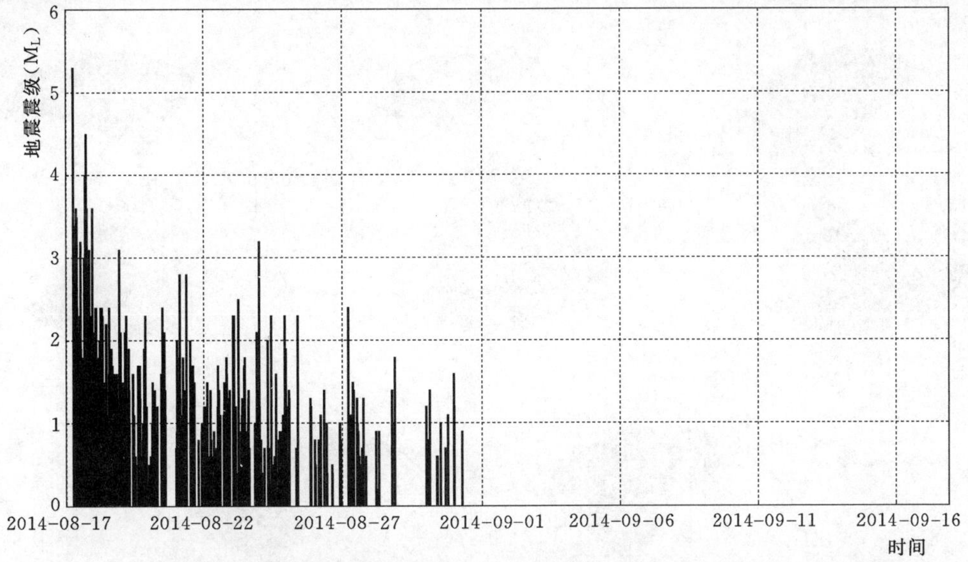

图 12.17 永善 Ms5.0 级地震余震序列时序图

图 12.19 是我们采用层状介质、点源位错模型，由垂直向直达 P、S 波最大振幅比值拟合得到的震源机制。5 个震源机制都有 NW 节面，而且朝 NE 方向倾，为左旋走向滑动类型，即与 5 级主震的震源机制一致，各自之间差异较小。和蓄水前、后的挤压应力场不同，符合大范围的区域应力场的作用方式。从而进一步说明其构造地震的属性。

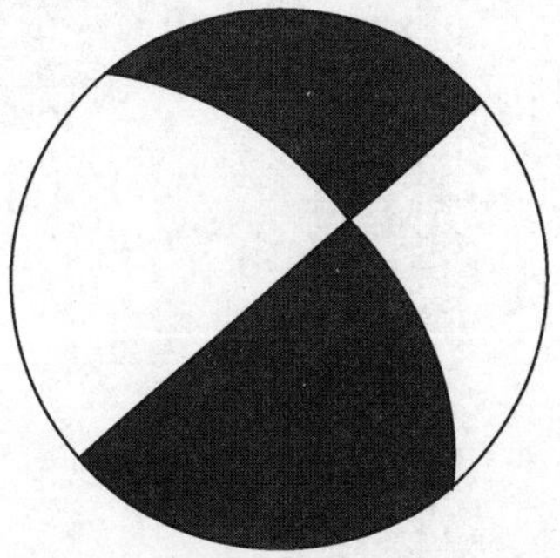

图 12.18 2014 年 8 月 17 日 5 级地震震源机制

12.2.4.3 震源深度

永善 Ms5.0 级地震震源深度根据国家地震台网公布的数据为 7km，金沙江下游梯水电站水库诱发地震监测台网为 8km。位于溪洛度库区的务基地震监测台站，距离震中约 1km，S-P 为 0.85 秒，震源位置若认为就在务基地震台站的正下方，则震源的深度估算为 7.2km。

12.2.4.4 震中区 $M_L \geqslant 3.0$ 级地震震中迁移规律

自从溪洛渡水库蓄水以来，务基周边地震是在库水位达到 540m 之后，地震的强度才表现为明显的增强，该区也是溪洛渡整个库区 $M_L \geqslant 3.0$ 级地震较为集中的地方，占比约 84%。针对该区 $M_L \geqslant 3.0$ 级地震在不同的时间段震中沿纬向、经向上的迁移规律分别见图 12.20～图 12.23。

从图 12.20、图 12.21 可以看出，震中沿纬向迁移的特点为，先从低纬度开始，逐渐向高纬递次推进，经过 4 次地震以后，又回到低纬度的地方。再从低纬度开始，且起始的纬度要低于上个周期最低的纬度，最后一次的纬度要高于上个周期的最高纬度。永善 Ms5.0 级地震以后 $M_L \geqslant 3.0$ 地震震中的迁移也存在类似的特点。

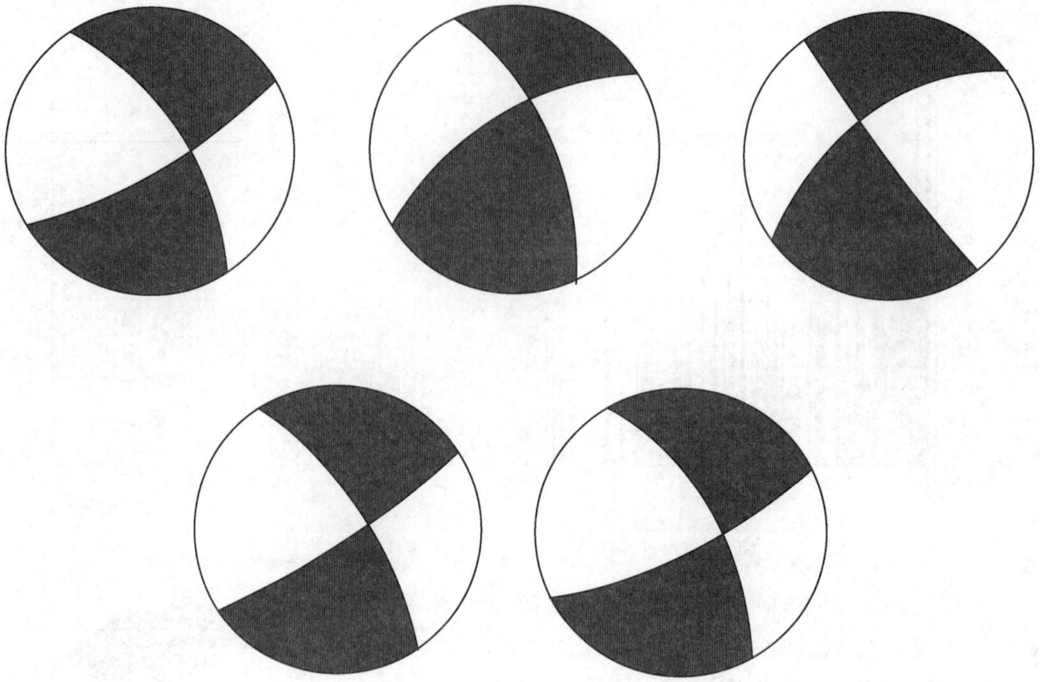

图 12.19　5 次 4 级余震震源机制投影

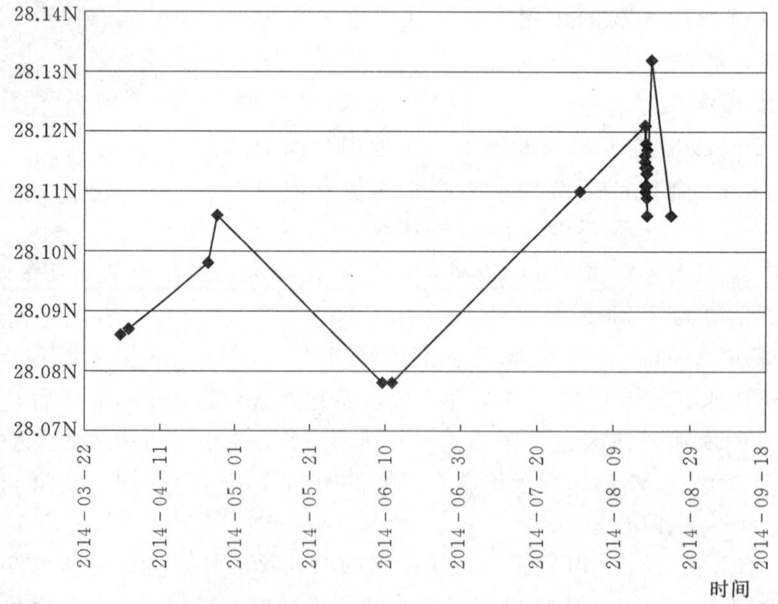

图 12.20　永善 Ms5.0 级地震前后 $M_L \geqslant 3.0$ 地震震中沿纬线方向迁移规律

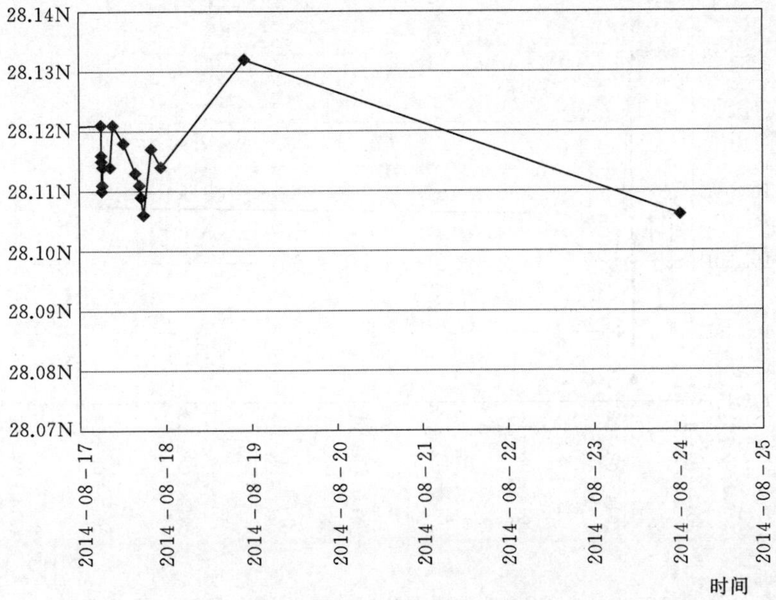

图 12.21 永善 Ms5.0 级地震 $M_L \geqslant 3.0$ 级余震震中沿纬线方向迁移规律

图 12.22、图 12.23 所示 $M_L \geqslant 3.0$ 地震震中沿经向的迁移，主要表现以 103.5 度线为中轴，在西到 103.48 度、东到 103.53 度之间呈现为无规律的跳跃。

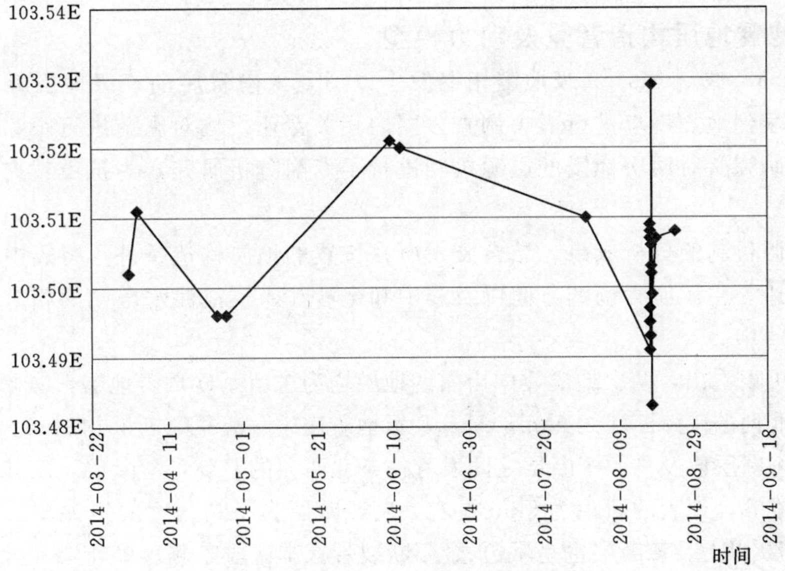

图 12.22 永善 Ms5.0 级地震前后 $M_L \geqslant 3.0$ 地震震中沿经线方向迁移规律

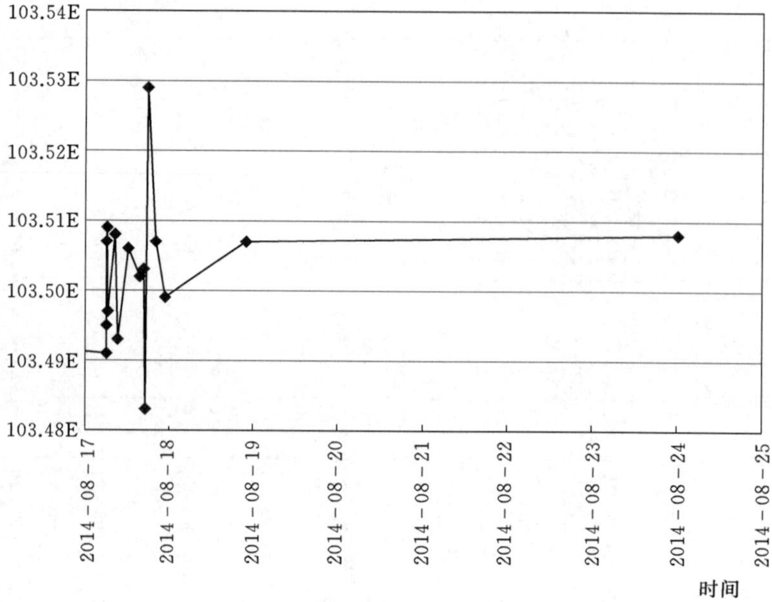

图 12.23　永善 Ms5.0 级地震 $M_L \geqslant 3.0$ 级余震震中沿经线方向迁移规律

12.3　地震机理

12.3.1　地震地质构造背景及动力模型

永善 Ms5.3 级、Ms5.0 级地震相继发生以后，云南省启动三级地震应急响应，第一时间派专家到地震现场进行震害调查，国内相关专业机构对震情进行跟踪，国家地震局地球物理研究所对两次地震的震源机制进行了专门分析研究，为抗震救灾提供了科技支撑报务。

根据震源机制的分析成果，结合震中所在位置的地质构造条件，将震中及周边地区的地质、构造、主压应力场的方向以及震中和金沙江、溪洛渡水电站的相对位置一并展示在图 12.24 中。

从图中可以看出，两次地震震中出露的地层均为志留系砂页岩地层，Ms5.3 级地震震中距离近南北向的硝滩断层约 6km，Ms5.0 级地震震中距离硝滩断层约 1km。另外在硝滩断层、上田坝断层以及马颈子断层之间发育一条北西向的左旋走滑断层，从其错断的震旦系地层边界推算，地表的断距为 5km 左右。硝滩断层为一高角度的逆冲断层，断层面倾向西，倾角 70°以上。该断层也是峨边-金阳断裂带在本区段东侧边界断层（图 12.25）。本区在北西西向（300°）区域构造应力场的作用下，位于断裂带西侧的块体向南东东方向推挤，在前端受到不均匀阻挡的情况下，就可形成一系列走滑断层，抓抓岩附近出露的北西向左旋走滑断层即是在此种背景下产生的。此条北西向的左旋走滑断层虽然在地表受限于硝滩断层，但在地表的深处仍有可能向南东方向延伸（图中红色虚线为推测的隐伏断层），并于其端部形成应力集中区。根据上述的分析，永善两次地震的地震动力模型如图 12.26 所示。

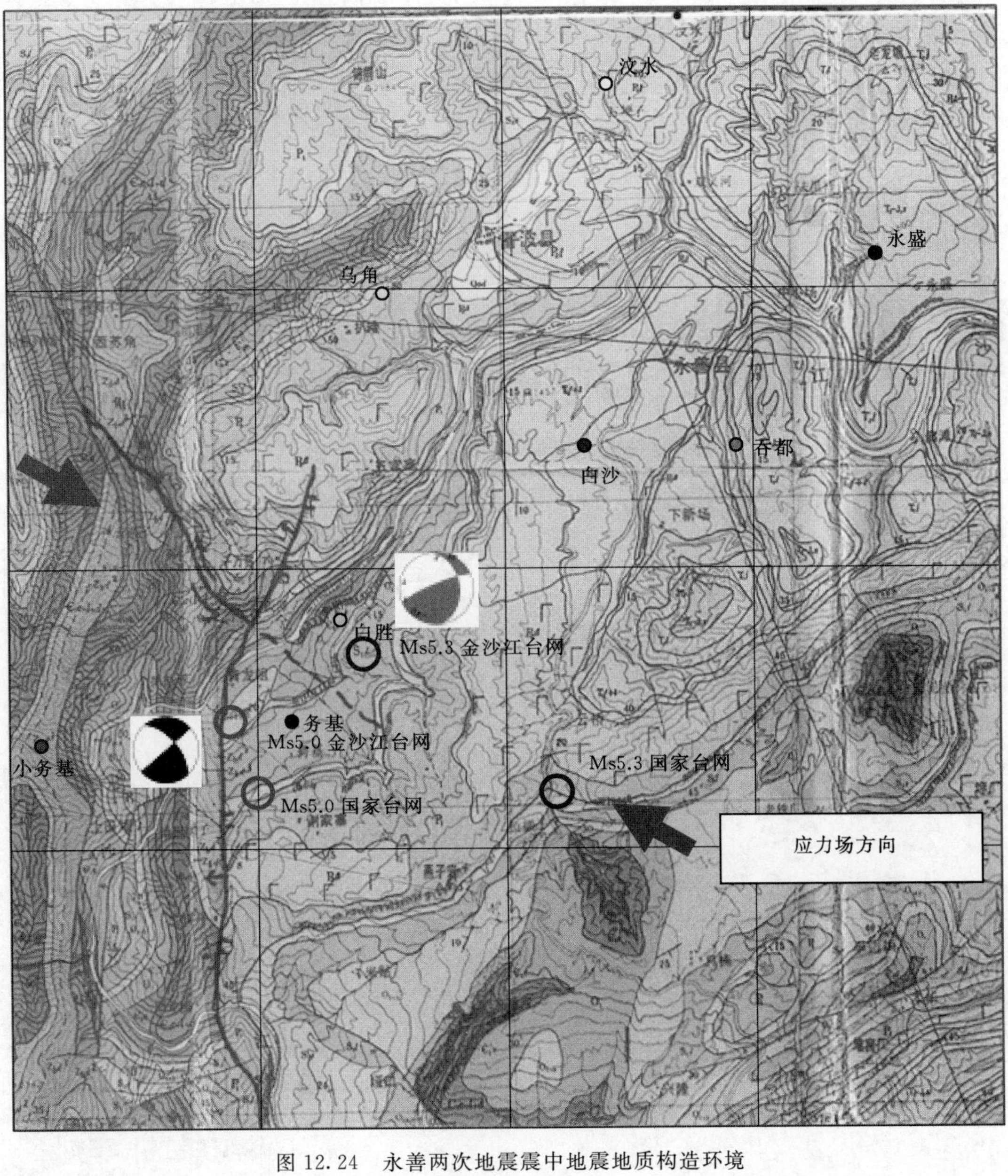

图 12.24　永善两次地震震中地震地质构造环境

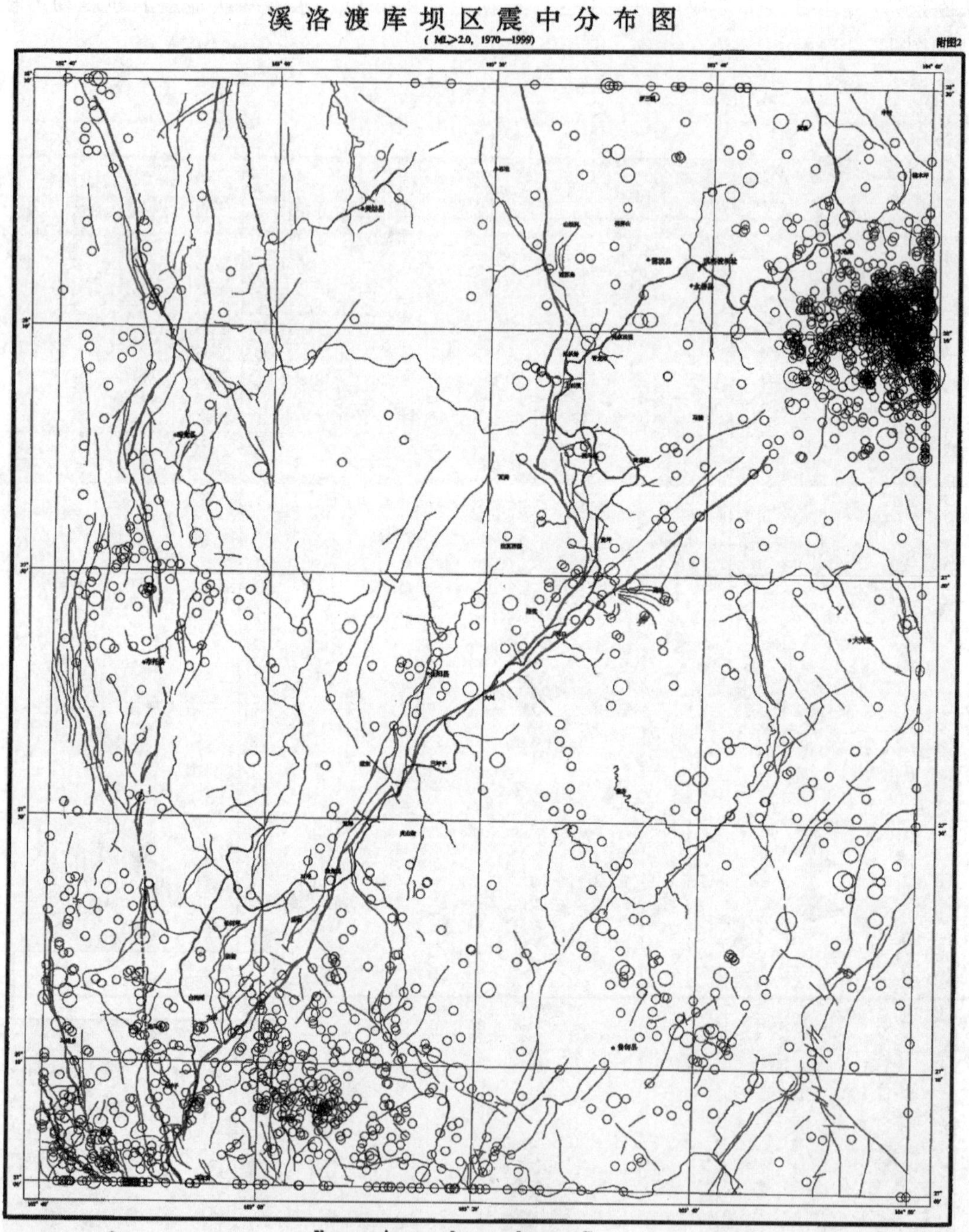

图 12.25　峨边-金阳断裂带空间展布特征

12.3.2 震源断层

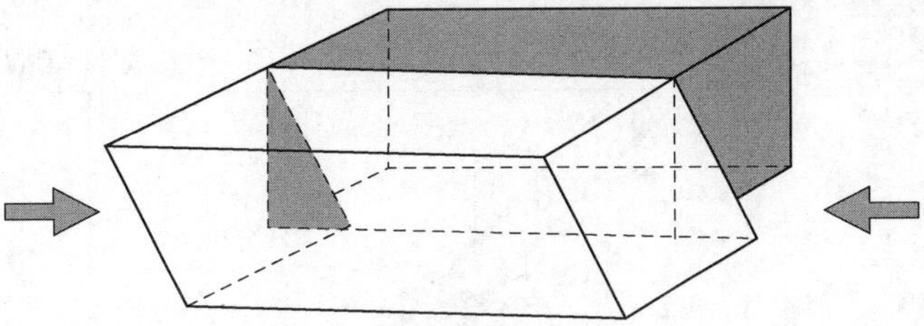

图 12.26 地震动力模型

河北省地震局刁桂苓研究员根据成丛小震发生在断层面及其附近的原则（万永革等，2008），将模拟退火算法和高斯—牛顿算法结合，提出利用小震密集程度求解主震断层面走向、倾角、位置及其误差的稳健估计方法，对两次主震后的余震分布进行了分析计算，计算结果如图 12.27 和图 12.28 所示。

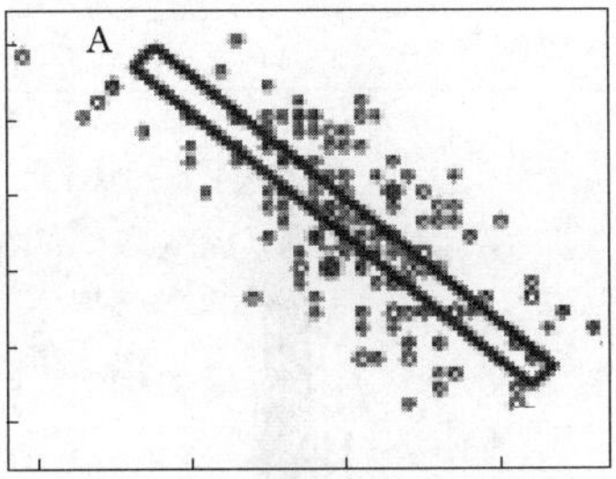

(a) 震源的平面投影

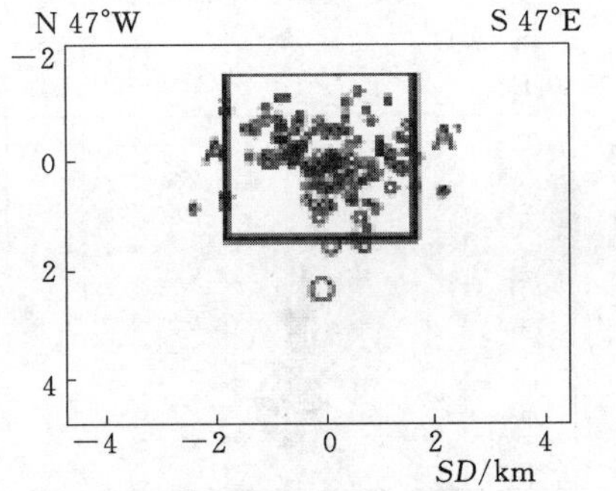

(b) 震源的断层面投影

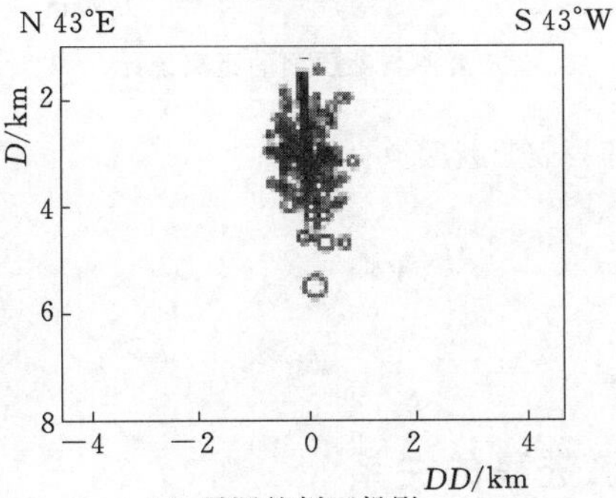

(c) 震源的剖面投影

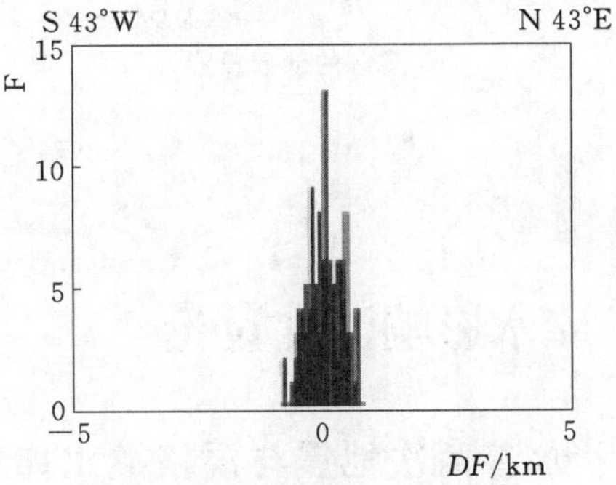

(d) 震源与断层面的距离统计

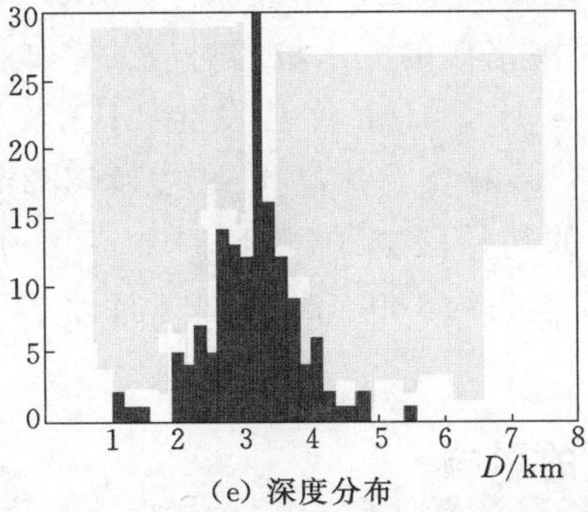

(e) 深度分布

图 12.27 Ms 5.3 地震后震源断层拟合结果

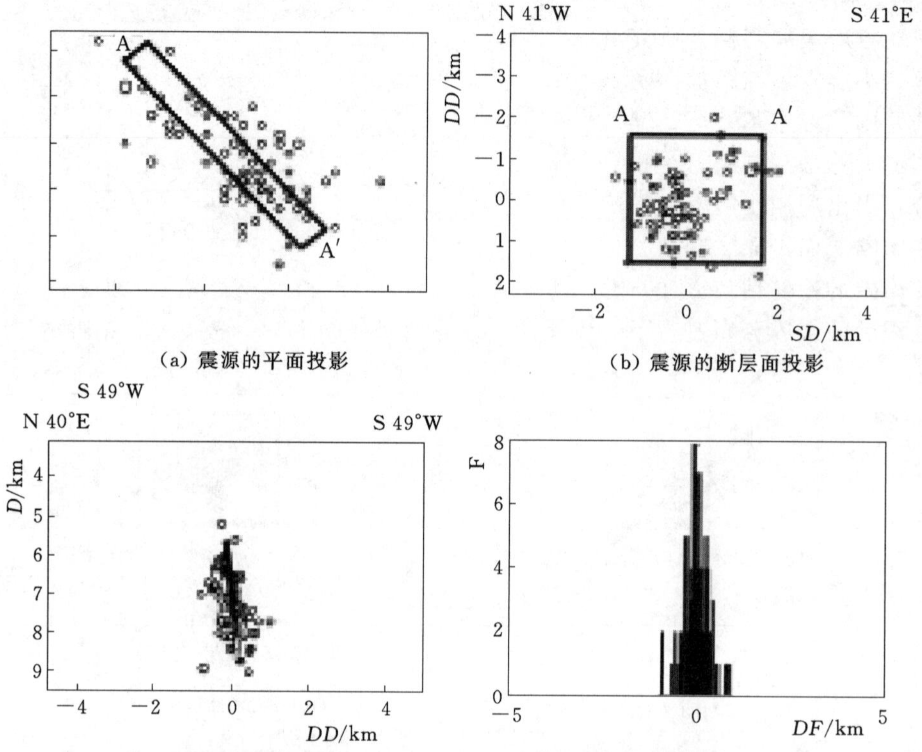

(a) 震源的平面投影　　(b) 震源的断层面投影

(c) 震源的剖面投影　　(d) 震源与断层面的距离统计

图 12.28　Ms 5.0 级地震序列震源断层拟合结果

12.4　库水影响深度讨论

12.4.1　永善两次地震与溪洛渡水库蓄水进程的关系

永善 Ms5.3 级和 Ms5.0 级地震发生在溪洛渡水库蓄水期间，地震震中距离水库不足 5km。两次地震发生时与当时溪洛渡的库水位的对应关系如图 12.29 所示。

从图上可以看出，2014 年 4 月 5 日永善县发生 Ms5.3 级时，溪洛渡库水位为 559.32m，与蓄水之前江水位 383m 相比，抬高水头约 176.32m，从蓄水过程来看，处于库水位从 563m 回落至 540m 的初始段。2014 年 8 月 17 日永善县发生 Ms5.0 级时，溪洛渡库水位为 572.49m，抬高水头约 189.49m，处于库水位从 540m 蓄水至 600m 的中间阶段。

12.4.2　库水蓄水对地下水的影响

结合我国某一水电站水库蓄水对断裂带渗流作用影响的计算结果，图 12.30 为断裂带部位孔隙水压力水头随深度的变化情况。图 12.31 为断裂带附近压力水头随深度的相

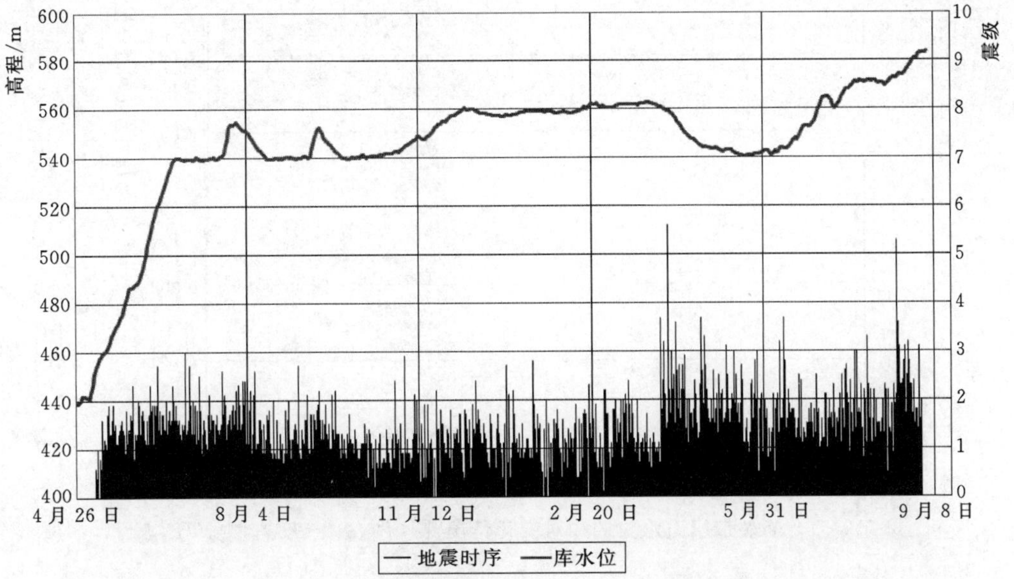

图 12.29 永善两次地震发生时刻与溪洛渡库水位的关系

对变化情况，图 12.32 为断裂带渗透比随深度的变化情况。

从计算结果可以看出，水库蓄水后，断裂带部分的压力水头提高随着深度的增加而增大，但增大的幅度越来越小。断裂带附近压力水头的相对变化从地表开始先增大后减小，在地表下 1400m 左右达到最大。从水库蓄水前后渗流比降的变化情况看，断裂带位置蓄水后的渗透比降，普遍比蓄水前降低了 80%，这有利于断裂带位置的渗透稳定性。

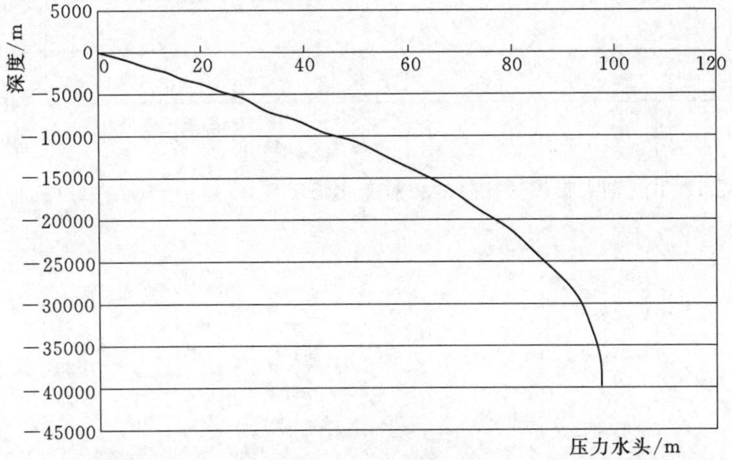

图 12.30 断裂带压力水头的变化情况（$H_{蓄水前}-H_{蓄水后}$）

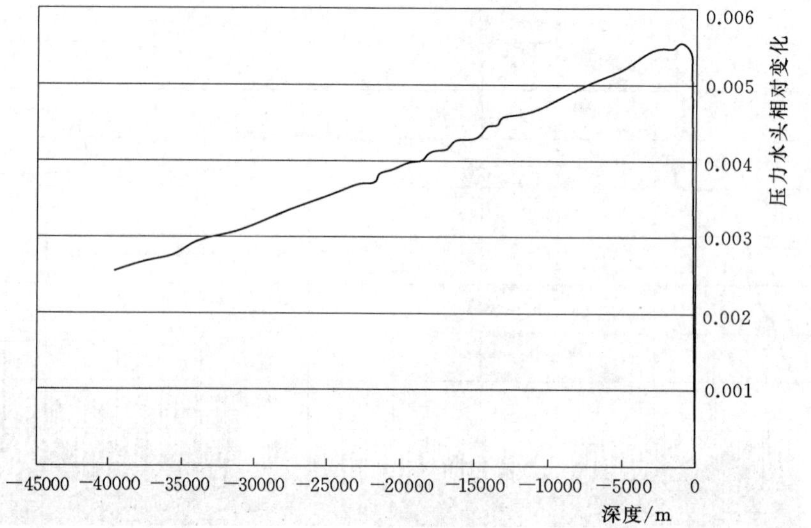

图 12.31　断裂带压力水头的相对变化情况［（$H_{蓄水后}-H_{蓄水前}$）/$H_{蓄水前}$］

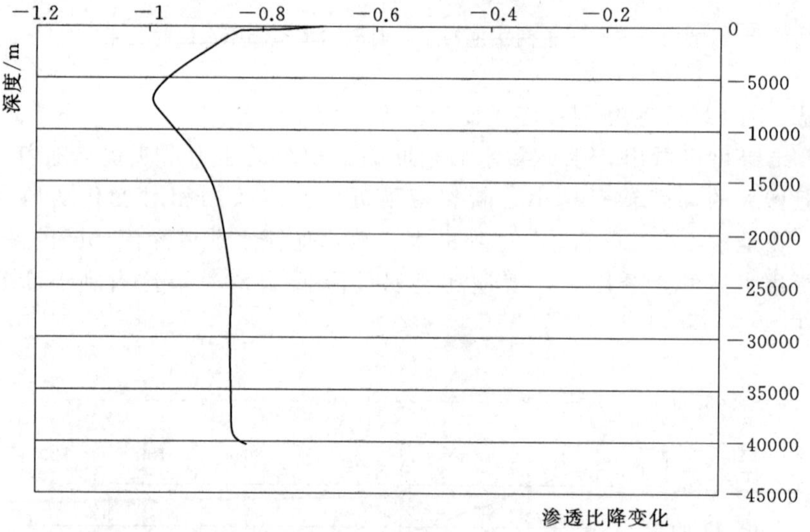

图 12.32　断裂带渗透比降的相对变化情况［（$i_{蓄水前}-i_{蓄水后}$）/$i_{蓄水前}$］

第 13 章
结论和今后工作建议

13.1　溪洛渡水库诱发地震危险性预测研究

通过以上各章节的论证和分析，对溪洛渡水电站水库诱发地震的危险性评价，可以明确得出以下结论。

（1）溪洛渡地区根据槽台学说在大地构造单元上位于扬子准地台西南缘上扬子台褶带，凉山陷褶束，雷波穹褶束的范畴。

（2）溪洛渡库区周边主要的大断裂带有：位于其西侧的峨边-金阳断裂，南侧的莲峰断裂以及北东侧的马边-盐津隐伏断裂带。通过对马边-盐津断裂带地表断层组已有的32个测年结果分析认为，该断裂带在 Q_2 中、晚期至 Q_3 早期曾经有过强烈活动。莲峰断裂的活动性我们根据前人的研究成果，并结合本次工作所进行的断层活动年龄测试认为，Q_2 中、晚期以来该断裂带主体活动性比较微弱。由于前人关于峨边-金阳断裂的测年资料较少，本项研究自南向北实地调查了该断裂带的地貌特征、断面力学性质以及断裂及其影响带内优势节理面的发育情况等，并在断面出露比较清晰的3个不同地点采取了4组断层测年样品，测试结果均为 Q_2 中、晚期，这说明该断裂带在 Q_2 晚期以来的活动性不强。

（3）对溪洛渡库区可能产生影响的地震带有两个：鲜水河-安宁河-小江地震带；马边-盐津地震带。鲜水河-安宁河-小江地震带自北往南由鲜水河地震带、安宁河地震带（又称石棉-元谋地震带）、小江地震带等组成，大体沿着第四纪中、晚期形成的川滇菱形断块的北东和东部边界展布，分别与北西向的鲜水河断裂带、近南北向的安宁河断裂带及北西向的则木河断裂带、近南北向的小江断裂带的强烈现代构造活动有关。其中安宁河地震带距坝址最近处约为140km，小江地震带在库尾上游20km处通过，距坝址已在160km以远。马边-盐津地震带的地表断裂特征不明显，没有活动性大断裂与之对应，其展布方位大体与马边-盐津隐伏构造带相当。在坝址下游通过，距离最近处不足20km，是对大坝抗震安全影响最大的地震带。

（4）对溪洛渡坝址区影响较大的历史强震有马湖7级地震（1216.03.17）、大关吉利铺6¾级地震（1917.07.31）、马边、雷波西宁6¾级地震（1935—1936）、云南大关7.1地震（1974.05.11），坝址区均位于这几次强震烈度衰减的短轴方向上，经宏观调查圈出了等烈度线的几次地震的资料显示，对溪洛渡坝址区的影响在Ⅵ度左右。通过三组烈度衰减公式计算，这几次强震对坝址区的影响烈度最大为Ⅶ度。

（5）溪洛渡库区范围（北纬 27°10′～28°20′、东经 102°50′～103°45′），1970 年 1 月 1 日至 1999 年 12 月 31 日期间没有中等强度以上的地震发生。库坝区总体属于弱震环境。

（6）库区地层总体展布特征从老到新是：前震旦系（Pt）仅出露于对坪一带；震旦系（Z）多在区域性大断裂一侧出露，呈带状分布；古生界寒武系、奥陶系、志留系和二叠系在库区广泛分布，是组成库盆的主要地层，而泥盆系仅见于库尾一带，向下游逐渐尖灭；中生界三叠系主要分布在溪洛渡坝肩以上及库区两岸山岭地带；第四纪松散堆积零星分布于沿江两岸坡脚及谷底。

（7）我们根据溪洛渡库区的构造、岩性条件及水文地质条件等特征，将整个库区划分为七个库段，即：坝址—吴家田坝（Ⅰ库段）、吴家田坝—黄华（Ⅱ库段）、黄华—河口（Ⅲ库段）、河口—热水河乡（Ⅳ库段）、热水河乡—三坪子（Ⅴ库段）、三坪子—对坪（Ⅵ库段）、对坪—白鹤滩（Ⅶ库段），分别评价其诱发地震的可能性、诱震类型及可能的震级上限。通过宏观类比，总体认为第Ⅱ、Ⅵ库段存在诱发构造型水库诱发地震的可能，震级上限均取 5.0 级，对坝址区的影响烈度均小于Ⅴ度。

（8）通过数学模型计算结果与宏观地震地质类比法的评价对比分析认为，采用数学模型方法对于判定库区不诱发构造型水库诱发地震或只可能发生 $M<3.0$ 级微震的库段，效果较好、可信度较高。对于有可能发生中等强度以上地震库段的判定，则应结合库区实际地震地质资料，与宏观类比预测的结果互相对比，通过综合分析评价，最终确定诱发地震的震级上限。

（9）通过现场调查及相关的水文地质条件分析认为，豆沙溪沟岩溶发育程度尚属中等，不存在诱发较大规模岩溶塌陷型水库诱发地震的可能。鉴于其距离坝址区较近，从高估计最大可能诱震强度一般说来不致超过 3 级，震中烈度不超过Ⅴ度，在坝区可能产生强烈震感，但不会对大坝及其附属建筑物造成破坏。

（10）结合测年结果及断层带的微观构造分析，库首段的马家河坝断层至少经历了两次构造变动：第一次是断层的形成，为逆冲性质，大约在 Q_2 早、中期；第二次是在 Q_2 末期的构造运动期间，马家河坝断层有复活迹象，但不很强烈，主要的表现形式为水平挤压。没有证据显示其 Q_3 以来仍有活动。从测年结果综合分析，马家河坝断层在中更新世期间曾经有过多期活动，晚更新世以来活动迹象不明显。

现有的地质和勘探资料显示，马家河坝断层为一浅层断层，应力积累程度不高，不具深水文地质结构面的特征。水库蓄水后不会对其现今的应力状况产生明显改变，因而不存在诱发构造型水库诱发地震的可能。

（11）峨眉山玄武岩虽属喷发岩，但在岩体划分上具有双重性。溪洛渡坝址区的玄武岩看作层状岩体，在库水的作用下，不同层之间存在水力联系的可能性较小，因而，可以认为，坝址区玄武岩岩体中诱发水库诱发地震的可能性极小。

（12）工程类比显示，在峨眉山玄武岩分布区兴建的水库，包括二滩在内绝大部分没有诱发地震。铜街子水库诱发地震是在特定的浅表水文地质结构条件下，局部应力调整作用的结果，应属于地表应力卸荷型的水库诱发地震。

(13) 综合预测结果认为，库区抓抓岩、金阳河口及牛栏江口一带有可能诱发5级左右的构造型水库诱发地震，震中烈度为Ⅵ～Ⅶ度，可能会给当地居民点带来一定的影响，但不致造成较严重的破坏；对坝址区的影响烈度均小于Ⅴ度。

13.2 溪洛渡水库诱发地震分析与验证

(1) 溪洛渡水库自2013年5月4日水库开始第二阶段蓄水以来，水库的第一、第二库段在库水影响的范围内，地震月频次、地震强度较水库蓄水前的地震本底有着十分明显的变化。第三至第七库段，自溪洛渡水库蓄水后，地震以微震和弱震为主，空间分布呈现零星随机分布的特点，与水库蓄水前该区段的本底地震对比，频度和强度上基本没有变化。

(2) 溪洛渡水库第一库段，水库蓄水后，地震的月频次与水库蓄水的抬升段明显相关。具体表现为，库水位从440m至540m段，地震日频次从3逐渐增大到112，库水位达到540m后，地震的日频次逐步降低。从图13.1中也可以看出，在540m期间有两次水位的上升，库首段的地震日频次也随之增加。在2014年6月7日库水位从540m到600m的阶段，库首区的微震活动仍有明显增强的现象。根据月频次的统计结果，水库蓄水后月频次约为蓄水前的45倍。

(3) 溪洛渡水库第一段自2013年5月4日蓄水以来，到2014年8月31日，期间共发生M_L0.5级以上地震2440次，分别为M_L0.5～0.9级地震1698次，M_L1.0～1.9级地震715次，M_L2.0～2.9级地震27次，没有M_L3.0级以上地震发生。地震的空间分布在溪洛渡坝址上游仅限于金沙江的左岸，其分布范围与预测的溪洛渡第一段水库诱

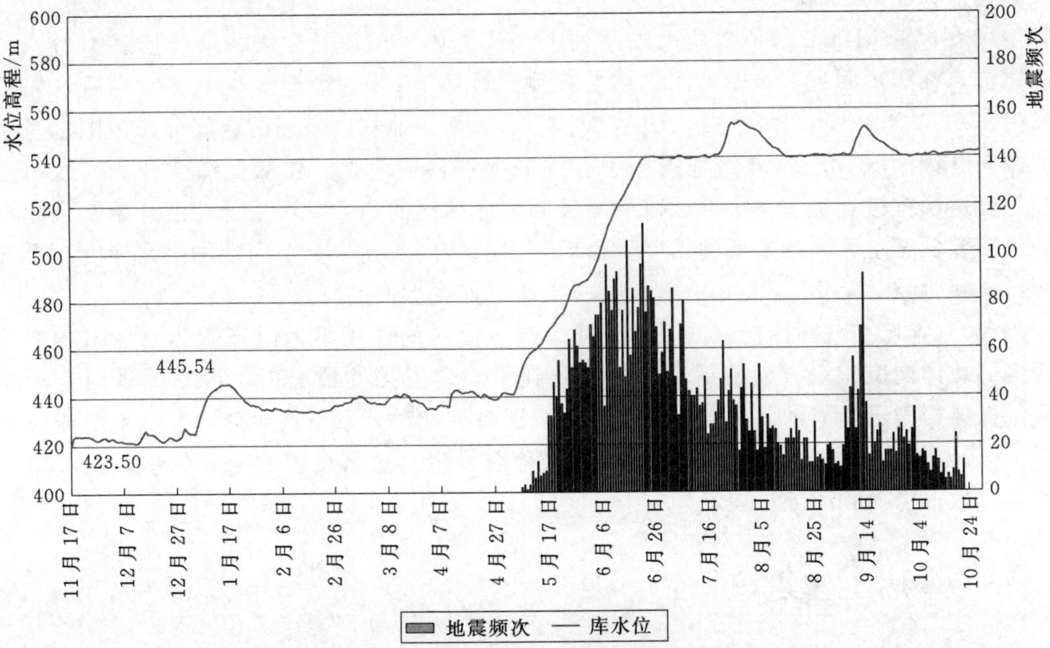

图13.1 库水位与地震频次关系曲线

发地震的危险区范围基本一致。库首段的 b 值的计算结果为 1.52，大于蓄水前的 0.9，反映库首区地震活动背景以微震、弱震为主的特征。

（4）溪洛渡库首区地震活动的各项特征——震源深度比较浅，一般不超过 3km，震级不高，不超过 $M_L3.0$ 级以及地震频次与库水位的抬升相关性明显，且地震震中的空间分布与阳新灰岩的分布范围基本一致，可以认为，库首区极微震、微震的发生是由于库水作用于阳新灰岩中的岩溶系统，导致岩溶洞穴塌陷所致。

（5）溪洛渡水库第二库段，水库蓄水后库区震情也存在明显的变化。包括 Ms5.3 和 Ms5.0 的余震在内，地震月频次均值约为水库蓄水前的 111 倍。最大震级与本区段历史上 Ms5¼级基本相当。根据本区段地震时序与库水位的关系，当溪洛渡库水位达到 540m 之后，地震的强度有增强的趋势。

（6）溪洛渡水库蓄水后，发生在第二库段的地震震中空间分布较水库蓄水前有较大的变化。主要表现为在白胜和务基两个地方，出现了地震呈条带状密集分布的现象。在永善 Ms5.3 和 Ms5.0 地震之前，上述现象即已产生。

（7）从白胜、务基两个地震集密分布区地震时序与溪洛渡库水位的相关关系分析结果以及发生在务基 Ms5.0 之后，余震仅限于务基呈近南北向的条带现象，说明了白胜 Ms5.3 级地震和务基 Ms5.0 级地震是两次相互独立的地震事件，分别发生在两区域内的微震活动与 Ms5.3 级地震和 Ms5.0 级地震之间不存在联动效应。

（8）永善 Ms5.3 级地震从地震序列上，认为属于主震—余震地震类型。地震震级衰减较快，截止到目前，震中附近还没有 $M_L4.0$ 级以上余震发生。余震的空间分布呈北北西向条带状展布。根据震源机解和小震密集成带分布拟合的震源断层，本次地震的发生构造为北北西向。

（9）永善 Ms5.0 级地震从地震序列上，认为属于前震—主震—余震地震类型。主震之前，在震中附近，水库蓄水以后曾发生 7 次 $M_L \geqslant 3.0$ 级地震，主震发生后，先后发生 4 次 $M_L4.0 \sim 4.9$ 级地震，19 次 $M_L3.0 \sim 3.9$ 级地震，余震的空间分布范围也呈北北西向。该区域 $M_L \geqslant 3.0$ 级地震震中在纬向上迁移规律是：先从低纬度开始，逐渐向高纬度递次推进，经过 4 次地震以后，又回到低纬度的地方。再从低纬度开始，且起始的纬度要低于上个同期最低的纬度，最后一次的纬度要高于上个周期的最高纬度。永善 Ms5.0 级地震以后 $M_L \geqslant 3.0$ 地震震中的迁移也存在类似的特点。

（10）本区在北西西向（300°）区域构造应力场的作用下，位于峨边—金阳断裂带西侧的块体向南东东方向推挤，在前端受到不均匀阻挡的情况下，形成一系列走滑断层，抓抓岩附近出露的北西向左旋走滑断层即是在此种背景下产生的，其端部形成应力集中区，从而导致永善 Ms5.3 和 Ms5.0 级地震发生。这从余震的空间分布和震源机制解结果也可以得到印证。

13.3　今后工作建议

水库诱发地震危险性评价不是具体某一次水库诱发地震的震前预报，而是一种工程地震学范畴的评估，是从上限来匡算最可能出现水库诱发地震的地点和在这些地点可能出现的最大地震的强度，以达到为工程抗震设防提供足够安全又经济合理的设计参数。蓄水后不发生地震或发生了小于原先估计强度的地震，或者在非重点库段发生一些微震或极微震，都是很有可能遇到的。另一方面，由于迄今人们对水库诱发地震的成因机理还不是十分清楚，根据已有震例进行工程类比又有一定的局限性，虽然在勘测阶段做了详细的地质论证和预测，有时仍会出现一些出乎意料的情况，甚至发生超出预测地点或强度的震情变化，给工程的施工和运行带来某些不利影响。

有鉴于此，像溪洛渡这样的大型水电工程，无论前期评价意见的结论如何，在施工和运行的早期，都应留有一定的监测和应急手段，以确保工程的安全万无一失。为此，对今后的工作，特提出以下建议，供有关部门参考。

（1）在工程设计文件中，列入水库诱发地震监测预测的专项经费，以确保在施工和蓄水初期能有效地监测震情变化，并为水库诱发地震预警和对策研究提供依据。

（2）在施工准备的早期，组织力量对拟建的水库诱发地震监测预测系统进行设计和现场勘选测试，为建设监测预测系统的招投标工作做好充分准备。

（3）指定专门的地质人员，兼管水库地震研究工作，特别要密切注意库坝区出现的地震新活动，对当地明显有感的地震应及时前往震中区进行现场考察。

（4）震情的继续追踪分析。

（5）结合当地的岩性、构造、水文地质条件等特点，深入分析不同蓄水水头对地下水流场的影响。

（6）对第二库段的深部构造进行深入研究。

（7）库首区震源模型和地震波谱特征分析与研究。

（8）溪洛渡库区动力模型的建立及有限元分析。

（9）预测与验证。

（10）水库诱发地震评判标准的研究。

参 考 文 献

[1] 韩德润. 马边-永善地震带构造形式及地震特征 [J]. 地震地质，1993 (3)：253-260.
[2] 李桂芳，程万正，曾健，等. 川滇交界地区构造应力场及强震趋势的统计预测 [J]. 四川地震，1994 (4)：1-7.
[3] 四川省地质矿产局. 四川省区域地质志 [M]. 北京：地质出版社，1991.
[4] 张肇诚. 中国震例 (1966—1975) [M]. 北京：地震出版社，1988.
[5] 顾功叙. 中国地震目录 (公元前 1831 年—公元 1969 年) [M]. 北京：科学出版社，1983.
[6] 中国地震历史资料编辑委员会总编室. 中国地震历史资料汇编：第四卷 (上) [M]. 北京：科学出版社，1985.
[7] 闵子群. 中国历史地震研究文集 (1) [M]. 北京：地震出版社，1989.
[8] 谭其骧. 中国历史地震图集 [M]. 北京：中国地图出版社，1982.
[9] 中央地震工作小组办公室编. 中国地震目录 (一、二册合订本) [M]. 北京：科学出版社，1971.
[10] 牛世豫. 潘家口水库主要工程地质问题的再认识 [J]. 水利水电工程设计，1999 (4)：17-18，29-52.
[11] 胡平，陈献程. 玄武岩中发生水库诱发地震问题初析 [J]. 地震地质，1995 (3)：274-276.
[12] 刘本培，吕弋培，李建中，等. 川滇断块东界中段地区现代地壳形变和断裂现今活动 [J]. 四川地震，1994 (4)：53-63.
[13] 谢毓寿，蔡美彪. 中国地震历史资料汇编：第四卷 (上) [M]. 北京：科学出版社，1985.
[14] 罗桂安，宋治平，梅世蓉. 1974 年永善 7.1 级地震活动异常特征及其机理探讨 [J]. 地震研究，1996 (1)：1-8.
[15] 国家地震局. 中国岩石圈动力学地图集 [M]. 北京：中国地图出版社，1989.
[16] 云南省地质矿产局. 云南省区域地质志 [M]. 北京：地质出版社，1990.
[17] 王会安，闻黎明. 中国地震历史资料汇编 (第一卷) [M]. 北京：科学出版社，1983.
[18] 黄汲清. 任纪舜，江春发. 中国大地构造及其演化 [M]. 北京：科学出版社，1981.
[19] 唐荣昌，韩渭宾. 四川活动断裂与地震 [M]. 北京：地震出版社，1993.
[20] 唐荣昌，黄祖智，马声浩，等. 四川活动断裂带的基本特征 [J]. 地震地质，1995 (4)：390-396.
[21] 李善邦. 中国地震目录第一集 [M]. 北京：科学出版社，1960.
[22] 国家地震局. 中国地震简目 [M]. 北京：地震出版社，1977.
[23] 国家地震局震害防御司. 中国历史强震目录 [M]. 北京：地震出版社. 1995.
[24] 顾功叙. 中国地震目录 (公元 1970 年—1979 年) [M]. 北京：科学出版社，1983.
[25] 四川省地震局地震简目编辑组，云南省地震局地震简目编辑组，西藏自治区地震办公室地震简目编辑组编. 西南地震简目 (川、滇、黔、藏) [M]. 成都：四川科学技术出版社，1988.
[26] 中国地震局震害防御司. 中国近代地震目录 [M]. 成都：四川科学技术出版社，北京：中国科学技术出版社，1999.
[27] 中国地震局震害防御司，中国近代地震目录 (公元 1912 年—1990 年 $M_s \geqslant 4.7$) [M]. 北京：中国科学技术出版社，1999.
[28] 曹忠权，汪一鹏，殷秀华，等. 马边地震带发震构造背景的初步研究 [J]. 中国地震，

1993 (4): 87 - 97.

[29] 国家地震局西南烈度队. 川滇强震区地震地质调查汇编 [M]. 北京: 地震出版社, 1979.

[30] 夏其发, 汪雍熙, 李敏. 论外成成因的水库诱发地震 [J]. 水文地质工程地质, 1988 (1): 19 - 24.

[31] 汪雍熙, 苏锦星. 结晶岩地区的水文地质结构面与水库诱发地震 [J]. 工程地质, 1991 (2): 1 - 8.

[32] 李兴塘, 等, 活动断裂研究与工程评价 [M]. 北京: 地质出版社, 1991.

[33] 唐荣昌, 韩渭宾. 四川活动断裂与地震 [M]. 北京: 地震出版社, 1993.

[34] 严明, 王士天, 李渝生. 溪落渡地区区域构造应力场有限元反演分析 [J]. 成都理工学院学报, 1996 (1): 26 - 31.

[35] 夏其发, 汪雍熙. 试论水库诱发地震的地质分类 [J]. 水文地质工程地质, 1984 (1): 9 - 12.

[36] 夏其发, 汪雍熙. 中国水库诱发地震的地质特征 [A] //中国科学院水利电力部水利水电科学研究院科学研究论文集 Vol. 16 [C]. 北京: 水利电力出版社, 1984.

[37] 汪雍熙, 夏其发. 乌江渡水库诱发地震初探 [A] //中国诱发地震 (论文集) [C]. 北京: 地震出版社, 1984.

[38] Shen Chonggang, Xia Qifa, Wang Yongxi, Earthquake Induced by Impounding Reservoir and its Intensity for Design of Dams, Proceedings of 8th WCEE, Vol. 1, 1984.

[39] Xia Qifa, Wang Yongxi and Li Min, A Discussion on Reservoir - Induced Exogenous Earthquakes, Proceedings 5th International Congress IAEG, Oct. 1986, Buenos Aires.

[40] Xia Qifa, Wang Yongxi, On The Prediction of Reservoir - Induced Earthquakes, Proceedings Regional Crustal Stability and Geological Hazards, IGCP Project 250, Dec. 1987, Beijing, China.

[41] WANG, Yongxi, Multimechanism Theory of Reservoir - Induced Earthquakes and Its Applications in Reservoir Seismic Risk Assessment, Proceedings of The International Symposium on Reservoir - Induced Seismicity (ISORIS '95), Nov. 1995, Beijing, China.

[42] Xu Rende, Wang Yongxi, Induced Earthquake Trend Prediction and Hazard Mitigation Measures of Wuxijiang Reservoir, Zhejiang, China, Proceedings of The International Symposium on Reservoir - Induced Seismicity (ISORIS '95), Nov. 1995, Beijing, China.

[43] 苏锦星. 模糊聚类分析及其在水库诱发地震研究中的应用 [J]. 水利水电技术, 1997 (6): 18 - 23.

[44] 邬伦, 等. 地理信息系统教程 [M]. 北京: 北京大学出版社, 1994.

[45] 王劲峰. 中国自然灾害影响评价方法研究 [M]. 北京: 中国科学技术出版社, 1993.

[46] 何建邦, 田国良. 中国重大自然灾害监测与评估信息系统的建设与应用 [J]. 自然灾害学报, 1996 (3): 3 - 9.

[47] 陈育峰, 何建邦. 遥感与地理信息系统一体化技术在重大自然灾害监测与评估中的应用 [J]. 自然灾害学报, 1995 (4): 16 - 22.

[48] 古普塔 H K, 拉斯托吉 B K. 水坝与地震 (中译本) [M]. 北京: 地震出版社, 1980.

[49] Gupta H. K. Reservoir - InducedEarthquakes [M]. Amsterdam: ELSEVIER, 1992.

[50] 张云湘, 骆耀南, 杨崇喜, 等. 攀西裂谷 [M]. 北京: 地质出版社, 1988.

[51] 汪雍熙, 苏锦星. 白山水电站库区地震活动性质的研究 [A] //中国地质学会. 第六届全国工程地质大会论文集 [C]. 中国地质学会: 中国地质学会, 2000: 5.

[52] 郭铭奎. 四川省铜街子电站水库诱发地震 [J]. 四川地震, 1994 (2): 12 - 23.

[53] 杨清源, 陈献程, 胡毓良, 等. 应用灰色聚类法预测长江三峡工程水库诱发地震的最大震级 [J]. 华南地震, 1996 (2): 75 - 79.

[54] 万永革, 沈正康, 刁桂苓, 等. 利用小震分布和区域应力场确定大震断层面参数方法及其在唐山地震序列中的应用 [J]. 地球物理学报, 2008 (3): 793 - 804.